高等学校测绘工程系列教材

# 地壳形变测量与数据处理

主编：许才军　张朝玉

编委：许才军　张朝玉　姜卫平　朱智勤

　　　贾剑钢　温扬茂　丁开华

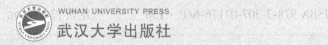

武汉大学出版社

**图书在版编目（CIP）数据**

地壳形变测量与数据处理/许才军,张朝玉主编.—武汉:武汉大学出版社,2009.10(2024.1重印)

高等学校测绘工程系列教材

ISBN 978-7-307-07176-6

Ⅰ.地⋯　Ⅱ.①许⋯　②张⋯　Ⅲ.地壳形变—测量—数据处理—高等学校—教材　Ⅳ.P227

中国版本图书馆 CIP 数据核字(2009)第 104074 号

责任编辑:黄汉平　　　责任校对:黄添生　　　版式设计:詹锦玲

出版发行:**武汉大学出版社**　　(430072　武昌　珞珈山)

(电子邮箱:cbs22@whu.edu.cn 网址:www.wdp.com.cn)

印刷:武汉邮科印务有限公司

开本:787×1092　1/16　印张:12.75　字数:309 千字

版次:2009 年 10 月第 1 版　　2024 年 1 月第 3 次印刷

ISBN 978-7-307-07176-6/P·156　　　定价:36.00 元

# 内 容 提 要

    本书是作为教科书编写的,全书共 10 章,主要介绍地壳形变的概念、地壳形变测量方法、定点形变测量观测仪器及操作方法、地壳形变测量数据的处理方法,重点介绍区域地壳形变测量、定点形变台站观测、GPS 数据处理软件、InSAR 数据处理软件及定点形变测量数据处理软件的使用方法,以及地壳应变计算与应变分析。作为附录介绍了通用制图工具 GMT 的使用,以使读者方便地将地壳形变测量和数据处理的结果用图表示出来。

    本书具有内容新,覆盖面广,概念清楚,深入浅出,通俗易懂等特点,特别偏重于地壳形变测量的野外数据采集原理、方法以及数据的具体处理软件和处理过程,具有非常强的实用性,可作为测绘工程专业与固体地球物理专业学生的教学用书,也可以作为测绘、地球物理、地震及相关领域及专业的科研人员参考。

# 前　言

本书是作者在武汉大学测绘工程专业本科生及固体地球物理专业本科生讲授的《地壳形变》及《地壳形变课程设计与实习》两门课程的基础上编写的。

目前全球面临如下三大问题：一是地球动力现象引起的地震、海啸、火山喷发和异常气候(主要是厄尔尼诺现象)等自然灾害，给人类生命财产带来巨大损失；二是全球气候变暖、海平面上升、局部地层沉降和海上溢油公害等是随着工业发展引起的环境问题；三是由于人口不断增加和陆地资源日益枯竭，需要开拓生存空间和寻找新的矿产资源。面对上述三大问题，目前地学研究的目标有三：一是减灾，二是监测环境，三是寻找新的矿产资源。与这些目标相适应，测绘学科应该寻求更高层次的发展，特别是大地测量学科。大地测量学科发展的总趋势是向地球科学纵深发展，深入到其他地学学科的交叉领域，其主要任务是监测和研究地球动力学现象，研究地球本体的各种物理场，认识与探索地球内部的各种物理过程并揭示其规律，而地壳形变测量的主要任务是监测地壳形变和运动，地壳形变测量及其数据处理是研究地壳运动及其动力学机制最基础的工作。

以空间大地测量为标志的现代大地测量技术，不论在测量的空间尺度上还是已达到的精度水平方面，已经有能力监测地球动力学过程产生的运动状态和物理场的微变化。连续GNSS的动态监测范围从地壳表层，向下扩展到地球内部介质特性和破裂，向上扩展到对流层、电离层介质特性探测；InSAR技术使地表形变监测进入了一个几乎是无缝观测的新阶段。在活动断裂带上，特别是地震活动带上，综合利用定点形变连续观测资料、GNSS、水准测量和重力测量的定期复测资料以及InSAR资料，可以深入精细地研究地壳运动和地震地壳形变，探讨地震发生的危险性和估计地震参数。

本书共10章加1附录，其中第1、2、3、10章由许才军教授编写，第4、8、9章由张朝玉副教授编写，第5章由贾剑钢老师编写，第6章由姜卫平教授、朱智勤讲师、丁开华博士编写，第7章和附录由温扬茂博士编写。本书的编写吸取了许多地学工作者的最新研究成果，在此表示感谢。

限于水平，书中缺点和疏漏在所难免，敬请读者指正。

编　者

2009.6

# 目　　录

# 第1章 绪 论

## §1.1 地壳运动与地壳形变

哈茵1957年提出将整个地壳范围内的各种运动称为地壳运动。时至今日,"地壳运动"一词可作广义的和狭义的两种解释:广义的地壳运动指地壳内部物质的地质循环或称地质旋回,即地壳的一切物理和化学的运动,包括其变形、变质和岩浆活动;狭义的地壳运动主要是指由地球内力引起的大区域的地壳变动,包括隆起、凹陷和各种构造形态形成的运动,又称构造旋回。地壳运动包括垂直运动、水平运动、造陆运动、振荡运动、造山运动、褶皱运动和断裂运动。运动强弱、方式、规律等随地区和时间的不同而各具特征,加上地壳运动原因复杂,地壳运动问题成为地学专家们多年来共同探讨、激烈争论的重要课题(徐世芳,李博,2000)。

简单地讲,地壳运动是指在地球内部构造应力的作用下所引起的地壳一些元素的相对运动。它们可以是垂直运动、水平运动或地倾斜运动,综合表现为大面积的地壳形变(胡明城等,1994)。地壳运动按运动方向可分为水平运动和垂直运动。水平运动指组成地壳的岩层,沿平行于地球表面方向的运动,也称造山运动或褶皱运动。该种运动常常可以形成巨大的褶皱山系,以及巨形凹陷、岛弧、海沟等。垂直运动(又称升降运动、造陆运动)表现为岩层部分区域的隆起和相邻区域的下降,可形成高原、断块山及拗陷、盆地和平原,还可引起海侵和海退,使海陆变迁。地壳运动控制着地球表面的海陆分布,影响各种地质作用的发生和发展,形成各种构造形态,改变岩层的原始状态,所以有人也把地壳运动称构造运动。按运动规律来讲,地壳运动以水平运动为主,有些升降运动是水平运动派生出来的一种现象。

地壳运动按运动的速度可分为两类:①长期缓慢的构造运动。例如大陆和海洋的形成,古大陆的分裂和漂移,形成山脉和盆地的造山运动,以及地球自转速率和地球扁率的长期变化等,它们经历的时间尺度以百万年计。另如冰期消失、地面冰块融化引起的地面升降,也属以万年计的缓慢运动。②较快速的运动。这种运动以年或小时为计算单位,如地极的张德勒摆动,能引起地壳的微小变形;日、月引潮力不但造成海水涨落,也使固体地球部分形成固体潮,一昼夜地面最大可有几十厘米的起伏;较大的地震可引起地球自由振荡,它既有径向的振动,也有切向的扭转振动。简单地说,地壳运动可分为长期运动和瞬变运动,前者是在地质时间尺度内的运动,由几千年到几百万年,它与板块运动有关,后者是与地震和火山等活动相联系的(胡明城等,1994)。

从研究范围上讲,地壳运动包括全球板块运动和区域及局部地壳运动。空间大地测量技术是监测地壳运动的最有效的手段。

地壳形变,或地球自然表面质点在时、空域内的运动和变化,按其成因大致可分为如下四类：①由于人类活动产生的地表形变；②地球自转和极移产生的形变；③由日、月等天体对固体地球在引力作用下产生的形变；④由大地构造运动产生的地壳构造形变。第①类地壳形变具有离散性、短暂性和局部性；第②类形变可以视地球为圆球或椭圆球、弹性或非弹性、单层或多层，从理论上作严格的描述，具有全球规模的特性；第③类形变即所谓固体潮，在理论上可以作严格的计算；第④类形变是由于地球内部的构造原因所产生的地壳形变，具有连续性、长期性、区域性、复杂性，它是区域性地球动力学乃至全球地球动力学的重要组成部分，对地壳稳定性评价及地震预报具有重大意义。我们所研究的地壳形变，主要是指大地构造形变，当然，在研究大地构造形变时，要扣除上述前三类形变的影响（刘鼎文，1990）。

概括起来说，地（壳）形变是指在地球内力和外力作用下，地球的地壳表面产生的升降、倾斜、错动等现象及其相应的变化量。对地壳形变进行重复或连续的监测，可以为地壳运动的研究和地震预报提供有价值的资料。而对一个地区的地壳表面的相对变化进行重复或连续的观测则称地（壳）形变测量（徐世芳，李博，2000）。

地壳形变观测或测量与大地测量观测有密切关系，但又区别于一般的大地测量。地壳形变观测的特点是：①以动态观测替代大地测量只以静态方式来测定地面点变化，并分析研究其物理意义；②主要是在活动构造带、多震区和具有潜在地震危险的重点地区及在大坝等要害部位进行，而大地测量未考虑这些；③测点设置要求稳定可靠（应设置在基岩上），布网边长短、测量精度高、复测周期密（根据震情定有年、月、日或连续观测等多种）。所以地壳形变观测有其独特的一套布网方案、观测纲要、精度要求、数据处理和分析研究的方法（张国安等，2002）。

## §1.2　形变大地测量学

与地壳运动与地壳形变最密切的学科是"形变大地测量学"，它是中国地震学会地形变专业委员会和中国地震局地壳形变学科协调组初步认定的学科名称（周硕愚等，2008）。"形变大地测量学"的初步定义"是现代大地测量学与地球物理学、地质学、力学及信息系统科学相结合的当代前沿交叉学科；它集成当代先进的空间大地测量、地面测量及探测技术，精确测定时间尺度由分钟至数十年，空间尺度由定点至全球的现今地壳运动与深部介质物性的时空动态过程；严谨处理数据，建立运动学和动力学模型并预测未来；直接服务于地震等灾害预测并为地球科学及工程提供地壳运动、变形、内部介质物性及其随时间变化的定量基础信息"。由于不同的学者其出发点不同、侧重点不同、看问题的角度不同，国内对学科的称谓有"大地形变测量学"、"动力大地测量学"、"地壳形变学"、"大地形变学"；国外典型的称谓如"构造大地测量学（Tectonic Geodesy）"、"地球物理大地测量学（Geophysical Geodesy）"、"地震大地测量学（Earthquake Geodesy）"等。

《大地形变测量学》（1979）认为利用大地测量方法研究地壳形变作为预报地震是一种行之有效的手段，地壳形变主要表现为垂直形变、水平形变、地倾斜和海平面变化等几个方面，地壳形变是地震前兆中较为普遍的一种。《大地形变测量学》作为高等学校教科书主要介绍了垂直形变测量和水平形变测量的原理、操作技能和资料分析。

《动态大地测量》（1994）是陈鑫连等1994年出版的一本专著。该书认为动态大地测量学是地球动力学的重要分支之一，是研究地球变形学（几何和物理）的重要方法。它既集成几何大地测量学和物理大地测量学的方法与理论，又延拓至其他地球科学的最新进展，并辅以随时间变化的数据处理方法和物理解释。动态大地测量学主要研究地球变形，从时间尺度上看，地球的变形可以分为长期性的、周期性的和突发性的变形，此外人类活动形成的局部变形是确定的。由于观测资料的长度不足，尚无法区分长期运动与长周期运动(陈鑫连等，1994)。该书着重结合我国动态测量的实践，详细论述了获取可靠的地球变形的量化结果所涉及的监测网的布设、优化、数据筛选、变形分析模型及数学方法，讨论了地球物理解释的基本理论和实用方法。

"地壳形变学"(周硕愚，1999)是一门正在发展中的地学前沿交叉新学科，地壳形变学研究如何定量确定现今地壳运动和变形的空间分布、时间过程、运动学与动力学模型以及在预测和减轻自然灾害中的应用。力学、信息科学与系统科学、数学等数理基础学科对"地壳形变学"的形成与发展有重要影响，地壳形变学是由现代大地测量学和地球物理学、地质学等地学学科发展前沿的交叉渗透形成的，地壳形变学在现代科学体系中的位置见图1-1。地壳形变学科使用多种现代先进的测地技术，精确测定时间尺度由秒至百年、空间尺度由定点至千公里的现今地壳运动及其时空动态过程，严谨处理数据，建立物理-数学模型，并对结果作出动力学解释和未来变化预测；揭示导致地震等灾害的地壳形变过程以及由于灾害事件而造成的形变结果。在上述领域内地壳形变学具有自己独有的、其他学科均不能取代的探索地学自然现象与灾害物理过程的能力。其特有的研究领域，使其成为一门新兴的应用基础学科。

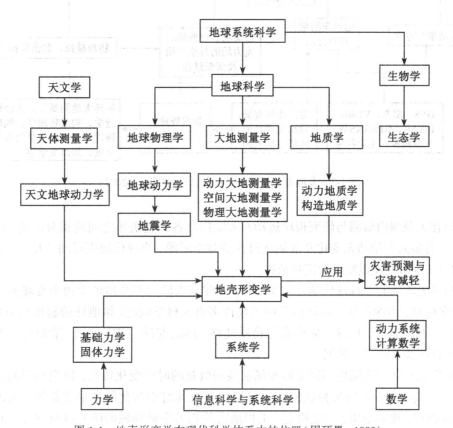

图 1-1　地壳形变学在现代科学体系中的位置(周硕愚，1999)

"大地形变学"是研究固体地球(或岩石圈)表面的质点及其相互作用在一定的时、空域内运动与变化的规律、成因与机制的科学。它是在大地测量学的基础上发展起来的一门新兴的基础性边缘学科(张崇立,2007)。大地形变学的研究对象是十数秒至百年时间尺度的现今地壳运动问题;其研究内容包括大地形变的几何学、运动学以及动力学问题,具体而言,就是:地形变时空图像的测定及相关的理论与技术问题,地壳运动的形变场、应力-应变场的时空结构问题,形变场、应力-应变场与岩石介质的物性特征之间的相互作用关系问题;其研究方法应该是野外实际观测、室内物理和数值模拟实验与理论分析研究相结合(图1-2)。

大地形变学的主要任务可以归纳为(张崇立,1992,2007):

(1)直接精细地测定与研究大陆重要地震活动带、活动地块边界带以及板块边界带的现今运动方式,活动速率以及动态演化过程,研究其应力-应变积累和释放规律,为定量研究板块及构造块体的相对运动以及强烈地震的中长期预报提供依据。

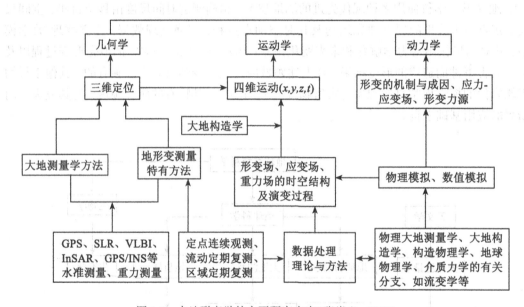

图1-2 大地形变学的主要研究内容(张崇立,2007)

(2)在大范围内监测与研究板块运动及大陆内部各构造块体之间的相对运动,以提供大地形变的多元参量动态变化及其演化过程的时空图像,为现代地壳运动、大陆动力学与地球动力学等研究提供精确的定量依据。

(3)研究大陆和全球现代地壳运动的特征,建立大陆乃至全球的大地形变场的运动学和动力学模型,为深化认识地球科学中当代许多重大科学问题(如地球的起源与演化、地球动力学、板块构造、地球深部构造与物质迁移、环境变迁、灾害预测、能源与资源探测等)提供直接验证或定量依据。

(4)监视与研究大陆内部区域形变场宏观和微观的时空变化特征,研究地壳的稳定性与地壳的失稳条件、近场失稳状态以及失稳过程及其时空演化的地形变特征,为地震预测、地球物理、地震地质、大地构造、工程地震等相关学科领域的研究以及重大工程场地稳定性评价、油气田的预测与开采等国民经济建设服务。

从发展趋势看,大地形变学由最初在地表测量看似互不相关的各种几何量的变化特征为基础,来监测和研究地壳的运动和变形及与其伴生的灾害现象(诸如地震活动、火山活动以及滑坡等灾害)间相互关系的一门应用技术,逐渐发展成为紧密与相关学科结合的交叉性学科。目前,大地形变学正朝着从三维的空间观测到四维时空与整体的动态测量、从地表形变几何学的研究转入地形变与地球各圈层的动态变化之间相联系的研究以及大地形变动力学研究的方向发展(张崇立,1994,2006;周硕愚等,2002)。而空间测量技术的发展与应用,则为这一新兴学科的诞生与迅速发展奠定了基础。现在,大地形变学已被明确纳入地球动力学的范畴(张崇立等,1994,陈俊勇等,2000),它已不仅仅是一种测量技术或手段,而是正逐步发展成为地球科学的基础学科之一(张崇立,2007)。

国外学者采用"构造大地测量学(Tectonic Geodesy)"、"地球物理大地测量学(Geophysical Geodesy)"、"地震大地测量学(Earthquake Geodesy)"名称,他们主要着重于所研究问题的内涵,如 Lambeck,K.(1988)的专著 *Geophysical Geodesy* 主要是描述那些与地质学、地球物理学证据一起对地球的慢形变有贡献的大地测量学方法,它也可以认为是从地球物理学的角度来讨论大地测量学。

目前亦有中国学者倾向采用"地震大地测量学"这个名称,地震大地测量学从名称上体现出它是现代大地测量学应用于防震减灾所诞生的前缘学科,是大地测量学和地震科学相交叉而形成的新的子学科,在科学框架中定位明确。地震是地球动力学过程中的一种行为。力,很难直接测定;地壳变形与破裂是揭示此过程最直接、最基础的力学信息。它为中国内地地震构造与动力学背景、地震孕育发生的力学过程和机理,提供精准的时空过程信息和变形力学研究成果,推进地震关键科学问题研究(周硕愚等,2008)。

本书命名为地壳形变测量与数据处理,着重讲述地壳形变测量的方法及其数据处理原理、相关软件使用,是地壳动力学、地球动力学以及地震预测研究的基础。

## §1.3  地壳形变测量种类

地壳形变测量的主要任务是监测地壳形变和运动,具体观测元素是地表点位置的变化。根据观测的主要方法、技术手段及其功能,地壳形变测量可以分为以下四种主要类型(张崇立,2007):

(1)全球板块运动监测。主要用来测定板块运动参数,测定大陆板块和海洋板块的内部形变,其观测手段主要采用 VLBI、SLR 和 GPS 等空间测量技术。

(2)全国及区域地壳形变测量。测定亚板块及构造块体的地壳形变,给出全国大陆动力学的边界条件,以及全国大陆应力场、形变场变化过程的总体和分区特征;同时,为建立国家高精度的大地测量基准、国家三维地心坐标系及其"框架"提供高精度的观测资料。区域地壳形变测量主要测定块体边界与大地震有关的区域形变,其观测手段主要为精密水准测量,高精度流动重力测量和高精度空间大地测量(包括 GPS 和 InSAR)。它可以给出大陆内部地形变的时空演变图像。

(3)断层形变测量。这是在各活动构造块体边界上进行的近场构造变形测量。目前以短水准、短基线、短边 GPS 网以及由水管倾斜仪、伸缩仪、蠕变仪、短边激光测距仪或重力仪组成的台阵等为主要手段。这种方法能够直接测定块体边界断裂及其不同段落的现今活动方式、相对位移速率以及它们随时间变化的过程,提供震间、震前、同震与震后滑动等构造活动的微动态信息。

（4）定点形变测量。主要包括地倾斜、地应变和重力（固体潮汐）台站。这种方法可以有效地监测地壳的连续变动，可以通过不同时间间隔的采样，在相当宽的频带范围内对地壳动力学现象进行观测。

## 思 考 题

1. 地壳运动与地壳形变有何异同点？
2. 地壳形变测量有哪几类？各有什么特点？

# 第 2 章　全球板块运动监测

随着科学技术的发展，利用空间大地测量系统监测全球板块运动已经成为可能。美国宇航局从 1964 年起开始实施《国家卫星大地测量大纲》，直到 1979 年末。该局于 1978 年开始实施《地球动力学大纲》，其中包括 3 个计划：地球动力学计划、地壳动力学计划（CDP）和地球位研究计划（GRP）。地球动力学计划的科学目标是：确定和研究极移和地球自转，最后建立它们的模型；研究全球板块运动与地球内部动力过程之间的关系。地壳动力学计划的科学目标是：研究美国西部板块边界地区与大地震有关的区域形变和应变积累；研究北美、太平洋、纳斯卡、南美、欧亚和印澳等板块当前的相对运动；研究大陆和海洋岩石圈板块的内部形变，特别强调北美和太平洋板块内部形变的研究；研究地球自转动力现象及其与地震、板块运动和其他地球物理现象可能的相关性；研究位于板块消失边界和走滑边界上的若干地震高发区的区域断层运动和应变积累。地球位研究计划的科学目标是：建立全球地球重力场模型和磁场模型。以上各项计划的科学目标的研究地区遍及全球。这些计划虽然由美国宇航局主持，但都是通过国际合作来实施的。

全球板块运动和区域地壳运动的监测，是按地壳动力学计划（CDP）通过广泛的国际合作来实施的。板块运动及其稳定性的监测主要依靠 VLBI 和激光测卫固定站，为监测板块边界形变所需要的较高空间分辨率是利用 VLBI 和激光测卫流动站来实现的。这两种空间大地测量技术在 20 世纪 60 年代末已开始应用。自 1980 年起，全球已建立了一个逐渐扩充的全球板块运动监测网。随着 GPS 的发展以及自 20 世纪 90 年代开始 IGS 跟踪站的建立，GPS 已成为监测全球板块运动的主角。

## §2.1　全球板块运动的 VLBI 测量

VLBI（very long baseline interferometry）是甚长基线干涉测量技术的英文缩写。VLBI 由相聚遥远的两个或多个射电天线构成，两个或多个天线同时对准一个射电源，接收其发出的射频信号。这种信号通常是频带很宽的噪声信号，为了便于处理，将本振信号与所接收的信号进行混频，并将混频后的信号限制在一定的带宽内。本振信号通常由频率标准信号经过适当倍频后产生。每个台站采用各自独立的本振和磁带记录方法。两个或多个测站经过混频后的信号连同时频信号经过削波、采样并适当格式化分别记录在磁带上；观测结束后，把每个测站记录的磁带送到相关处理中心，进行磁带回放和相关处理，以获得 VLBI 的观测量，也就是延迟率和卫星的角位置。这种干涉测量的方法和特点，使观测的分辨率不再局限于单个望远镜的口径，而是望远镜的距离，我们把它称之为由基线的长度所决定的。简单来说，VLBI 就是把几个小望远镜联合起来，达到一架大望远镜的观测效果，甚长基线干涉测量法具有很高的测量精度，用这种方法进行射电源的精确定位，测量数千公里范围内基线距离和方向的变化，有利于建立以河外射电源为基准的惯性参考系，研究地球板块运动和地壳的形变，以及揭示极移和世界时的短周期变化规律等(图2-1)。

VLBI 是一种纯粹的几何方法，它不涉及地球重力场；也不受气候的限制，有长期的稳定性；它还为大地测量、地球物理和星际航行提供了一个以河外射电源为参考的参考系，这个参考系与地球、太阳系和银河系的动态无关，是迄今最佳的准惯性参考系(胡明城，2003)。

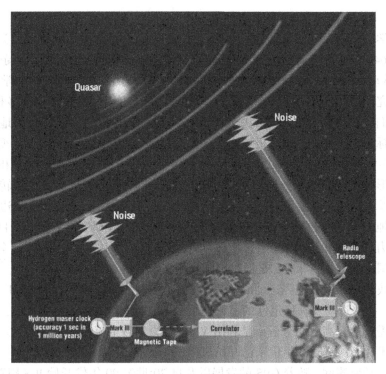

图 2-1　VLBI 工作示意图

VLBI 一个重要的特点是可以提供关于整体运动和地壳运动的丰富信息，短时间测量即可以获得极高的精度。VLBI 观测的基本原理(如图 2-1 所示)可以简单地概括为测量相位差，对于两个测站 A、B，射电源的同一波前先到 A 后到 B，产生的相位差(赖锡安，1982)

$$\phi(t) = \frac{2\pi f}{C} \vec{D} \cdot \hat{S} + \phi_{仪器} + \phi_{大气} + 2n\pi \tag{2.1.1}$$

其中 $f$ 为工作频率，$C$ 为光速。$\vec{D}$ 为基线向量，$\hat{S}$ 是被观测的射电源方向上不变的单位向量，它们的乘积 $\vec{D} \cdot \hat{S}$ 即为基线向量在射电源方向上的投影。$\phi_{仪器}$ 和 $\phi_{大气}$ 是仪器及电波传播产生的相位差。未知数 $n$ 产生相位测距的多值性，为避开此问题，VLBI 测量时间延迟 $\tau_g$

$$\tau_g = \frac{\vec{D} \cdot \hat{S}}{C} = xX + yY + zZ \tag{2.1.2}$$

其中 $x, y, z$ 是射电源的坐标，$X, Y, Z$ 是基线坐标。在惯性参考系中，射电源向量的分量是恒定的。当在一定的时间里，观测到不同方向上的射电源的足够数据时，就可以对基线向量的分量求解，从而得到两个测站之间的三维坐标差。

我国目前有 4 个 VLBI 观测站，它们分别设在北京、上海、昆明和乌鲁木齐，这四个站构成了一个 VLBI 网，这样一个网所构成的望远镜分辨率相当于口径为 3000 多公里的巨大的综合望远镜，测角精度可以达到百分之几角秒，甚至更高。

目前全球大约有 VLBI 测站 130 个，VLBI 观测表明板块运动仍然保持着它们以前的运动趋势，板块运动模型可以很好地描述板块内部稳定部分的台站运动。对于板块边缘地区，由于不同板块的相互作用，测量结果与板块运动模型存在着较大的差异。

参与全球板块运动监测并用于建立国际地球参考框架的 VLBI 站点分布见图 2-2。

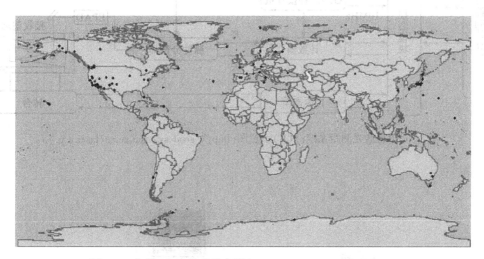

图 2-2　全球 VLBI 站点分布图（ http://itrf.ensg.ign.fr/GIS/ ）

## §2.2　全球板块运动的 SLR 测量

卫星激光测距（SLR，satellite laser ranging）是一种空间大地测量技术。其基本原理是，根据地面台站精确记录宽度极窄的激光脉冲信号从望远镜到安装有后向反射器的卫星之间的往返时间，利用光速已知这个先决条件，可以计算出望远镜到卫星之间的瞬间距离。具体地讲，首先由地面观测站的激光测距系统基于卫星预报，准确地计算出卫星的位置，并实施卫星跟踪；然后由激光器发射激光脉冲，该脉冲到达卫星后，被卫星上的后向反射器反射，最后由地面站的接收望远镜接收激光回波，与此同时，时间间隔计数器计算出激光脉冲往返的时间间隔，此时间间隔再乘以光速，即可得到卫星到观测站的双程距离。目前这种瞬间距离的测量已经达到毫米级精度。SLR 精确测定地面台站相对地心的位置和运动（目前的精度分别达到毫米和毫米/年量级），从而可以监测板块构造运动和地壳的水平和垂直形变，进而为地震预报提供重要信息。SLR 全球网已经成为国际地球参考架（ITRF）的重要组成部分（图 2-3）。

利用 SLR 可以测定板块运动，其原理是通过测定台站的位置变化来确定板块运动参数或通过测定站间基线长度的变化率来确定板块运动参数进行的。

站间基线长度变化率的测定是在一列所选定的时间间隔内联合求解测站的坐标、卫星的轨道和地球的定向参数(EOP),利用这些测站坐标可求得测站间基线的时间序列,对该序列经线性拟合即得站间基线长度的变化率。

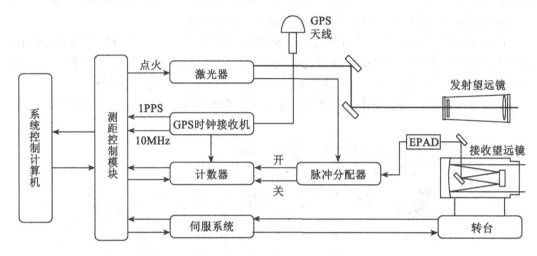

图 2-3　卫星激光测距系统(SLR)示意图(http://geodesy.casm.ac.cn/laser.asp)

图 2-4　SLR 站

利用 SLR 技术测定板块运动的精度主要取决于在各所选时间间隔内测得的站间基线精度,这与基线的观测误差、地球定向参数(EOP)的误差以及卫星的定轨误差都有关系。

SLR(卫星激光测距)的主要不足是:一方面,由于 SLR 观测采用的是可见光,并非GPS 使用的电磁波,因此观测受天气因素影响非常大,不能实现全天候观测(图 2-4)。SLR数据的获取,只能在晴朗或者少云的天气中进行。多云、阴雨或者湿度大时,SLR 观测或者无法获得数据,或者获取的数据质量差。即使实现了白天观测或者流动 SLR 观测,也无法弥补数据量的不足问题。另一方面,SLR 台站的建立和维护费用偏高,建站需要上千万元的投入。

现今全球拥有约 70 个固定型和流动型的激光测距台站,组成了国际 SLR 网、区域性

SLR 以及国家级 SLR 网。我国的 SLR 台网由上海、武汉、长春、北京和昆明五个固定站和 2 个流动站组成。参与全球板块运动监测并用于建立国际地球参考框架的 SLR 站点分布见图 2-5。

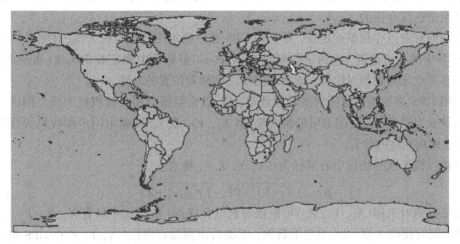

图 2-5　全球 SLR 站点分布图( http://itrf.ensg.ign.fr/GIS/ )

目前国外正在研发新一代全自动、无人化和每天 24 小时运转的 SLR 台站,将采用低能量、高重复率激光器和光量子计数方法。它们可以对各种安装有后向反射器的卫星进行观测,增加数据采集量和进一步提高观测精度,并且大大降低台站的建造、运行和维护的费用。

此外,将 SLR 系统安置于卫星等航天器上,进行对地面观测的空间 SLR 也是当前 SLR 发展的一个方向。

## §2.3　全球板块运动的 GPS 测量

全球定位系统( GPS)是美国国防部组织开发和管理的"Navigation Timing and Ranging Global Positioning System"的简称。GPS 系统的组成包括三个部分,分别是:①空间星座部分,②地面监控部分和③用户应用设备部分。

空间星座部分是由均匀分布在 6 个不同轨道面上,高度约 2 万千米的 24 颗卫星(其中 3 颗备用)组成。轨道面倾角为 55°,相邻轨道面升交点经度相差 60°,相邻轨道面卫星升交点经度相差 30°。GPS 星座的这种设置可以确保在近地空间或地面任一地点可以同时观测到 4~8 颗卫星,并使同一地点每天出现的卫星分布相同。

地面监控部分由一个主控站、三个注入站和五个监控站组成,其主要任务是监控和调度 GPS 卫星,确保整个系统正常工作。具体包括跟踪 GPS 卫星、计算和编制星历、监测和控制卫星的"健康"状况,保持精确的 GPS 时间系统,向卫星注入导航电文和各种调度控制指令等。

用户部分的核心是 GPS 接收机,由主机、天线、电源和数据处理软件等组成。接收机的主要功能是:接收 GPS 卫星信号、提取导航电文中的广播星历、星钟改正等参数,完成导航定位工作。

GPS 的定位方法，若按用户接收机天线在测量中所处的状态来分，可分为静态定位和动态定位；若按定位的结果来分，可分为绝对定位和相对定位。

所谓静态定位，即在定位过程中，接收机天线（观测站）的位置相对于周围地面点而言，处于静止状态；而动态定位则正好相反，即在定位过程中，接收机天线处于运动状态，定位结果是连续变化的。

所谓绝对定位亦称单点定位，是利用 GPS 独立确定用户接收机天线（观测站）在 WGS-84 坐标系中的绝对位置。相对定位则是在 WGS-84 坐标系中确定收机天线（观测站）与某一地面参考点之间的相对位置，或两观测站之间相对位置的方法。

利用 GPS 进行绝对定位的基本原理是：以 GPS 卫星与用户接收机天线之间的几何距离观测量 $\rho$ 为基础，并根据卫星的瞬时坐标 $(X_S, Y_S, Z_S)$，以确定用户接收机天线所对应的点位，即观测站的位置。

设接收机天线的相位中心坐标为 $(X, Y, Z)$，则有：

$$\rho = \sqrt{(X_S-X)^2+(Y_S-Y)^2+(Z_S-Z)^2} \qquad (2.3.1)$$

卫星的瞬时坐标 $(X_S, Y_S, Z_S)$ 可根据导航电文获得，所以式中只有 $X$、$Y$、$Z$ 三个未知量，只要同时接收 3 颗 GPS 卫星的数据，就能解出测站点坐标 $(X, Y, Z)$。GPS 单点定位的实质就是空间距离的后方交会。

GPS 相对定位，亦称差分 GPS 定位，是目前 GPS 定位中精度最高的一种定位方法。其基本定位原理是：用两台 GPS 用户接收机分别安置在基线的两端，并同步观测相同的 GPS 卫星，以确定基线端点（测站点）在 WGS-84 坐标系中的相对位置或称基线向量。

GPS 技术由于设备轻便，可全天候、自动化运转，导航定位快速且精度高等优点，在国民经济和科学研究等相关部门获得广泛应用。GPS 全球网提供测站相对地球质心的位置和速度是实现国际地球参考架的主要部分，是监测板块运动、全球和区域性地壳形变的主要工具，也可以为监测和预报地震等自然灾害提供重要信息。

随着 GPS 观测技术精度的进一步提高，GPS 的应用也越来越广泛。在地学的科学研究领域，用于监测全球板块运动的 GPS 站点也越来越多（图 2-6）。目前全球国际 IGS 跟踪站有 300 余个。

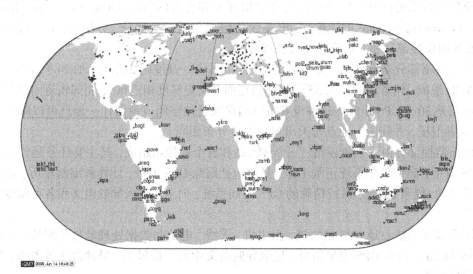

图 2-6　用于监测板块运动的 GPS 站点图（ http://www.igs.org/network/iglos.html ）

## §2.4 建立现代板块运动模型的空间大地测量方法

板块运动的空间大地测量观测值有两类：一类是站间基线长度变化率，与参考框架无关；另一类是站坐标和站速度，与参考框架有关。前者可用来求板块运动的相对运动参数，后者可以直接求绝对板块运动参数。

### 2.4.1 利用基线长度的变化率确定板块运动的相对运动参数

设 $i$ 测站和 $j$ 测站分别属于 $k$ 板块和 $l$ 板块，则 $k$ 板块对 $l$ 板块的相对运动角速度 $\omega_{kl}$ 与 $i$、$j$ 两站间基线长度的变化率 $\dot{B}_{ij}$ 具有如下关系：

$$\dot{B}_{ij} = \frac{R_i \times R_j}{B_{ij}} \omega_{kl} \tag{2.4.1}$$

其中 $R_i$，$R_j$ 分别为 $i$ 站和 $j$ 站的坐标矢量，通过两板块间若干条基线长度变化率的测定，就可由上式用一个加权的最小二乘平差求得两板块的相对运动角速度 $\omega_{kl}$。

### 2.4.2 利用站坐标和站速度确定板块运动的绝对运动参数

测定各板块相对于某一参考框架的运动，建立全球板块运动模型，是了解发生在板块边界上的各种构造现象和解释板块大地构造的基础。

板块构造学说认为相邻两板块之间的相对运动实际上是围绕通过地球中心的一个轴的旋转运动，通常用欧拉定理来表述。根据欧拉定理，可以用一个简单的旋转来表示每一个刚体板块在地球表面的运动，其旋转轴称为板块运动的瞬时旋转轴，其轴与地球表面上的交点称之为板块旋转极。

欧拉定理的数学描述为：

$$\vec{v} = \vec{\omega} \times \vec{r} \tag{2.4.2}$$

其中 $\vec{\omega} = (\omega_x, \omega_y, \omega_z)$ 是板块运动的角速度矢量，$\vec{r} = (x, y, z)$ 是位置矢量。

用空间大地测量观测建立板块运动模型实质是通过空间大地测量观测得到的台站坐标估计台站随时间的线性变化。时间 $t$ 时刻台站 $i$ 的位置 $r_i = (x_i, y_i, z_i)$ 以速度 $\dot{r}_i$ 表示为：

$$r_t = r_i^0 + \dot{r}_i(t - t_0) \tag{2.4.3}$$

其中 $t_0$ 为参考历元，此时台站位置为：

$$r_i^0 = (x_i^0, y_i^0, z_i^0)$$

这样在板块 $j$ 上的台站 $i$ 在直角坐标系中的时间变化可以表示为：

$$r_t = r_i^0 + (\omega^j \times r_i^0)(t - t_0) \tag{2.4.4}$$

其中 $\vec{\omega}^j = (\omega_x^i, \omega_y^i, \omega_z^i)$ 是第 $j$ 个板块运动的角速度矢量。

相对于某一与板块无关的参考标架的板块运动，称为绝对板块运动；而以某一板块为参考的板块运动，称为板块相对运动。早期通常采用地质地球物理方法确定板块运动的旋转极，随着 VLBI、SLR、GPS 和 DORIS 等空间观测技术的迅猛发展，台站位移速度的测定精度达到 1mm/a，为毫米级高精度实测当今全球地壳运动提供了保证，由此基于空间技术的实测数据确定板块运动欧拉参数成为可能。

欧拉定理是现代板块运动定量描述的基本定理。如果把板块看成刚性的，把地球看成球体，球心看成强制在地球表面上运动的刚体板块运动的固定点，则地壳运动满足欧拉定理。空间大地测量方法建立现代板块运动模型可以通过测定地球表面上的测站速度 V，按照式(2.4.2)计算出板块的旋转参数。

在地心坐标系中，如果一个板块的绝对欧拉矢量为 $\vec{\omega}=(\omega_x,\omega_y,\omega_z)$，则该板块上矢径为 $r(x,y,z)$ 的某点 G 的运动速度 $V_G(V_X,V_Y,V_Z)$ 可表示为：

$$\begin{bmatrix} V_x \\ V_y \\ V_z \end{bmatrix}_G = \begin{bmatrix} 0 & z & -y \\ -z & 0 & x \\ y & -x & 0 \end{bmatrix} \begin{bmatrix} \omega_x \\ \omega_y \\ \omega_z \end{bmatrix} \tag{2.4.5}$$

若把地球近似为球体，设该点经、纬度分别为 $\lambda$ 和 $\varphi$，则上式可变为

$$\begin{bmatrix} V_x \\ V_y \\ V_z \end{bmatrix}_G = \begin{bmatrix} 0 & r\sin\varphi & -r\cos\varphi\sin\lambda \\ -r\sin\varphi & 0 & r\cos\varphi\cos\lambda \\ r\cos\varphi\sin\lambda & -r\cos\varphi\cos\lambda & 0 \end{bmatrix} \begin{bmatrix} \omega_x \\ \omega_y \\ \omega_z \end{bmatrix} \tag{2.4.6}$$

在式(2.4.5)和式(2.4.6)中，$V_x$，$V_y$，$V_z$ 为地心参考系中的运动速度，若已知该点在站心参考系中的经向速度 $V_e$、纬向速度 $V_n$ 和垂直方向上的速度 $V_u$，则可把 $V_x$，$V_y$，$V_z$ 转换为 $V_e$，$V_n$，$V_u$

$$\begin{bmatrix} V_e \\ V_n \\ V_u \end{bmatrix} = \begin{bmatrix} -\sin\lambda & \cos\lambda & 0 \\ -\sin\varphi\cos\lambda & -\sin\varphi\sin\lambda & \cos\varphi \\ \cos\varphi\cos\lambda & \cos\varphi\sin\lambda & \sin\varphi \end{bmatrix} \begin{bmatrix} V_x \\ V_y \\ V_z \end{bmatrix}_G \tag{2.4.7}$$

将式(2.4.6)代入式(2.4.7)，若不考虑 $V_u$ 则得到

$$\begin{bmatrix} V_e \\ V_n \end{bmatrix}_r = \begin{bmatrix} -r\cos\lambda\sin\varphi & -r\sin\lambda\sin\varphi & r\cos\varphi \\ r\sin\lambda & -r\cos\lambda & 0 \end{bmatrix} \begin{bmatrix} \omega_x \\ \omega_y \\ \omega_z \end{bmatrix} \tag{2.4.8}$$

式(2.4.6)或式(2.4.8)可确定板块的旋转参数分量 $\omega_x$，$\omega_y$，$\omega_z$，从而欧拉矢量三参数为：

$$\begin{cases} |\omega| = (\omega_x^2+\omega_y^2+\omega_z^2)^{1/2} \\ \Phi = \arcsin\left(\dfrac{\omega_z}{\omega}\right) \\ \Lambda = \arctan\left(\dfrac{\omega_y}{\omega_x}\right) \end{cases} \tag{2.4.9}$$

式(2.4.6)或式(2.4.8)也可用来确定地壳上刚性块体的旋转运动模型。

### 2.4.3  板块绝对运动参数与相对运动参数的关系

板块间的相对运动欧拉矢量可以通过绝对运动欧拉矢量解算求得。对于"绝对"欧拉矢量分别为 $\vec{\omega}_k$ 和 $\vec{\omega}_l$ 的 k 板块和 l 板块，其相对运动欧拉矢量 $\vec{\omega}_{kl}$ 可由下式解出

$$\vec{\omega}_{kl}=\vec{\omega}_k-\vec{\omega}_l \tag{2.4.10}$$

根据协方差传播定律，也可解出 $\vec{\omega}_{kl}$ 的协方差和误差椭圆。

# §2.5  利用空间大地测量资料建立国际地球参考框架

研究地壳运动、地壳形变涉及地球参考系统、地球参考框架和参考基准的概念。

参考系统可以看做是为了表示位置坐标而定义的类似于标尺作用的参照物。例如：若将椭球体看做参照物，则椭球表面的经线、纬线、法线及相应刻度共同构成参考系统；若将3根笛卡尔坐标轴看做参照物，则坐标中心、坐标轴及其刻度共同构成参考系统。

在参考系统的具体实现中，我们不可能把椭球体或者笛卡尔坐标这类人为定义的东西具体标示出来，而只能代之以用固定在地球上的一组标记及其坐标和其他一些参数间接地表示出来，这组标记就是一个框架。换言之，参考框架就是参考系统的具体实现。

参考基准可以理解为"完全确定参考系统的必需因素"（宁津生，2000），坐标系统的参考基准具体可以表述为坐标系原点、尺度、指向及其随时间的变化。

由于各种地球动力现象的存在，以服务大地测量为目的的静态参考坐标系已不适用。现在迫切要求建立和维持一个长期稳定的参考系统，使各种随时间变化的地球动力现象都在这个系统中表现出来，在其中表述地球动力理论并建立动力模型。由于地球是一个非刚性的形变体，建立一个固结于地球的参考系非常复杂，只能定义一个理想的地球参考系。理想参考系的定义为：相对于它地球只存在形变，不存在整体性旋转和平移；相对惯性参考系地球只存在整体性运动，如地球自转等。在理论上，通常采用 Tisserand 条件来实现理想的地球参考系（叶叔华等，2000）。而实际上很难用物理和数学模型来精确描述地球的各种形变，因此至今无法定义一个真正的理想参考系。实用的参考系仍是一种协议地球参考系（conventional terrestrial reference system, CTRS），即对所建立的参考系的各种方法、参数和模型做出一定的协议。由一组参考点的位置和坐标来具体实现某一协议参考系，这组参考点的位置和坐标构成了一个协议参考框架（conventional terrestrial reference frame, CTRF）。

国际地球参考框架 ITRF（international terrestrial reference frame）就是国际地球参考系 ITRS（international terrestrial reference system）的一种具体实现。ITRF 是基于 VLBI、LLR、SLR、GPS 和 DORIS 等空间技术所建立起来的现代全球地面参考框架，它提供了一个全球统一的、地心的、三维的和动态的高精度地面坐标参照基准，ITRF 可以认为是最优的 CTRF。ITRF 在全球范围的精密定位、地壳形变监测、地球动力学研究以及建立精密数字地球等领域得到了广泛的应用。

ITRF 是综合多个数据分析中心的解算结果构制地球参考框架，由 IERS 中心局 IERS CB 分析得到的一组全球站坐标和速度场。IERS CB 每年将全球站的观测数据进行综合处理和分析，得到一个 ITRF 框架，并以 IRES 年报和 IERS 技术备忘录的形式发布。国际地球自转服务局发布的 ITRF 序列地球参考框架是国际上公认的精度最高、稳定性最好的参考架。从 ITRF88 到 ITRF2005 共公布了 11 个序列。

建立 ITRF 的具体步骤是：

（1）历元的统一：由于各分析中心提交的 CTRF（也叫站坐标组 SSC）的历元和其所采用的运动模型可能是不同的，所以在综合处理以前，必须先根据各 CTRF 所采用的运动模型把它们归算到同一历元。

（2）ITRF（最优 CTRF）站坐标解算：由各种技术提供的坐标数据组（SSC）组合建立 ITRF 的观测方程是：

$$(ITRF)_j + V_j = X_j^i + \delta^i + R_1(\beta_1^i) R_2(\beta_2^i) R_3(\beta_3^i) X_j^i + D^i X_j^i \qquad (2.5.1)$$

其中 $(ITRF)_j$ 表示 $j$ 台站的坐标，$V_j$ 为站坐标残差。$X_j^i$ 为第 $i$ 组 SSC 在 $j$ 台站的站坐标，$\delta^i$ 是第 $i$ 坐标组相对于 ITRF 的三个平移参数，$\beta_1^i$、$\beta_2^i$、$\beta_3^i$ 为三个旋转参数，$D^i$ 为尺度参数。

(3)ITRF(最优 CTRF)速度场的建立：与求 ITRF(最优 CTRF)站坐标完全类似，采用联合平差的方法，即把各分析中心提供的站速度组(SSV)作为输入数据，用式(2.5.1)进行平差，求解出 ITRF 的 SSV 以及它与其他 SSV 的变换参数。

目前精度最高的 ITRF 框架是 ITRF2005。ITRF2005 仍由一组空间技术(VLBI、SLR、GPS 和 DORIS)地面观测站的历元(ITRF2005 取为 2000.0)站坐标和速度场来实现。相对于 ITRF2000，ITRF2005 基准站的分布更为合理(如图 2-7)，其站坐标和速度场的解算精度有很大提高；在解的生成、基准的定义和实现等方面，ITRF2005 也做了较大的改进和修正。

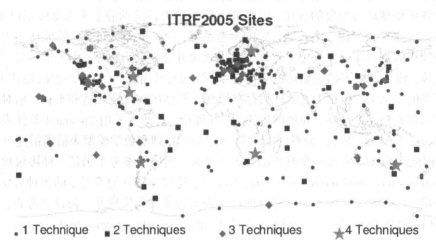

图 2-7  ITRF2005 基准站站点分布示意图( http://itrf.ensg.ign.fr/GIS/ )

ITRF2005 解包括 VLBI、SLR、GPS 和 DORIS 四种空间测量技术的基准站的历元(2000.0)站坐标和速度场，以及由四种技术综合的周日地球定向参数(EOP)序列。其中，GPS 站点约 301 个，DORIS 站点约 114 个，SLR 站点约 67 个，VLBI 站点约 122 个。

ITRF2005 的周日地球定向参数(EOP)序列自 1982 年开始。EOP 在 1982～1993 年期间取自 VLBI，1993～1999 年 5 月期间由 VLBI、SLR 和 DORIS 综合而成，1999 年 5 月后又加上 GPS。

1999 年后，各空间技术的协调中心根据 GPS 建立国际 GPS 服务 IGS( international GNSS service)的成功经验，分别建立了各门技术的国际服务：国际 VLBI 服务 IVS、国际 SLR 服务 ILRS 和国际 DORIS 服务 IDS。ITRF2005 解的输入文件就是由 IVS、ILRS、IGS 和 IDS 提供的站坐标和 EOP 时间序列以及它们的方差、协方差。正是由于 IVS、ILRS、IGS 和 IDS 等的建立，以及各种空间技术观测精度的提高和观测资料的积累，ITRF2005 相对于 ITRF2000 的解算精度才有较大的提高。因为 IVS 等空间技术协调中心综合各分析中心日常的处理结果，生成的高精度、高分辨率的站坐标时间序列，已完全可独立解算出可靠、精确，又能真正反映本技术特点的历元站坐标和速度场。不同技术并置的台站建立自己独立的速度场，可真正实现各技术解算结果的比较和检核，以利于发现各技术之间可能存在的系统差。

ITRF2005 基准的定义如下：

原点：ITRF2005 的原点定义为，在历元 2000.0 时刻 ITRF2005 与 ILRS 的 SLR 时间序

列间的平移参数及其速率为零；

尺度：ITRF2005 的尺度定义为，在历元 2000.0 时刻 ITRF2005 与 IVS 的 VLBI 时间序列间的尺度因子及其速率为零；

定向：ITRF2005 的定向定义为，在历元 2000.0 时刻 ITRF2005 与 ITRF2000 间的旋转参数及其速率为零。

## 思 考 题

1. 如何用空间大地测量观测值来求板块运动参数？
2. 用 VLBI、SLR 和 GPS 观测资料求得的全球板块运动模型有何特点？
3. 如何建立 ITRF 框架？ITRF2005 有什么特点？

# 第3章 区域地壳形变测量

空间尺度由几百公里到1000公里的瞬变运动,一般称区域地壳运动。区域地壳运动监测网现在都采用空间大地测量技术,包括甚长基线干涉测量(VLBI)、卫星激光测距(SLR)和GPS测量。局部地壳运动监测网用于测定活动构造区或地震活动区的局部形变,其中构造块体边界及其附近的地壳形变监测称为近场形变测量(陈鑫连等,1994),在这个网中,需要在各种不同的距离(由几百米到几十公里)测定各点的相对水平位置和高差,通常综合利用GPS测量、激光测距、水准测量和重力测量进行定期复测,以获取监测点的水平和垂直位移速率。

监测区域地壳水平形变,GPS有其灵活、方便、精度高等优势,而监测地壳垂直形变InSAR技术有很强的潜力,高精度的水准测量目前仍然起着重要作用。

## §3.1 区域地壳形变的 GPS 测量

### 3.1.1 GPS A、B 级网的建立

全国GPS A、B级网(图3-1)由国家测绘部门负责实施。1991年在全球范围内建立了一个IGS(国际GPS地球动力学服务)观测网,并于1992年6~9月间实施了第一期会战联测,我国多家单位合作,在全国范围内组织了一次盛况空前"中国'92GPS会战",目的是在全国范围内确定精确的地心坐标,建立我国新一代地心参考框架及其与国家坐标系的转换参数;以优于$10^{-8}$量级的相对精度确定站间基线向量,布设成国家A级网,作为国家高精度卫星大地网的骨架,并奠定地壳运动及地球动力学研究的基础。

建成后的国家A级网由28个点组成,经过精细的数据处理,平差后在ITRF91地心参考框架中的点位精度优于0.1m,边长相对精度一般优于$1\times10^{-8}$,随后在1993年和1995年又两次对A级网点进行了GPS复测,其点位精度已提高到厘米级,边长相对精度达$3\times10^{-8}$。

全国GPS B级网(又称国家高精度GPS网),是在A级网基础上布设的。GPS B级网基本均匀布点,覆盖全国,有818个点组成,总独立基线数2200多条,平均边长在我国东部地区为50~70km,中部地区为100km,西部地区为150km。外业观测从1991年开始到1996年结束,历时6年,与A级网不同,B级网分子网进行观测,各子网间相互交错与包容,网形结构复杂。数据处理采用GAMIT和PowerADJ软件,以A级网点为起算数据,在ITRF93框架下进行整体约束平差。历元为1996.365,B级网平差结果表明,平均点位中误差水平方向为13mm,垂直方向为26mm,GPS基线边长相对精度约为$10^{-7}$。

### 3.1.2 全国 GPS 一、二级网

全国一、二级网由总参布设(图3-2)。一级网由 45 个点组成，均匀地覆盖了我国大陆和南海岛屿，除南海岛屿外，大陆上的点均为国家天文大地网点，同时也是水准点或水准联测点，相邻点距最长 1667km，最短 86km，平均 680km。第一次平差于 1994 年完成，在 ITRF91 框架下进行，1998 年对该网重新进行了平差，在 ITRF96 框架下进行。据统计，平差后基线边长相对精度为 $10^{-8}$ 左右。

图 3-1 全国 GPS A、B 级网示意图(杨元喜，2009)

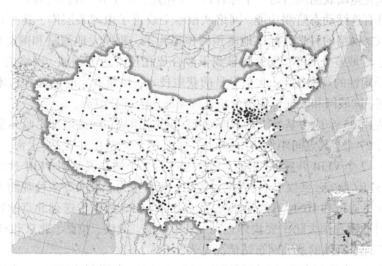

图 3-2 全国 GPS 一、二级网示意图(杨元喜，2009)

二级网由 534 个点组成，均匀分布在我国大陆和南海岛屿，所有的点都进行了水准联测，相邻点距平均为 164.8km，野外观测从 1992 年开始，历时 5 年。全国 GPS 一、二级网在 ITRF96 框架下进行平差，历元是 1997.0，据统计，平差后基线边长相对精度为 $3\times10^{-8}$ 左右。

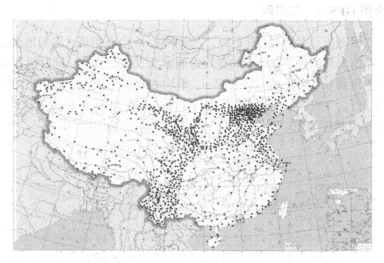

图 3-3　中国地壳运动观测网络示意图(杨元喜，2009)

### 3.1.3　中国地壳运动观测网络

中国地壳运动观测网络（Crustal Movement Observation Network of China，缩写为 CMONOC）（ http://www.neis.gov.cn/item2/introduction/）是以全球卫星定位系统(GPS)观测技术为主，辅之已有的甚长基线射电干涉测量(VLBI)和人造卫星激光测距(SLR)等空间技术，结合精密重力和精密水准测量构成的大范围、高精度、高时空分辨率的地壳运动观测网络。中国地壳运动观测网络是一个综合性、多用途、开放型、数据资源共享、全国统一的观测网络，具有连续动态监测功能。网络从根本上改善了地球表层固、液、气三个圈层的动态监测方式。网络的科学目标以地震预测预报为主，兼顾大地测量和国防建设的需要，同时可服务于广域差分 GPS、气象和星载干涉合成孔径雷达等领域。网络的关键技术是：高精度和高稳定性的观测技术，大信息量的获取技术，快速准实时的处理技术。网络由基准网、基本网、区域网和数据传输与分析处理系统四大部分组成。

基准网先由 25 个建于基岩上的 GPS 连续观测站组成，后又增加了哈尔滨、郑州两个站，目前共有 27 个，其点间距约为 1000km，其中有 5 个 SLR 并置站(上海、武汉、长春、北京和昆明)、2 个 VLBI 并置站(上海、乌鲁木齐)、1 个站并置流动 VLBI 观测(昆明)，并有两套流动 SLR(西安，武汉)。具有绝对重力、相对重力、水准等多种观测手段，每个站配备 VSAT 卫星通讯和 IDSN 有线通讯充备，每天将 GPS 数据传送到北京的数据中心，基准网可以实时监测我国大陆主要块体运动。其中上海、武汉、拉萨、北京和乌鲁木齐站为国际 IGS 跟踪站，具体的基准网布站情况见表 3-1。

基本网由 56 个均匀布设、定期复测的 GPS 站组成，点间距约 500km，大约两年复测一次，主要用于块体本身和块体间的地壳运动的监测，基本网也同时联测相对重力和精密水准。

区域网由 1000 个不定期复测的 GPS 站组成，其中 300 个左右均匀布设，700 个左右密集布设于断裂带及地震危险监视区，点间距约 30~50km，主要用于监测我国主要断裂带及地震带的现今地壳运动与变形。

表 3-1 中国地壳运动观测网络基准网布站情况

| 编号 | 代码 | 站 名 | 负责单位 |
|---|---|---|---|
| JZ01 | BJSH | 北京十三陵 | 中国地震局 GPS， |
| JZ02 | BJFS | 北京房山 | 国家测绘局 GPS 、SLR |
| JZ03 | JIXN | 蓟县 | 中国地震局 GPS |
| JZ04 | SUIY | 绥阳 | 总参测绘局 GPS |
| JZ05 | HLAR | 海拉尔 | 中国地震局 GPS |
| JZ06 | CHAN | 长春 | 中国科学院 GPS 、SLR |
| JZ07 | TAIN | 泰安 | 中国地震局 GPS |
| JZ08 | SHAO | 上海 | 中国科学院 GPS 、SLR 、VLBI |
| JZ09 | WUHN | 武汉 | 科学院 SLR 、地震局流动 SLR 、国家测绘局 GPS |
| JZ10 | XIAM | 厦门 | 中国地震局 GPS |
| JZ11 | GUA1 | 广州 | 总参测绘局 GPS |
| JZ12 | QION | 琼中 | 中国地震局 GPS |
| JZ13 | YANC | 盐池 | 中国地震局 GPS |
| JZ14 | XIAN | 西安 | 总参测绘局 GPS 流动 SLR |
| JZ15 | LOUZ | 泸州 | 中国地震局 GPS |
| JZ16 | KUNM | 昆明 | 总参测绘局 SLR, GPS, 流动 VLBI |
| JZ17 | XIAG | 下关 | 中国地震局 GPS |
| JZ18 | XNIN | 西宁 | 国家测绘局 GPS |
| JZ19 | DXIN | 鼎新 | 总参测绘局 GPS |
| JZ20 | DLHA | 德令哈 | 中国地震局 GPS |
| JZ21 | LHAS | 拉萨 | 国家测绘局 GPS |
| JZ22 | URUM | 乌鲁木齐 | 国家测绘局 GPS 、中国科学院 VLBI |
| JZ23 | WUSH | 乌什 | 中国地震局 GPS |
| JZ24 | TASH | 塔什库尔干 | 总参测绘局 GPS |
| JZ25 | YONG | 永兴岛 | 总参测绘局 GPS |
| JZ26 | HARB | 哈尔滨 | 国家测绘局 GPS |
| JZ27 | ZHNZ | 郑州 | 总参测绘局 GPS |

　　基准站相邻站间 GPS 基线长度年变化率测定精度优于 2 毫米；GPS 卫星精密定轨精度，与 IGS 联网优于 0.5m，独立定轨优于 2m；VLBI 相邻站间基准年变化率测定精度 2～3mm；固定 SLR 绝对坐标测定精度优于 3cm；流动 SLR 绝对坐标测定精度优于 5cm；绝对重力测定精度优于 5 微伽。基本站与区域站相邻站间 GPS 基线每期测定精度，水平分量

3~5mm，垂直分量 10~15mm，相对重力测定精度 15~20 微伽。

### 3.1.4 中国陆态网络工程

在中国地壳运动观测网络基础上，由中国地震局、总参测绘局、中国科学院、国家测绘局、中国气象局和教育部共同申报、共同建设的"中国陆态网络工程"项目，2007 年 10 月得到了国家发展与改革委员会的立项批复。该项工程由中国地震局牵头，总投资 5.2 亿元，建设周期 4 年(图 3-4)。

陆态工程的科学目标是建成覆盖中国内地及近海的高精度、高时空分辨率、准动态的四维观测体系，实时动态监测大陆构造环境变化，认知现今地壳运动和动力学的总体态势，揭示其驱动机制，探求对人类资源、环境和灾害的影响，推进地球物理学、大地测量学、地质学、大气科学、海洋学、空间物理学、天文学以及自然灾害预测和地球环境科学的发展。

陆态工程有 260 个基准站、2000 个区域站。基准网是陆态工程的框架，由 260 个连续观测 GPS 基准站组成。陆态工程中区域网由 2000 个观测站构成，这些站需要进行定期和不定期的复测，用于监测区域活动、大地测量基准服务等需要。陆态工程采用多种大地测量手段，包括 GPS、SLR、VLBI、重力、水准测量等，多源数据与综合分析系统将综合处理 GPS、SLR、VLBI、INSAR、重力、水准数据，包括精密定轨与定位、基准网和区域网 GPS 数据处理与整体平差，以获取时间和空间基准统一的基准网和区域网点位时间序列、大气可降水量及电离层电子密度等，为地壳形变分析提供科学的数值依据，同时它可以作为建立和维持我国的四维坐标框架基准的软件平台。

应用陆态工程数据研究中国内地整体运动，获取中国内地及其周边构造块体的动态图像，分析重力场和变形场随时间的变化，探索板块内部构造变形的动力学过程，如青藏高原隆起的成因、演化及其对资源、环境的影响，开展火山、地震活动、与其他地质灾害研究。

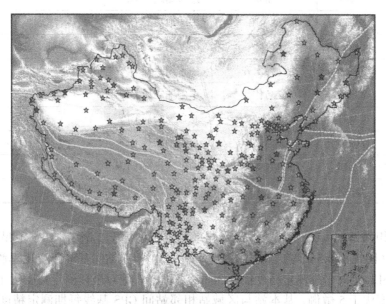

图 3-4　中国陆态网络工程基准网示意图

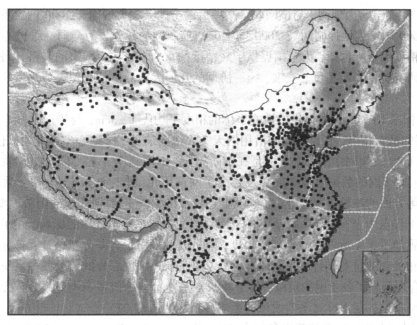

图 3-5　中国陆态网络工程区域网示意图

### 3.1.5　2000 国家 GPS 大地网

国家测绘局、总参测绘局和中国地震局等部门在 20 世纪 90 年代先后建成了国家高精度 GPS A 和 B 级网、全国 GPS 一、二级网和全国 GPS 地壳运动监测网三个全国性 GPS 网，共计 2 600 多点。这三个 GPS 网由于布设的需求不同，因此它们的布网原则、观测纲要、实施年代和测量仪器都有所不同；这三个 GPS 网在数据处理方面，如所选取的作为平差基准的 IGS 站、历元、坐标框架和平差方法也不尽相同。因此这三个 GPS 网的成果及其精度，包括同名点的坐标值之间，也必然存在差异。为了充分发挥其整体效益，更好地服务于国家和社会，上述三个网必须统一基准，采用先进的数据处理理论和方法，统一进行整体平差，从而建立我国统一的、可靠的、高精度的 2000 国家 GPS 大地网，作为实现我国高精度地心三维坐标系统的一个坐标框架。然而 2000 国家 GPS 大地网的密度远不如全国天文大地网，仅为后者的 1/ 20 左右。所以 2000 国家 GPS 大地网所提供的低密度的三维地心坐标框架不能完整实现中国的三维地心坐标系。若利用 2000 国家 GPS 大地网的三维地心坐标、精度高和现势性好的特点，通过它和具有近 5 万大地点的全国天文大地网进行联合平差，将后者纳入三维地心坐标系，并提高它的全国天文大地网的精度和现势性。使我国的大地坐标框架在密度和分布方面实现我国三维地心大地坐标系前进了一大步（陈俊勇等，2007）。

在国家重力基准方面，我国在 20 世纪先后建立了 1957 国家重力基本网和 1985 国家重力基本网。后者的精度为 $\pm 25 \times 10^{-8} ms^{-2}$，与前者相比提高了一个数量级，并消除了波斯坦重力起始值的系统差。但 1985 国家重力基本网仍存在如下问题：①对中国国土的覆盖不完整，网点少，网型结构也不理想；②至 20 世纪末，该网点毁损严重，竟达 40% 左右；③精度难以满足当代发展的需要。因此有必要建立新的国家重力基准即 2000 国家重力基本网。

2000 国家 GPS 大地网、与该网联合平差后的全国天文大地网和 2000 国家重力基本网统称为"2000 国家大地控制网",2000 国家大地控制网的建立,为全国三维地心坐标系提供了高精度的坐标框架,为全国提供了高精度的重力基准,为国家的经济建设、国防建设和科学研究提供了高精度、三维、统一协调的几何大地测量与物理大地测量的基础地理信息。

2000 国家 GPS 大地网提供的地心坐标的精度平均优于±3cm,与当前国际上相同规模的 GPS 网的精度相当,它也为我国沿用的天文大地网纳入三维地心坐标框架提供了控制。2000 国家 GPS 大地网中的各个子网是在不同年代、不同施测方案、不同 GPS 轨道精度时布测的,因此该网的数据处理必须顾及各个子网在历元、坐标框架、地形变、轨道精度和施测方案等方面的差异,为此建立了顾及上述特点的 GPS 网数据处理的函数模型:以 IGS 站和网络工程点为坐标框架,顾及了各子网系统误差和基准不统一的影响,在子网函数模型中分别施加了 3 个旋转参数和一个尺度;随机模型采用了方差分量估计;解算方法采用了双因子相关观测抗差估计,既保证了平差基准的统一,也部分抵偿了各种系统误差的影响。因此合理调整了各子网的贡献,各子网的方差分量估计值基本不受系统误差影响,控制了各子网精度标定不准对平差成果的影响(陈俊勇等,2007)。

2000 国家大地坐标系其英文名称为 China Geodetic Coordinate System 2000,英文缩写为 CGCS2000。它是由 2000 国家 GPS 大地控制网的坐标和速度具体实现,参考历元为2000.0,其平均平面点位中误差约为 5mm;平均高程中误差约为 20mm;平均三维点位中误差优于 25mm,2000 国家大地坐标系已经国务院批准于 2008 年 7 月 1 日在全国正式启用。

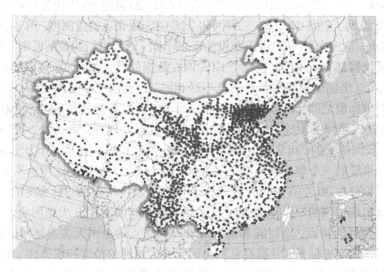

图 3-6　2000 国家 GPS 大地网示意图(杨元喜,2009)

### 3.1.6　美国与日本大地测量 CORS 网络

美国国家连续运作的基准站(Continuously Operating Reference Station,缩写为 CORS)系统项目于 1994 年启动,其目的在于提高人们利用 GPS 数据以厘米级精度在整个美国及其领地测定点位的能力。他们也用 CORS 数据发展 GIS，监测地壳形变，测定大气层水汽分布，支持 GPS 的遥感应用，以及监测电离层自由电子的分布。该项目开展 15 年来，已拥有超过 1350 个永久 GPS 观测站。

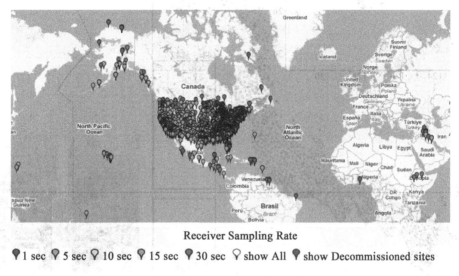

Receiver Sampling Rate

1 sec  5 sec  10 sec  15 sec  30 sec  show All  show Decommissioned sites

图 3-7　美国 CORS 网络示意图

美国主要有 3 个大的 CORS 网络系统，分别是国家 CORS 网络，合作式 CORS 网络和区域(加利福尼亚)CORS 网络。目前，国家 CORS 网络有 688 个站，合作式 CORS 网络有 140 个站，区域(加利福尼亚)CORS 网络有 350 多个站，并且以每个月 15 个站的速度增长，超过 155 个组织参加了 CORS 的项目。美国国家大地测量局(NGS)、美国国家海洋和大气管理局(NOAA)的国家海洋服务办公室分别管理国家 CORS 和合作式 CORS.NGS 的网站向全球用户提供国家 CORS 网络基准站坐标和 GPS 卫星跟踪观测站数据，其中 30 天内为原始采样间隔的数据，30 天后为 30 秒采样间隔的数据，此外 NGS 网站还提供基于网络的在线定位服务系统(OPUS)。合作 CORS 的数据可以从美国国家地球物理数据中心下载，并且所有数据向合作组织自由开放(Richard Snay，2005)。

日本国家地理院(GSI)从 20 世纪 90 年代初开始，就着手布设地壳应变监测网，并逐步发展成日本 GPS 连续应变监测系统(COSMOS)。该系统的永久跟踪站平均 30km 一个，最密的地区如关东，东京，京都等地区是 10~15km 一个站，到 2008 年 4 月已经建设 1 238 个遍布全日本的 GPS 永久跟踪站。该系统基准站一般为不锈钢塔柱，塔顶放置 GPS 天线，塔柱中部分层放置 GPS 接收机、UPS 和 ISDN 通信 modem，数据通过 ISDN 网进入 GSI 数据处理中心，然后进入因特网，在全球内共享。

COSMOS 构成了一个格网式的 GPS 永久站阵列，是日本国家的重要基础设施，其主要任务有：①建成超高精度的地壳运动监测网络系统和国家范围内的现代"电子大地控制网点"；②系统向测量用户提供 GPS 数据，具有实时动态定位(RTK)能力，完全取代传统的 GPS 静态控制网测量。COSMOS 主要的应用是：地震监测和预报；控制测量；建筑，工程控制和监测；测图和地理信息系统更新；气象监测和天气预报。

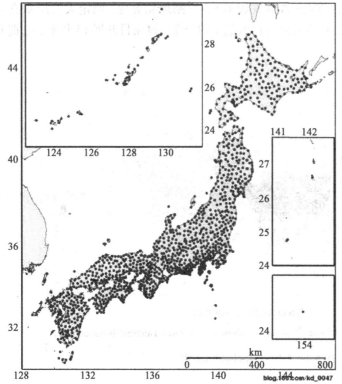

图 3-8　日本的 COSMOS 连续应变监测系统示意图　　　　图 3-9　电子基准点示意图

### 3.1.7　GPS 技术用于地壳垂直形变监测(梁振英等, 2004)

由于 GPS 连续运行站和综合服务体系的日趋完善, 在我国的许多地区, 将有可能利用 GPS 观测直接得到厘米级甚至毫米级的大地高数据。重复 GPS 观测可以求定大地高的变化(或站心坐标系的 $U$ 分量的变化)。由于椭球体法线与该点夹角很小(通常为"分"的量级), 大地高和正常高方向基本重合, 所以可以用大地高的变化代替正常高的变化, 也就是可以利用重复 GPS 观测取代精密水准以监测地面的升降变化。

为了检核 GPS 高程分量的实际精度(外部符合精度), 天津市控制地面沉降办公室利用天津滨海新区 GPS 监测网进行了专题的实验研究。他们研究了利用 GPS 测定高程分量的实际精度并通过与精密水准对比加以验证。监测区布设 GPS 点 19 个, 与 1995~1998 年连续 4 年进行了 GPS 测量, 同时用一等水准在 GPS 观测的同时进行连测。其中 GPS 采用 AshtechZ$_{12}$ 双频接收机, 采样率 30s, 卫星截至高度角为 15°, 每 2 小时记录干湿度及气象 1 次, 每个站上连续观测 48 小时, 相邻同步环间保留 2 个公共点。GPS 平差后高程中误差 ±2~±5mm, 平差后水准测量单位权中误差 ±6mm/km。他们在滨海新区这一特殊条件下(周边没有 GPS 连续站), 用 4 年的同步观测结果证明了在几十至几百千米范围内, GPS 测量高程的 $U$ 分量与水准测量得到的高差变化的一致性在 ±10mm 以内。以下给出实验和分析结果。

1. GPS 测量站坐标系的 $U$ 分量与正常高变化的关系

重复 GPS 测量给出站心坐标 $U$ 分量的变化, 重复水准给出监测点正常高的变化。二者的可比性，可以通过下面推导它们之间的关系说明。

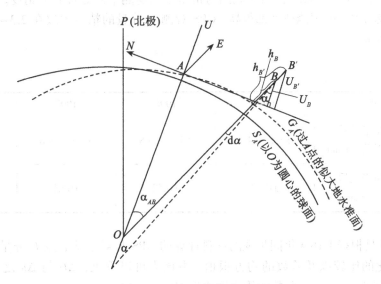

图 3-10　$U$ 与 $h$ 的关系

为了推导二者的关系，可以把地球近似地简化为一个球面。在地面上某一点建立一个以该点为坐标原点的站心空间直角坐标系 $NEU$，其 $N$ 轴为该点处经线的切线方向，指向北，而 $E$ 轴为该点处纬线的切线，指向东，而 $U$ 轴则为该点处的球面外法线方向，如图 3-10 所示。图中 $O$ 为 ITRF 参考系的坐标原点，$A$ 为球面上一点，$S_A$ 为过 $A$ 点的以 $O$ 为球心的一个球面，$G_A$ 为 $A$ 点处的似大地水准面。地面上离 $A$ 点不太远处一点 $B$，在此站心坐标系中，相对于 $A$ 点的高程为 $U_B$，相对于 $A$ 点的高差为 $h_B$。假定 $A$ 点不动，$B$ 点则由于陆地的垂直运动移到 $B'$，此时 $B'$ 相对于 $A$ 点的站心坐标高程分量 $U_{B'}$，相对于 $A$ 点的高差为 $h_{B'}$。$B$ 点相对于 $A$ 点的高程变化为

$$\Delta h = h_{B'} - h_B \tag{3.1.1}$$

而相应站坐标 $U$ 分量的变化为

$$\Delta U = U_{B'} - U_B \tag{3.1.2}$$

由图 3-10 可知，$\Delta U$ 与 $\Delta h$ 的关系为

$$\frac{\Delta U}{\Delta h} = \cos\alpha \tag{3.1.3}$$

式中：$\alpha$ 为过 $B$ 点似大地水准面垂线与过 $A$ 点的球半径之间的夹角。

$\alpha$ 与 $A$，$B$ 两点间大圆所夹的球心角一个很小的 $d\alpha$，即

$$\alpha_{AB} = \alpha + d\alpha \tag{3.1.4}$$

$d\alpha$ 的大小与 $B$ 点处的垂线偏差的大小及局部椭球局部 ITRF 的定向有关，是个微小量。当 $A$，$B$ 两点间相距不大时，$\alpha$ 很小，可以忽略 $\alpha_{AB}$ 与 $\alpha$ 之间的微小差异，于是

$$\Delta h = \frac{\Delta U}{\cos\alpha_{AB}} \tag{3.1.5}$$

当时 $\alpha_{AB} = 1°$ 时（相当于 $A$，$B$ 两点距离 110km），$\cos\alpha_{AB} = 0.9998 \approx 1$。因此，当 $A$，$B$ 两点大约 100km 时，可以用 $\Delta U$ 来代替 $\Delta h$，即可由 GPS 测量结果 $\Delta U$ 代替水准测量的正常高的变化。

**2. 与精密水准比较**

表 3-2 是 1995~1998 年 GPS 观测与精密水准观测平差处理后的精度。从内符合精度看，对比观测本身的观测精度都很高。GPS 观测 $U$ 分量的精度大致在 2.3~5.8mm 的范围内，小于 7mm。

表 3-2

| 观测年份 | 1995 | 1996 | 1997 | 1998 |
|---|---|---|---|---|
| GPS 测量平差后高程分量误差/(mm) | ±3.1~±4.2 | ±4.5~±5.8 | ±2.3~±3.8 | ±4.8~±5.8 |
| 水准测量平差后单位中误差/(mm/km) | ±0.58 | ±0.52 | ±0.61 | ±0.59 |

表 3-3 是根据上述 4 年同步观测资料计算的 GPS 相对于站心点 $U$ 分量变化和水准测量 $h$ 的变化的比较以及差数的均方根值。由该表可以看见，$\Delta U$ 与 $\Delta h$ 之差最大不超过 20mm，一般小于 10mm。差数的均方根值为 ±10mm。

表 3-3                                                                                    单位：mm

| 点名 | 1996—1995 年 | | | 1997—1996 年 | | | 1998—1997 年 | | |
|---|---|---|---|---|---|---|---|---|---|
| | $\Delta U$ | $\Delta h$ | $\Delta U - \Delta h$ | $\Delta U$ | $\Delta h$ | $\Delta U - \Delta h$ | $\Delta U$ | $\Delta h$ | $\Delta U - \Delta h$ |
| GPS12 | +19.0 | +8.3 | +10.7 | +33.0 | +31.8 | +1.2 | −19.4 | −20.8 | +1.4 |
| GPS2 | +1.1 | −1.7 | +2.8 | +12.6 | +14.8 | −2.2 | −19.4 | −25.8 | +6.4 |
| GPS3 | +27.8 | +26.8 | +1.0 | +23.0 | +30.4 | −7.4 | − | − | − |
| GPS9 | +13.9 | +18.4 | −4.5 | +45.3 | +27.1 | +18.2 | −23.5 | −17.8 | −5.7 |
| KGS4 | +17.1 | +20.0 | −2.9 | +47.2 | +39.2 | +8.0 | −2.3 | −12.3 | +10.0 |
| GPS1 | +14.6 | +9.5 | +5.1 | −0.9 | −8.4 | +7.5 | +27.1 | +22.5 | +4.6 |
| GPS10 | −13.7 | −27.3 | +13.6 | −14.6 | −4.5 | +10.1 | −53.6 | −58.0 | +4.4 |
| BJG2 | −79.9 | −73.8 | −6.1 | −23.2 | −14.4 | −8.8 | − | − | − |
| GPS6 | −5.0 | −3.9 | −1.1 | − | − | − | − | − | − |
| GPS5 | | | | +3.1 | −13.8 | +16.9 | −19.2 | −7.6 | −11.6 |
| GPS14 | | | | | | | −3.2 | +14.6 | −17.9 |
| GPS15 | | | | | | | −112.2 | −108.4 | −3.8 |
| GPS16 | | | | | | | −70.0 | −51.9 | −18.1 |
| | ±6.7 | | | ±10.4 | | | ±10.1 | | |

注：空格表示没有测量(后建的点)；"−"表示数据不合格而被取消。

$GPS$ 与精密水准同步观测的比较，为 $GPS$ 技术测定高差变化的实际精度提供了一个可靠的外部校核，说明 $GPS$ 内部符合精度与实际精度基本一致。

## §3.2 区域地壳形变的 InSAR 测量

合成孔径雷达干涉测量技术($InSAR$)是以合成孔径雷达复数据提取的相位信息为信息源获取地表的三维信息和变化信息的一项技术。$InSAR$ 通过两幅天线同时观测（单轨模式），或两次近平行的观测（重复轨道模式），获取地面同一区域的复图像对。由于目标与两天线位置的几何关系，在复图像产生了相位差，形成了干涉图。干涉图中包含了斜距方向上点与两天线位置之差的精确信息。因此，利用传感器高度、雷达波长、波束视向及天线基线距之间的几何关系，可以精确地测量出图像上每一点的三维位置和变化信息。由于在地壳形变测量中多使用星载平台和重复轨道模式来进行干涉测量，因此本节主要讲述的是利用重复轨道干涉测量地壳形变的基本原理和方法。

根据距离-多普勒原理，多普勒频率 $f_{dop}$ 可以表示为：

$$f_{dop} = -\frac{2}{\lambda}\frac{\partial\rho}{\partial t} \tag{3.2.1}$$

其中 $\rho$ 为斜距，$t$ 为时间以及 $\lambda$ 为波长。由于 $2\pi f_{dop} = \partial\phi/\partial t$，其中 $\phi$ 为观测相位。因此有

$$\partial\phi(t) = -\frac{4\pi}{\lambda}\partial\rho(t) \tag{3.2.2}$$

对式(3.2.2)进行积分，并考虑地面散射对微波的影响，可以得到相位观测值 $\phi$ 与斜距 $\rho$ 之间的关系：

$$\phi = -\frac{4\pi\rho}{\lambda} + \phi_{scat} \tag{3.2.3}$$

其中，$\phi_{scat}$ 称为散射相位。

图 3-11 中，$S_1$ 和 $S_2$ 分别表示两幅天线的位置，天线之间的距离用基线距 $B$ 表示，基线与水平方向的夹角为 $\alpha$，$H$ 表示平台的高度，地面一点 $P$ 在 $t_1$ 时刻到天线 $S_1$ 的路径用 $\rho_1$ 表示，其方向矢量为 $\vec{l_1}$，$P'$ 在 $t_2$ 时刻到天线 $S_2$ 的路径用 $\rho_2$ 表示，其方向矢量为 $\vec{l_2}$，点 $P$ 到 $P'$ 的距离为 $D$，点 $P$ 在参考椭面上的投影为 $P_0$，$P$ 和 $P_0$ 之间的距离为 $h_e$，$\theta$ 为第一幅天线的参考视向角，地面点 $P$ 的高程（正高）用 $h$ 表示。天线 $S_1$ 和天线 $S_2$ 接收到的 SAR 信号 $s_1$ 和 $s_2$ 分别表示如下：

$$s_1 = |s_1|e^{j\varphi_1} \tag{3.2.4}$$

$$s_2 = |s_2|e^{j\varphi_2} \tag{3.2.5}$$

由于入射角的细微差异使得两幅 SAR 复影像不能完全重合，需要先对其进行配准处理，将配准后的图像进行复共轭相乘就得到了复干涉图：

$$s_1 s_2^* = |s_1||s_2|e^{j(\varphi_1-\varphi_2)} \tag{3.2.6}$$

由式(3.2.3)和式(3.2.6)，干涉相位 $\varphi$ 可表示为：

$$\varphi = \phi_1 - \phi_2 = \frac{4\pi}{\lambda}(\rho_2 - \rho_1) + (\phi_{scat,1} - \phi_{scat,2}) \tag{3.2.7}$$

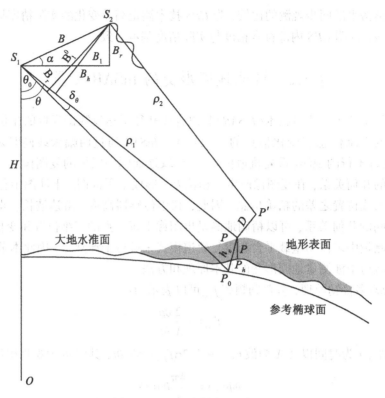

图 3-11 SAR 干涉测量示意图

假设 $t_1$ 和 $t_2$ 时刻的地面散射特性相同，即 $\phi_{scat,1} = \phi_{scat,2}$，可以将式 $(2.7)$ 简化为：

$$\varphi = \frac{4\pi}{\lambda}(\rho_2 - \rho_1) \tag{3.2.8}$$

由图 $(3\text{-}11)$ 可以得到：

$$\rho_2 \vec{l}_2 = \rho_1 \vec{l}_1 - \vec{B} - \vec{D} \tag{3.2.9}$$

方程两边同时乘以 $\vec{l}_1$ 可得：

$$\rho_2 \vec{l}_2 \cdot \vec{l}_1 = \rho_1 - \vec{B} \cdot \vec{l}_1 - \vec{D} \cdot \vec{l}_1 \tag{3.2.10}$$

由于 $B \ll \rho_1$，$D \ll \rho_1$，因此 $\vec{l}_2 \cdot \vec{l}_1 \approx 1$，于是式 $(3.2.10)$ 可以改写成：

$$\rho_2 \approx \rho_1 - \vec{B} \cdot \vec{l}_1 - \vec{D} \cdot \vec{l}_1 \tag{3.2.11}$$

将式 $(3.2.11)$ 代入式 $(3.2.8)$，可得

$$\varphi \approx -\frac{4\pi}{\lambda}(\vec{B} \cdot \vec{l}_1 - \vec{D} \cdot \vec{l}_1) = -\frac{4\pi}{\lambda}\left[B\sin(\theta - \alpha) - \Delta\rho\right] \tag{3.2.12}$$

将基线沿雷达视线方向进行分解，得到平行于视线方向的分量 $B_\parallel$ 和垂直于视线向的分量 $B_\perp$，于是有

$$B_\parallel = B\sin(\theta - \alpha) \tag{3.2.13}$$

$$B_\perp = B\cos(\theta - \alpha) \tag{3.2.14}$$

假设点 $P_0$ 的视向角 $\theta_0$，令 $\beta = \theta_0 - \alpha$，$\delta_\theta = \theta - \theta_0$。于是有

$$\sin(\theta - \alpha) \equiv \sin(\beta - \delta_\theta) \approx \sin\beta + \cos\beta\delta_\theta \tag{3.2.15}$$

将式(3.2.13)、式(3.2.14)和式(3.2.15)代入式(3.2.12)，有：

$$\varphi \approx -\frac{4\pi}{\lambda}(B_\parallel^0 + B_\perp^0 \delta_\theta - \Delta\rho) \tag{3.2.16}$$

而 $\delta_\theta = \dfrac{h_e}{\rho_1} \approx \dfrac{h}{\rho_1 \sin\theta_0}$，将其代入式(3.2.16)，可以得到 InSAR 的一般表达式：

$$\varphi = -\frac{4\pi}{\lambda}\left(B_\parallel^0 + \frac{B_\perp^0}{\rho_1 \sin\theta_0}h - \Delta\rho\right) \tag{3.2.17}$$

基于式(3.2.17)，可以将干涉相位分解成三部分：

$$\varphi = \varphi_{ref} + \varphi_{topo} + \varphi_{defo} \tag{3.2.18}$$

其中，$\varphi_{ref}$ 称为参考相位，表示由于地球曲面所产生的干涉相位：

$$\varphi_{ref} = -\frac{4\pi}{\lambda}B_\parallel^0 \tag{3.2.19}$$

去除平地效应，即将去参考相位后的剩余相位称为平地相位 $\varphi_{flat}$：

$$\varphi_{flat} = -\frac{4\pi}{\lambda}\left(\frac{B_\perp^0}{\rho_1 \sin\theta_0}h - \Delta\rho\right) = \varphi_{topo} + \varphi_{defo} \tag{3.2.20}$$

$\varphi_{topo}$ 称为地形相位，是由参考面之上的地形所产生的干涉相位：

$$\varphi_{topo} = -\frac{4\pi}{\lambda}\frac{B_\perp^0}{\rho_1 \sin\theta_0}h \tag{3.2.21}$$

$\varphi_{defo}$ 称为变形相位，是由地表形变产生的干涉相位：

$$\varphi_{defo} = \frac{4\pi}{\lambda}\Delta\rho \tag{3.2.22}$$

如果已经获取观测区域内的数字高程模型(DEM)，即获取该区域的高程相位 $\varphi_{topo}$，则可由式(3.2.20)和式(3.2.22)来计算该地区的地表形变 $\Delta\rho$：

$$\Delta\rho = \frac{\lambda}{4\pi}\varphi_{defo} \tag{3.2.23}$$

## §3.3　区域地壳形变的精密水准测量

水准测量是利用水准仪提供的水平视线直接测定地面上各点间高差的方法。水准测量利用水准仪提供的水平视线，如图 3-12 借助于在 $A$、$B$ 两点上分别竖立带有分划的水准尺，直接测定地面上两点间的高差。

设水准测量是由 $A$ 向 $B$ 进行的，则 $A$ 点为后视点，$A$ 点尺上的读数 $a$ 称为后视读数；$B$ 点为前视点，$B$ 点尺上的读数 $b$ 称为前视读数。因此，高差等于后视读数减去前视读数，即

$$h_{AB} = a - b \tag{3.3.1}$$

如果 $A$ 点高程已知为 $H_A$，则利用 $A$ 点的高程和测得的高差 $h$，可推算出未知点 $B$ 的高程 $H_B$：

$$H_B = H_A + h_{AB} = H_A + a - b \tag{3.3.2}$$

通常按《国家一、二等水准测量规范》(中华人民共和国国家标准，GB/T 12897-2006)

实施并达到其精度指标的水准测量称为精密水准测量。

精密水准测量的用途有两点,一是建立国家高程控制网,二是监测地壳垂直运动。精密水准测量精度高,一等水准每千米高差偶然中误差为0.5mm,自动安平水准仪可达0.2~0.3mm。一等水准测量在高程控制网中精度最高,是整个控制网的骨干,也是研究地壳垂直运动、平均海平面变化、区域地面沉降等的重要手段。二等水准测量是高程控制网的全面基础,其主要目的是控制低等级路线,以便推算点的高程。

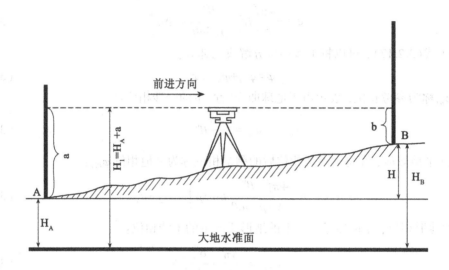

图3-12 水准测量原理图

依据国家标准,国家一等水准测量布测需构成环形,此结构可以加强水准测量强度,保证精度符合要求;国家一等水准测量布测也需要考虑板块内部不同地块的构造,因为各个地块的垂直运动在板块运动统一的背景下是不相同的;国家一等水准测量布测还需要考虑时间跨度,为了利用一等水准测量推求地壳垂直运动,必须对其定期复测,求得的垂直运动速率在复测间隔时间内具有平均意义,从研究地壳运动的角度来说,一等水准测量有一个确定的历元,如果测量时间过长,将导致水准测量在空间上不连续。整个一期一等水准测量时间不宜太长,一个水准环的测量更不能过长,根据我国一等水准测量结果分析,以全国100 000km估算,最好集中在3年内完成,一个水准环的测量最好在1~2年内完成。目前一等水准测量达到的精度与我国大陆地壳垂直运动的一般量级,国家一等水准测量网每隔15~20年复测一次(梁振英,2004)。

### 3.3.1 精密水准测量成果精度评定、重测和取舍

水准测量有观测误差,观测误差对测量成果的影响,包括测段和路线往返测不符值(闭合差)、环闭合差。

1. 往返测高差不符值、环闭合差计算

往返测高差不符值、环闭合差和检测高差之差的限差见表3-4的规定。具体要做的工作有:

(1)检测已测测段高差之差的限差,对单程检测或往返检测均适用,检测测段长度小于1 km时,按1 km计算。检测测段两点间距离不宜小于1 km。

（2）水准环线由不同等级路线构成时，环线闭合差的限差，应按各等级路线长度及其限差分别计算，然后取其平方和的平方根为限差。

（3）当连续若干测段的往返测高差不符值保持同一符号，且大于不符值限差的 20% 时，则在以后各测段的观测中，除酌量缩短视线外，还应加强仪器隔热和防止尺桩(台)位移等措施。

2. 成果的重测和取舍

（1）测段往返测高差不符值超限，应先就可靠程度较小的往测或返测进行整测段重测，并按下列原则取舍。

①若重测的高差与同方向原测高差的不符值超过往返测高差不符值的限差，但与另一单程高差的不符值不超出限差，则取用重测结果。

②若同方向两高差不符值未超出限差，且其中数与另一单程高差的不符值亦不超出限差，则取同方向中数作为该单程的高差。

③若①中的重测高差(或②中两同方向高差中数)与另一单程的高差不符值超出限差，应重测另一单程。

④若超限测段经过两次或多次重测后，出现同向观测结果靠近而异向观测结果间不符值超限的分群现象时，如果同方向高差不符值小于限差的一半，则取原测的往返高差中数作往测结果，取重测的往返高差中数作为返测结果。

（2）区段、路线往返测高差不符值超限时，应就往返测高差不符值与区段(路线)不符值同符号中较大的测段进行重测，若重测后仍超出限差，则应重测其他测段。

（3）符合路线和环线闭合差超限时，应就路线上可靠程度较小(往返测高差不符值较大或观测条件较差)的某些测段进行重测，如果重测后仍超出限差，则应重测其他测段。

（4）每千米水准测量的偶然中误差 $M_\Delta$ 超出限差时，应分析原因，重测有关测段或路线。

表 3-4　　　　　往返测高差不符值、环闭合差和检测高差之差的限差(单位：毫米)

| 等级 | 测段、区段、路线往返测高差不符值 | 附合路线闭合差 | 环闭合差 | 检测已测测段高差之差 |
|---|---|---|---|---|
| 一等 | $1.8\sqrt{k}$ | | $2\sqrt{F}$ | $3\sqrt{R}$ |
| 二等 | $4\sqrt{k}$ | $4\sqrt{L}$ | $4\sqrt{F}$ | $6\sqrt{R}$ |

注：$k$ 为测段、区段或路线长度，单位为千米(km)；当测段长度小于 0.1 km 时，按 0.1 km 计算；$L$ 为附合路线长度，单位为千米(km)；$F$ 为环线长度，单位为千米(km)；$R$ 为检测测段长度，单位为千米(km)。

### 3.3.2　精密水准测量的误差分析和精度评定(梁振英等，2004)

1. 误差来源及对测量成果的影响

1）观测误差

设标尺读数误差为 $m$，根据测站高差的计算公式：

$$h = \frac{1}{2}\left[(a_1 - b_1) + (a_2 - b_2)\right] \tag{3.3.3}$$

式中，$a_1,a_2,b_1,b_2$ 分别为后视和前视的基、辅分划读数，根据误差传播定律可得测站高差的观测误差 $m_h=m$。

观测误差对测量成果的影响，包括测段和路线往返测闭合差，高度中数和环闭合差，都是偶然性质的。

2）尺桩、尺台和脚架垂直位移误差

脚架位移一般很小，按"后、前、前、后；前、后、后、前"的作业程序又能很好地补偿，所以无论对测段和路线往返测平均值和往返测之差，还是对环闭合差的影响都很小，而且具有偶然性，尺桩和尺台的位移比脚架位移要大得多，如往返测位移性质和大小都一样，则在平均高差值中可以抵偿，在往返差中含有其和。使用尺桩和尺台作为转进点，可能是往测和返测系统性地增大或变小。从这个角度看，这是一种系统误差来源。但对高差中数和环闭合差的影响完全是偶然性质的。

3）使用因瓦标尺带来的误差

使用因瓦标尺带来的误差是精密水准测量中最主要的误差来源之一。标尺制作质量、使用中的细心程度，都会影响测量成果的质量。标尺的分划误差，1副标尺的零点差，由于标尺底面不是平面和标尺地面与因瓦带不垂直而引起的误差，因水准器调整不佳的影响，米长和温度系数测定误差，标尺的弯曲影响以及由于温度、湿度和拉力变化而引起的因瓦带长度的变化等，都将给水准测量带来直接的影响。

4）水准折光误差

水准折光误差是精密水准测量最主要的误差来源之一。光线通过密度不同的空气层会产生折射，从而给水准测量带来误差。因温度逐渐变化，空气的闪动和颤动带来的误差都只具有偶然性，而由于地面倾斜一致产生的折光差则是重要的系统误差来源。研究折光误差，在理论上有两种不同的方法：一是在大气等密度层与地面平行（或成某一角度）的前提下，研究地面倾斜一致情况下的折光差；二是根据微气候学理论，按照风速对粗糙地面产生的切应变力计算温度梯度（这时与地面倾斜无关）。

5）热力作用误差

水准器水准仪，如 N3，Ni004 等对热力作用很敏感，热力等影响是一种主要的系统误差来源。仪器受热的主要来源是太阳，如湍流变换、风力作用、热流方向等。其他影响如周围环境、人体因数，也都与热力有关。水准仪受热后，$i$ 角（即仪器水准器轴与望远镜视准轴的夹角）发生变化，因而对水准测量成果产生影响。如果只考虑太阳这个热源，其影响可分为以下 3 种情况：

（1）因温度逐渐变化而发生的 $i$ 角变化：早晨温度较低，随太阳逐渐升高，总的气温也逐渐上升，下午总的气温逐渐降低。据恩津的研究：当仪器周围气温逐渐升高时，标尺读数逐渐减小；反之，读数增大。因此，上午观测，标尺读数有逐渐减小的趋势；下午观测标尺读数有逐渐增大的趋势。对这种误差，采用"后、前、前、后；前、后、后、前"的观测程序，在往返测之差和平均值中，都能得到良好的补偿，上午、下午也没什么差异。此误差量值很小，作用性质是偶然的。

（2）温度突变时 $i$ 角的影响：在云量多变的天气，当太阳被云层遮蔽时，温度较低，当强烈的阳光突然从云缝中射出来时，温度突然上升。温度突变对 $i$ 角的影响取决于天气状况，作用性质是偶然的，上午、下午也没有什么差异。

（3）单面受热对 $i$ 角的影响：采用水准器水准仪，仪器的单面受热是重要的系统误差来源之一。为了削弱这种误差来源，历次规范都规定：在进行观测的过程中必须用特制的白色大伞遮阳，观测应在仪器搬出室外背阴处 30min 以后开始。为了削弱单面受热对平均高差值的影响，历次规范还规定：同一测段的往测（或返测）与返测（或往测）应该分别在上午或者下午进行。在日间气温变化不大的阴天和观测条件较好时，若干里程的往、返测可同在上午或下午进行。但这种里程的总站数，一等水准不应该超过该区段总站数的 20%，二等水准不应该超过该区段总站数的 30%。

6）磁致误差

自动安平水准仪是采用光学机械重力摆的补偿原理，使望远镜视准线自动水平而进行水准测量的。由于受磁场的作用，使仪器视准线偏离正确位置，从而给水准测量带来误差，这就是磁致误差。在测绘行业标准中，用于一、二等水准测量的自动安平水准仪，必须测定磁致误差。补偿器水准仪要远离有电能输送线通过的隧道或高压线 0.4km 之外使用，也要避免在地下埋有电能输送线的地区使用，必须离开电气化铁道或地下铁道 0.4km。补偿器水准仪应严禁放在强磁场区，如发电厂、配电室、汽车驾驶室等。

7）潮汐影响误差

由于太阳和月亮对地球的引力（引潮力），使地球表面的重力方向产生一定的偏差，从而影响仪器水准轴的水平位置。日月引力影响或者叫潮汐影响，对一个测站来说一般很小，对一个测段也很小。其影响的大小与路线方向、纬度高低和观测时刻（日、月相对位置有关）。在最不利的条件下，也就是日、月和测线同方向，日、月的天顶距都是 45°，其影响可达 0.1mm/km。这是潮汐影响的最大值。日、月引力影响在南北方向上有积累，所以国家水准网必须加以改正。例如，据估计，美国以 Spoane 到 Sandiego 的长约 1700km 的距离上，改正值达 70mm，我国从北京—厦门，水准路线长约 3500km，潮汐改正达 54mm，平均每千米 15μm。可见，在大规模水准网的数据处理中，潮汐影响不可忽视。这是精密水准测量值最模型化的一种误差来源。

2. 精密水准测量的精度评定公式

1）1912～1936 年国际大地测量协会公式—拉列曼公式

法国测量学者拉列曼（Lallemant）根据对水准测量的误差分析，导出了计算每千米偶然中误差、系统中误差和总中误差的计算式，曾在国际上普遍采用。拉列曼公式是根据测段往返测闭合差的积累推导的。拉列曼认为，往返测闭合差含有偶然误差的影响，也含有系统误差的影响，具有真误差的性质。

偶然误差——由于众多原因独立作用于连续观测而产生的误差，服从高斯定律。如每千米的偶然误差为 $\eta$，则路线 $L$ 千米的误差为 $\eta\sqrt{L}$。

系统误差——由于同一方式作用于连续或相邻各次观测的各种原因而产生的误差。他们并不遵循高斯定律。其作用只有当距离 $L$ 超过大约数十千米的某一界限 $Z$ 时，才变为偶然性。他们可以用系统误差的偶然或是极限值（可以叫做系统中误差）$\sigma$ 来表示，即一段距离 $L \geqslant Z$ 的系统中误差为 $\sigma\sqrt{L}$。对于一段距离 $L<Z$，系统中误差为：$\sigma_L\sqrt{L}$。当 $L$ 由 0 增至 $Z$ 时，$\sigma_L$ 由 0 增至 $\sigma$。

总误差——两种误差的联合影响可以用总误差的偶然或者极限值（每千米的）或每千米的总误差或是极限误差 $\tau$ 表示（或用"每千米的总中误差"表述）。于是，一段距离 $L>Z$ 的总中误差为 $\tau\sqrt{L}$，故 $\tau^2=\eta^2+\sigma^2$。一段距离 $L<Z$ 的总中误差为 $\tau_L\sqrt{L}$，当 $L$ 由 0 增至 $Z$ 时，

$\tau_L$ 由 $\eta$ 增至 $\tau$，故 $\tau_L^2 = \eta^2 + \xi_L^2$

　　如图 3-13 所示：将水准路线分成若干节求出节长 $L_i$ 和纵坐标差 $\lambda_i$ 后，便可计算每千米往返测平均值的偶然中误差和系统误差中误差。

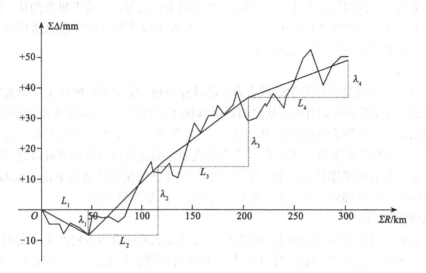

图 3-13　往返测闭合差的积累

　　设有 $n$ 节，每节往测高差 $h$，返测高差 $h'$，于是

$$\lambda_1 = h_1 - h', \text{ 节长 } L_1$$

$$\lambda_2 = h_2 - h'_2, \text{ 节长 } L_2$$

$$\vdots$$

$$\lambda_n = h_n - h'_n, \text{ 节长 } L_n$$

　　设第 $i$ 节往返测平均值的中误差为 $m_{io}$，则

$$m_{io}^2 = \eta^2 L_i + \sigma^2 L_i^2 \qquad (3.3.4)$$

　　设 $\lambda_i$ 的中误差为 $m_{\lambda_i}$，则

$$m_{io}^2 = \eta^2 L_i + \sigma^2 L_i^2 = \frac{1}{4} m_{\lambda_i}^2 \qquad (3.3.5)$$

对于 $n$ 节，都有式(3.3.5)。考虑到当节长很长时，偶然误差的影响比系统误差的影响小很多，故忽略 $\eta$ 部分，于是由式(3.3.5)得

$$\sigma_1^2 = \frac{1}{4} \frac{m_{\lambda_i}^2}{L_1^2} \quad （权为 L_1）$$

$$\sigma_2^2 = \frac{1}{4} \frac{m_{\lambda_2}^2}{L_2^2} \quad （权为 L_2）$$

$$\vdots$$

$$\sigma_n^2 = \frac{1}{4} \frac{m_{\lambda_n}^2}{L_n^2} \quad （权为 L_n）$$

由于节越长，所得 $\sigma$ 就越可靠，故 $L$ 为权。取 $\sigma^2$ 的最或然值 $\sigma_i^2$ 的加权平均值，于是得

$$\sigma^2 = \frac{L_1 \cdot \frac{1}{4} \frac{m_{\lambda_1}^2}{L_1^2} + L_2 \cdot \frac{1}{4} \frac{m_{\lambda_2}^2}{L_2^2} + \cdots + L_n \cdot \frac{1}{4} \frac{m_{\lambda_n}^2}{L_n^2}}{L_1 + L_2 + \cdots + L_n} = \frac{1}{4[L]}\left[\frac{m_\lambda^2}{L}\right] \qquad (3.3.6)$$

在式(3.3.6)中,近似地以 $\lambda_i$ 代替 $m_{\lambda_i}$,于是得计算每千米往返测平均值的系统误差中误差公式为

$$\sigma^2 = \frac{1}{4[L]}\left[\frac{\lambda^2}{L}\right] \qquad (3.3.7)$$

为了求 $\eta$,我们取各测段的往返测闭合差 $\Delta_i$,因为在一个测段中,偶然误差起主要作用。根据推导式(3.3.5)的同样考虑,并同样以各测段的往返测闭合差代替其中误差,于是对 $n$ 个测段,有

$$\eta^2 R_1 + \sigma^2 R_1^2 = \frac{\Delta_1^2}{4}$$

$$\eta^2 R_2 + \sigma^2 R_2^2 = \frac{\Delta_2^2}{4}$$

$$\vdots$$

$$\eta^2 R_n + \sigma^2 R_n^2 = \frac{\Delta_n^2}{4}$$

取和,得

$$\eta^2[R] + \sigma^2[R^2] = \frac{[\Delta^2]}{4} \qquad (3.3.8)$$

由于 $[R] = [L]$,式(3.3.8)写为

$$\eta^2 = \frac{[\Delta^2]}{4[L]} - \frac{[R^2]}{[L]}\sigma^2$$

将式(3.3.7)代入上式,得

$$\eta^2 = \frac{1}{4}\left\{\frac{[\Delta^2]}{[L]} - \frac{[R^2]}{[L]^2}\left[\frac{\lambda}{L}\right]^2\right\} \qquad (3.3.9)$$

式(3.3.7)和式(3.3.9)就是根据测段往返测闭合差按平均值方法计算每千米水准测量高差平均值的系统中误差和偶然中误差的公式。

另外,拉列曼还给出了按环闭合差计算每千米往返测平均值系统中误差公式。

水准环闭合差的中误差 $m_\varphi$ 由偶然中误差和系统中误差两部分构成,设水准环周长为 $F$,则有下列关系

$$m_\phi^2 = \eta^2 F + \sigma^2 F^2 \qquad (3.3.10)$$

以闭合差 $\phi$ 代替中误差 $m_\varphi$,则得

$$\phi^2 = \eta^2 F + \sigma^2 F^2$$

对所有的水准环列出上式,其中也包括外圈的大环。将由此得到的各式相加并考虑到当前计算时每条往返测的水准路线都曾取用两次,因此有

$$[\phi^2] = 2\eta^2[F] + 2\sigma^2[F^2]$$

最后得

$$\sigma^2 = \frac{1}{[F^2]}\left\{\frac{1}{2}[\phi^2] - \eta^2[F]\right\} \qquad (3.3.11)$$

环数多于 10 个时可以采用式(3.3.11),而 $\eta^2$ 仍按式(3.3.9)计算。

2)1948 年国际大地测量协会公式

1948 年国际大地测量协会通过了威尼阿尔公式。这个公式考虑到节长 $L$ 小于极限值 $Z$ 千米以内时，$\sigma$ 值是不相同的，节长 $L$ 越短则 $\sigma$ 越大，直到 $L \geq Z$ 以后，$\sigma$ 才成为一个常数。引用以下符号：$\eta$ 为每千米往返测高差平均值的偶然中误差；$\xi_L$ 是节长为 $L$ 的每千米往返测高差平均值的"系统误差偶然值"；$\xi$ 是节长 $L \geq Z$ 时每千米往返测平均值的"系统误差的偶然值"；$\tau_L$ 是节长为 $L$ 时每千米往返测平均值的总中误差；$\tau$ 是节长 $L \geq Z$ 时每千米往返测平均值的总中误差。

$\xi_L$ 不恒定，其值随 $L$ 而增长。节长为 $L$ 的往返测平均高差，其系统误差的偶然值为 $\xi_L \sqrt{L}$（当 $L \leq Z$ 时）。而该平均高差的总中误差为：

$$(\tau_L \sqrt{L})^2 = (\eta \sqrt{L})^2 + (\xi_L \sqrt{L})^2 \tag{3.3.12}$$

所以

$$\tau_L^2 = \eta^2 + \xi_L^2 \ (L \leq Z) \tag{3.3.13}$$

当 $L \geq Z$ 时

$$\tau^2 = \eta^2 + \xi^2 \ (L \geq Z) \tag{3.3.14}$$

这时 $\xi$ 是常数。根据以上定义，可以求出 $\xi$ 与 $\sigma$ 的关系。

$$\sigma L = \xi \sqrt{L}, \ \sigma^2 = \frac{\xi^2}{L} (L \geq Z) \tag{3.3.15}$$

$$\sigma_L L = \xi_L \sqrt{L}, \ \sigma_L^2 = \frac{\xi_L^2}{L} (L \leq Z) \tag{3.3.16}$$

对于任一节水准测量而言，无论其长度大于 $Z$ 还是小于 $Z$，都可以写出其平均值高差的中误差 $m$ 为：$m = \tau_L \sqrt{L}$。

根据闭合差的中误差与平均值的中误差的关系，往返测闭合差 $\lambda$ 的中误差应为 $2m$，即 $m_\lambda = 2\tau_L \sqrt{L}$，或

$$\tau_L^2 = \frac{1}{4} \frac{m_\lambda^2}{L} \tag{3.3.17}$$

由于闭合差的中误差也就是闭合差的均方值经开平方后的结果，如取余节长 $L$ 相接近的几节（共 $n_1$ 节），就可按照式(3.3.18)计算 $\tau_L^2$。

$$\tau_L^2 = \frac{1}{4} \frac{1}{n_L} \left[ \frac{\lambda}{L} \right] \tag{3.3.18}$$

3)实用公式

实际研究发现拉列曼公式（其他公式类同）有如下两个问题：

①推导的假定与误差对高差平均值的作用规律并不符合，因此计算的 $\sigma$ 意义不大，而 $\eta$ 又是根据 $\sigma$ 导出的。

②计算结果的任意性，计算结果随分节的长度不同而有较大的变化。

为此，需要讨论水准测量精度的实用评定方法。对水准测量的精度给出符合实际的估计，计算出每千米往、返测平均值的中误差，在生产和科学上都是必要的。例如，从青岛水准原点到珠峰脚下，几千千米高程传递的误差究竟有多大？这对估计珠峰测定精度有实际意义。又如，研究海面变化，平均海面倾斜以及现今地壳垂直运动等，也要求知道水准测量的实际精度。但是，由于精密水准测量误差作用的复杂性，至今还没有令人满意的精度估算公式。为解决生产上的实际问题，梁振英曾建议采用一种简便的实用公式：

$$M_\Delta = \pm\frac{1}{2}\sqrt{\frac{1}{n}\left[\frac{\Delta\Delta}{R}\right]} \tag{3.3.19}$$

式中：$M_\Delta$ 为每千米往、返测平均值的偶然中误差，单位为 mm；$R$ 为测段长度，单位为 km；$\Delta$ 为测段往、返测闭合差，单位为 mm；$n$ 为测段数。

因为 $\Delta$ 有真误差的性质，因此，每千米差数的中误差为

$$M_d = \pm\sqrt{\frac{1}{n}\left[\frac{\Delta\Delta}{R}\right]} \tag{3.3.20}$$

每千米往测(或返测)单程中误差为：$M_d\frac{1}{\sqrt{2}}$，往、返测平均值乘以 $\frac{1}{\sqrt{2}}$，于是式(3.3.19)成立。式(3.3.19)中的 $M_\Delta$ 包括拉列曼公式中所谓偶然误差部分和系统误差部分，实际上 $M_\Delta$ 相当于拉列曼公式

$$\eta^2 = \frac{1}{4}\cdot\frac{[\Delta^2]}{[L]} - \frac{1}{4}\cdot\frac{[R^2]}{[L]^2}\cdot\left[\frac{\lambda^2}{L}\right]$$

当 $R_1 = R_2 = \cdots = R_n = R$ 时的第一项

$$\eta^2 = \frac{1}{4}\cdot\frac{[\Delta^2]}{nR} - \frac{1}{4}\cdot\frac{[R^2]}{[L]}\cdot\frac{1}{[L]}\cdot\left[\frac{\lambda^2}{L}\right] = M_\Delta^2 - R\sigma^2 \tag{3.3.21}$$

所以，由式(3.3.19)计算的 $M_\Delta$ 和由(3.3.9)计算的 $\eta$ 比较接近，$M_\Delta$ 略大。$\eta$ 和 $\sigma$ 的关系如式(3.3.21)。

由式(3.3.19)计算的 $M_\Delta$，不会因人而异，它反映差数的离散程度，故可用来对不同水准路线、不同等级和不同观测员所测水准测量的质量作概略估计。在制定限差时，可以(3.3.20)式为依据。应该指出，(3.3.20)式确实是每千米差数的中误差，而(3.3.19)式虽然叫做由差数计算的每千米往、返测高差平均值的中误差，但它并不真正代表往返测高差平均值的中误差。实际误差可能比它大得多。

我国从 1974 年已经不再采用拉列曼公式。1974 年的"国家水准测量规范"和 1991 年发布的我国《一、二等水准测量规范》已正式采用式(3.3.19)来估算水准测量的精度。日本和德国也是采用这个公式。另外，1974 年和 1991 年版本的国家规范还要求用环闭合差来计算每千米水准测量往返测平均值的全中误差 $M_W$。

$$M_W = \pm\sqrt{\frac{1}{N}\left[\frac{WW}{F}\right]} \tag{3.3.22}$$

式中：$W$ 为环闭合差，单位为 mm；$N$ 为环数；$F$ 为环的周长，单位为 km。

式(3.3.22)是在假定 $W$ 相互独立的条件下导出的，实际上它们存在着确定的几何相关关系，式(3.3.22)估值有偏差。一种顾及图形相关的全中误差公式可参考相关文献(梁振英等，2004)。

## §3.4 区域地壳形变的精密重力测量

用重复绝对重力观测得的重力场时间变化，能够反映出区域的地壳运动，同时为获得中国内地的重力变化图像提供重力绝对变化基准和控制。

由于站距不受地形、视距、大气折光等因素影响，重力测量测线可长达几百公里。如

果一个绝对重力仪精度高达 $1\mu\mathrm{Gal}$，在重力场不变的假定下，$1\mu\mathrm{Gal}$ 的重力变化相当于 $3\mathrm{mm}$ 的高差，相对重力仪精度高达 $3\mu\mathrm{Gal}$ 的精度，就能检测出厘米级的地壳垂直形变。

然而引起重力变化的因素很复杂，除地面高程外，地下、地面、大气中的物质质量变化和运动（例如地下水变化、建筑物的增减、气压的变化、地下矿物开采等）都可能造成重力变化。反过来说，地面上某点的重力变化主要由以下几个原因引起：①观测点高程变化；②观测点下方地壳介质密度发生变化；③观测点地下物质迁移。

此外，由于地震孕育过程中可能伴随有以上三种现象出现，因而地震前后可能会观测到重力异常变化。因此，精密重力测量可以用来研究区域地壳形变，探讨与地震有关的重力变化。

下面具体讨论与地震有关的重力变化问题（张国民等，2001）。

### 3.4.1 观测点高程变化对重力的影响

设地面点的初始重力值为

$$g_0 = \frac{GM_0}{R_0^2} \tag{3.4.1}$$

式中，$G$ 为引力常数。若地面点高程变化 $h$，$\rho_E$ 代表密度，相应的重力值变为

$$g = G\left(\frac{4}{3}\pi R_0^3 \rho_E\right)\frac{1}{(R_0+h)^2} \tag{3.4.2}$$

因地面点高程变化导致的重力变化梯度为

$$\frac{\mathrm{d}g}{\mathrm{d}h} = -2G\left(\frac{4}{3}\pi R_0^3 \rho_E\right)\frac{1}{(R_0+h)^3} = -\frac{8\pi}{3}G\rho_E = -0.3086\,(\mathrm{mGal/m}) \tag{3.4.3}$$

上式为地面点仅因高程变化导致的重力变化梯度值，称之为自由空气改正或自由空气梯度。

### 3.4.2 地下介质密度保持不变情况下地面高程变化

这种情况表明，地面高程增大，介质体积膨胀，由于有外界物质进入，从而保持密度不变。即把自由空气改正部分用相同密度 $\rho_E$ 的物质补充。所以，重力在自由空气改正的基础上，还要加上厚度为 $h$ 的平板层（密度为 $\rho_E$）的重力影响，经计算，这种情况的重力综合变化为 $0.193\mathrm{mGal/m}$（布格重力异常）。下面通过圆管体公式来进行推导说明：

设一个内外壁半径分别为 $r_1$ 和 $r_2$，高为 $h$ 的圆管体（管体介质密度为 $\rho$），现欲求解圆管体在 $M$ 的点重力，图 3-14 为圆管体及坐标系示意图。

圆管体中任意一个体积元其体积为 $r\mathrm{d}r\mathrm{d}z\mathrm{d}\theta$（柱坐标表示），相应的质量 $\mathrm{d}m$ 为 $\rho r\mathrm{d}r\mathrm{d}z\mathrm{d}\theta$，该体积元在 $M$ 点产生的引力为

$$\mathrm{d}F = \frac{G\rho r\mathrm{d}r\mathrm{d}z\mathrm{d}\theta}{S^2} \tag{3.4.4}$$

其中，

$$S = \sqrt{r^2 + Z^2}$$

通过对整个圆管体积分，即

$$F = \int_0^{2\pi}\int_{r_1}^{r_2}\int_0^{h_0} \frac{G\rho r\mathrm{d}r\mathrm{d}z\mathrm{d}\theta}{S^2} \tag{3.4.5}$$

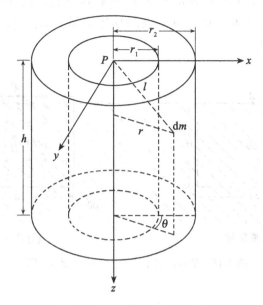

图 3-14　圆管体及坐标系示意图

上式积分结果为

$$\Delta g = F = 2\pi G\rho\left(\sqrt{r_1^2+h^2}-r_1-\sqrt{r_2^2+h^2}+r_2\right) \tag{3.4.6}$$

当 $r_1 \to 0$ 时，圆管体演化为圆柱体，$\Delta g = 2\pi G\rho\left(r^2-\sqrt{r_2^2+h^2}+h\right)$；当 $r_1 \to 0$，$r_2 \to \infty$ 时，圆管体演化成厚度为 $h$ 的无限平板，$\Delta g = 2\pi G\rho h$。因为，布格重力异常=自由空气改正+无限平板改正，即

$$\frac{\mathrm{d}g}{\mathrm{d}h} = -\frac{8}{3}\pi G\rho + 2\pi G\rho h = 0.193\,(\mathrm{mGal/m}) \tag{3.4.7}$$

### 3.4.3　观测点地下物质迁移

仍以圆柱体来讨论问题，由于地壳岩石中存在已有的空虚和裂隙(岩石的孔隙度 $\Phi_0$ 可以在 $10^{-1}$ 到 $10^{-4}$ 之间变化)，而在地震孕育过程中还将产生新的裂隙。设孕震过程中震源体内的孔隙度为 $\Phi$，其中 $\alpha$ 部分被来自深部或远处密度为 $\rho_F$ 的物质填充，则迁入震源体内的质量为 $m = \alpha\Phi V_F$，因而孕震体的密度将增加 $\Delta\rho = \alpha\Phi\rho_F$。那么，由此引起 $A'$ 点重力值的变化就相当于半径为 $a$、高度为 $(H+h)$、密度为 $\alpha\Phi\rho_F$ 的圆柱体的重力效应，其表达式为

$$\delta g_m = 2\pi G\alpha\Phi\rho_F\left[1-\sqrt{1+\frac{a^2}{(H+h)^2}}+\frac{a}{H+h}\right](H+h)$$
$$= 2\pi G\alpha\Phi\rho_F\left(H-\sqrt{H^2+a^2}+a\right) \tag{3.4.8}$$

这就是地震孕育过程中深部或远处介质迁入并填充震源体内部分空隙所引起的重力效应。

### 3.4.4　膨胀变形及其重力效应 (张国民等，2001，Kisslinger. C.，1975)

根据扩容假说，地震孕育到一定阶段，孕震体介质在应力作用下发生体积膨胀。设孕震体为一半径是 $a$，高为 $H$ 的圆柱体，假定在膨胀期间，圆柱体侧面和底面不发生位移(围

岩约束）。因体积膨胀导致圆柱体顶部上升 $h$，圆柱体膨胀后的体积变化为 $\Delta V = V - V_0 = \pi a^2 h$。圆柱体变形过程见图 3-15 所示。设圆柱体质量为 $m_0$，膨胀前介质密度为 $\rho_0 = m_0/V_0$，膨胀后密度变为

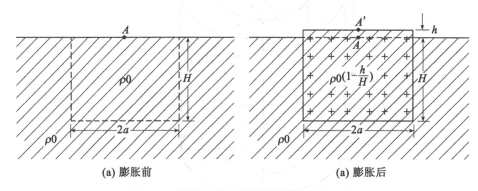

(a) 膨胀前　　　　　　　　　　　(a) 膨胀后

图 3-15　孕育过程中震源体膨胀形变示意图

$$\rho = \frac{m_0}{V} = V_0\left(1 + \frac{h}{H}\right) = \rho_0\left(1 - \frac{h}{H}\right) \tag{3.4.9}$$

故，膨胀前后的介质密度变化为 $\Delta\rho = \rho - \rho_0 = -h\rho_0/H$。

图 3-15 为膨胀过程的示意图，膨胀后震中 $A$ 点抬升至 $A'$。$A'$ 的重力值可以分解为图 3-16 所示的两个部分。即密度不变而隆起 $h$ 的部分（隆起部分为一半径为 $a$、高为 $h$、密度为 $\rho_0$ 的圆柱体，见图 3-16(a)），和半径为 $a$、高为 $(H+h)$、密度为 $\left(-\dfrac{h}{H}\rho_0\right)$ 的圆柱体（图 3-16(b)）。其中前者又可分解成图 3-16(c) 中所示的 $a_1$ 和 $a_2$ 两个部分。

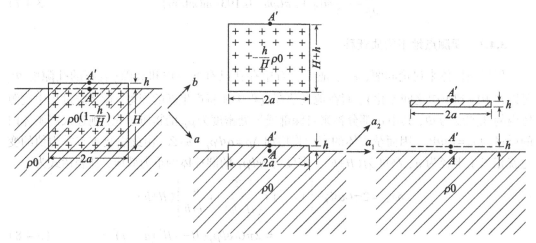

图 3-16　孕震体膨胀形变的重力效应分解图

图 3-16(c) 中 $a_1$ 部分为自由空气效应，$A$ 点的重力变化为

$$\delta g_{a_1} = -\frac{8}{3}\pi G\rho$$

则有 $\delta g_{a_1} = -0.3086h$。$a_2$ 部分的重力效应已在前面求得，即

$$\delta g_{a_2} = 2\pi G\rho_0 \left[ h - \sqrt{a^2 + h^2} + a \right] = 2\pi G\rho_0 h$$

因此，图 3-16(a)中 $A'$ 点的重力效应为

$$\delta g_a = \delta g_{a_1} + \delta g_{a_2} = -0.3086h + 2\pi G\rho_0 h$$

图 3-16(b)部分的重力效应为

$$\delta g_b = 2\pi G\left( -\frac{h}{H}\rho_0 \right) \left[ H + h - \sqrt{a^2 + (H+h)^2} + a \right]$$

$$= -2\pi G\rho_0 \left[ 1 - \sqrt{1 + \frac{a^2}{H^2}} + \frac{a}{H} \right] h$$

于是由于孕震体内裂隙发育、扩展和张合引起的体积膨胀并导致高程变化的重力效应 $\delta g_D$ 等于 $\delta g_a$ 和 $\delta g_b$ 之和，即

$$\delta g_D = -0.3086h + 2\pi Gh\rho_0 - 2\pi G\rho_0 \left[ 1 - \sqrt{1 + \frac{a^2}{H^2}} + \frac{a}{H} \right] \tag{3.4.10}$$

从上式可以看出，$\delta g_D$ 介于自由空气效应($-0.3086h$)和布格效应($-0.193h$)之间。

综上所讨论的问题，整个地震孕育过程中孕震体变形和介质质量迁移所引起的总的重力效应为

$$\delta g = \delta g_D + \delta g_m$$

$$= -0.3086h + 2\pi G\rho_0 h - 2\pi G\rho_0 \left[ 1 - \sqrt{1 + \frac{a^2}{H^2}} + \frac{a}{H} \right] \tag{3.4.11}$$

$$+ 2\pi G\alpha\Phi\rho_F \left( H - \sqrt{H^2 + a^2} + a \right)$$

## 思 考 题

1. 区域地壳形变测量有哪几种？各有何特色？

2. 如何理解水准测量精度评定公式 $M_\Delta = \pm\sqrt{[\Delta\Delta/R]/(4 \cdot n)}$，$M_w = \pm\sqrt{[WW/F]/N}$，它有何作用？它与水准测量平差得到单位权中误差有何区别？

3. 精密水准测量的主要误差来源有哪些？在实际作业过程与数据处理中如何加以消除与削弱？

4. GPS 技术用于地壳垂直形变监测效果如果？

5. 地面上某点的重力变化主要由哪些原因引起？

# 第4章 断层形变测量

活动构造与地震的孕育和发生有十分密切的关系，尤其在一些大型活动断层、活动断块的边缘，往往是地震活动的集中分布地带。因此，断层带形变测量是国内外公认的最有希望的地震前兆监测手段和地震危险性评定手段之一，对震源过程、地球动力学、大地构造学等学科而言，也具有实际意义。其主要监测现代活动断裂构造的运动特征、断裂两侧的位移分布。断层带形变测量是现代动态大地测量学的一个分支，定量、精确、整体和动态地测定块体边界，并用恰当的数理模式加以描述是其基本任务(陈鑫连，1989)。

## §4.1 断层的定义及种类

由沉积物堆积的地层，一般不可能指望其原始状态在整个历史期间保持不变，断层是地层的一种普遍变形，其表现为岩石破裂面，而岩石曾沿此面经历过相对的位移，它们以平行或近乎平行的体系而出现，通常具有广泛的横向分布。而且断层规模的大小非常悬殊，走向延长从小于1米到数百、数千公里；两盘岩层相对位移从几厘米到几百公里，切穿深度也不尽相同。由于断层两盘相对运动使正常岩层明显中断，在邻断层地震岩石出现动力变质及各种伴生构造，大量事实说明：活动断裂与地震的发生有着密切的关系(韩健等，1984)。

### 4.1.1 断层的基本概念

断层包括以下基本组成部分：

断层面(断裂面)就是切断地层并使两盘发生相对位移的破裂面(图4-1)，或者说是岩块发生位错的面。在一般情况下它不是平面，因此不能称为断层平面。在许多场合，断层面这个术语本身只能大体反映真实条件，因为错动发生在比较宽的带内，此带被岩石磨碎物质所填充，或被次级断裂所交切，这种情况常被称为断裂带(或断层破碎带)。

断层盘是指被断裂面分割开的岩块(图4-1)。在实际工作中，断层盘指的是紧靠断裂面的地段。如果断层面是倾斜的(即两盘存在垂直位移分量)，在断层面上方的一盘称"上盘"，下方的一盘称"下盘"；对于岩石是在水平面内移动(即断层面直立)的断裂来说，只可利用地理准则，根据两盘所在的方位，用"北盘"、"南盘"或"北东盘"、"南西盘"等来加以区分。

在地质图上，有时在野外，可以看到在地表出露明显的断层面，这种踪迹(断层面与地面的交线)称为断层线(图4-1)，亦即断层在地面的露头线(B.雅罗谢夫斯基，1987)。

### 4.1.2 断层的分类

断层可以按不同原则进行不同的分类。下面介绍几种常用的分类方法：

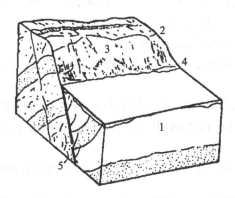

图 4-1　断层的基本要素(1. 上盘；2. 下盘；3.断层面；4. 断层线；5. 破裂带 )

1. 按两盘相对位移分类

(1)正断层：为上盘向下位移的断层(图 4-2)。断层面倾角一般比较陡，通常大于 45°。多数正断层是在重力作用和水平引张作用下形成的，使地壳水平距离拉长。

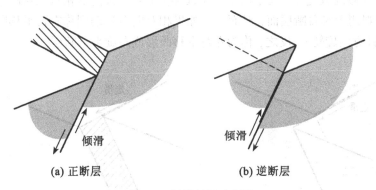

(a) 正断层　　　　　　　(b) 逆断层

图 4-2　倾滑断层示意图

在自然界里，断层往往总是成群出现，形成断层的各种组合形式。例如两条走向大致平行的正断层(图 4-3)，在相对倾斜时其间岩块发生断陷形成地堑，在相背倾斜时其间所夹岩块发生相对隆起或抬升而形成地垒；有时地堑与地垒的两侧断层不止一条，由多条大致平行的正断层沿着同一个方向成阶梯状向下滑动可以形成阶梯断层。

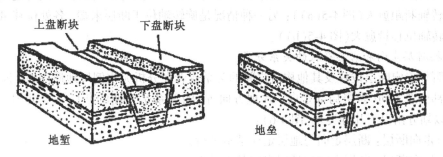

图 4-3　地堑与地垒示意图

(2)逆断层：为上盘相对向上位移的断层(图 4-2)，逆断层常与褶皱构造相伴生。一般认为是地壳受到挤压时形成的，使地壳水平距离缩短。

根据断层面倾角的大小可将逆断层分为：

上冲断层：是断层面倾角大于 45° 的高角度逆断层。有人用以指上升盘为主动单位的高角度逆断层。

逆掩断层：又称仰冲断层，是断层面倾角小于 30° 的低角度逆断层。当规模巨大且上盘沿低角度波状起伏的断层面(滑脱面)作远距离推移(数公里至数十公里)时，则称为辗掩断层或推覆构造。

俯冲断层：有人用以指下盘为主动盘，上盘为被动盘的低角度逆断层。实际上很难鉴别哪一盘的运动是主动的。

逆断层可以单个出现，但往往许多逆断层平行排列成带，常见的一种组合形态是由一系列平行或近于平行的逆断层向同一方向逆冲形成的叠瓦状断层(韩健等，1984)。

有文献(B.雅罗谢夫斯基，1987)总称正、逆断层为倾滑断层，以区别于走滑断层。

(3)平移断层：是断层的两盘平行于断层走向发生位移(也称走向滑动断层)，平移断层是由于地壳受到水平面上一对力偶作用，岩石沿剪切面发生断裂而形成的。平移断层面一般平直而产状较陡或近于直立，所以断层线多为直线。按两盘相对位移的方向可分为右行及左行，即观测者对着断层面，对面一盘如果相对向右移动则称右行平移断层或右旋平移断层(顺时针方向旋转)，反之，称为左行平移断层或左旋平移断层。

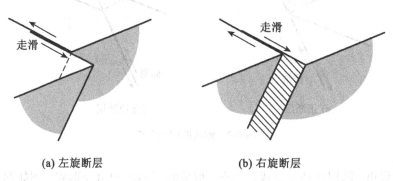

**(a) 左旋断层**　　　　　　　　　　　**(b) 右旋断层**

图 4-4　平移断层示意图

(4)枢纽断层：断层两盘在相对位移时发生显著的转动。旋转轴垂直断面，当其位于断层中间某点时，则显示旋转轴两侧作相反方向位移，一侧为正断层，一侧为逆断层，愈远离旋转轴断距愈大(图 4-5(a))；另一种情况是旋转轴位于断层末端，各处位移量不等愈远离旋转轴位移量愈大(图 4-5(b))。

2. 按断层走向和岩层产状的关系分类

在野外确定断层位移及其他构造之间的关系或者在分析大比例尺地质图时，断层面走向与局部构造方向(岩层局部走向、片理方向等)的关系是方便的断层分类准则。按此准则，可以划分出以下几种类型(图 4-6)：

(1)走向断层：断层走向与地层走向基本平行；

(2)倾向断层：断层走向与地层走向基本垂直；

(3)斜向断层：断层走向与地层走向斜交；

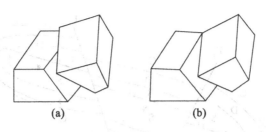

图 4-5  断层的两种旋转方式

（4）顺层断层：断层面与层面大致平行。

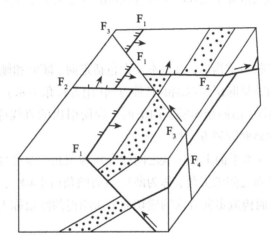

图 4-6  断层走向与岩层产状的关系

$F_1$：走向断层；$F_2$：倾向断层；$F_3$：斜向断层；$F_4$：顺层断层

3. 按断层走向与区域构造线方向的关系分类

区域构造线是指一个区域内总体褶曲轴走向，岩层层理或片理的区域走向，断层的延伸方向等，断裂面走向与总的构造方向的关系是断层分类的又一标准，这在分析小比例尺地质图时有重要意义。在地形平缓地段的地质图，一般认为断层线相当于断裂面定向，这就方便于确定断裂与区域构造关系，在此基础上可以区分（图 4-7）：

（1）纵断层：断层走向与区域构造线方向基本平行；

（2）横断层：断层走向与区域构造线方向基本垂直；

（3）斜断层：断层走向与区域构造线方向斜交。

直至目前，还没有可以作为全面而细致地对所有断层进行分类基础的统一方法，为了全面描述断层，在命名时必须把用不同标准确定的名词按一定次序结合起来（如逆纵断层，斜交正平移断层等），常常还要加上断层的定量参数来表示（B. 雅罗谢夫斯基，1987）。

### 4.1.3  断层参数

对断的大量描述旨在决定①断层面 和②移动的方向。在对断层作定量描述时，应尽量包括断层面参数和沿该面的错动参数。只要有可能确定这些参数，就不需要进行定性描述。

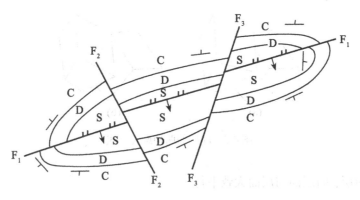

图 4-7　断层错动与总构造关系（$F_1$：纵断层；$F_2$：横断层；$F_3$：斜断层）

1. 断层面参数

断层面作为一种产状地质构造，其基本要素包括走向、倾向和倾角。

所谓断层面的走向就是断层线两端的延伸方向（用方位角表示）。

倾向：垂直于走向线，沿断层面倾斜向下的方向所引出的直线称为倾斜线，倾斜线在水平上的投影线所指的界面倾斜方向称为倾向。

倾角：倾斜线与其在水平面上投影线之间的夹角为斜角。即垂直于走向方向的横切面上所测的断层面与水平面之间的夹角，称为断层面的倾角（图 4-8），它是断层面的最大倾斜角。在不垂直于断层面构造走向方向的横切面上所测得的倾角称为视倾角。

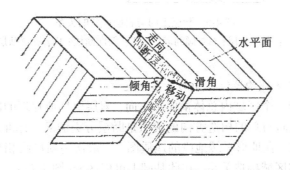

图 4-8　断层的倾角与滑角

另外，断层位移矢量和断层走向之间的夹角称做"滑角"（图 4-8）。正交于位移矢量的平面通常叫做断层的"辅助平面"。

如果断裂面是平面，只要指出走向方位角、倾向和倾角，就足以确定其空间方位，建议采用倾向方位角和倾角来表示断层面（B.雅罗谢夫斯基，1987）。对于在一定研究程度下不能视为平面的断裂面，可以分成几段，对每段的切面进行测量，通过一定数量的测量值来描述；如果断层面形状可用解析几何描述（写出面的方程），那么，为了确定这个面的空间位置，只要指出所在坐标系的方位（例如，$x$—方位角为 0°的水平线；$y$—方位角为 90°的水平线；$z$—竖直线）即可。

2. 滑距与断距

断层两侧岩体沿断层面的相对位移是断层最重要的特征。断层发生前的某一点，经错开后分成两个对应点之间的实际移动距离称为滑距。如图4-9所示，断层未错开前的一点 $a$ 错开后分为 $a$ 及 $b$ 两点，$a$、$b$ 间的距离就是两盘实际滑动的距离，叫做总滑距。总滑距是一种相对位移矢量，其大小可以用其沿断层走向、倾向及铅垂方向上的分量来表示，总滑距的水平分量，即在水平方向上断开的最短距离叫水平滑距($am$)；铅直分量($bm$)称为落差。总滑距在断层面上的两个分量：走向方向的分量($ac$)称走向滑距；倾向方向的分量($cb$)称为倾斜(或倾向)滑距。

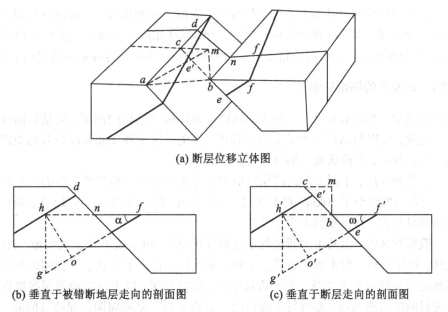

(a) 断层位移立体图

(b) 垂直于被错断地层走向的剖面图　　(c) 垂直于断层走向的剖面图

$ab$：总滑距；$ac$：走向滑距；$cb$：倾斜滑距；$am$：水平滑距；$ho$：地层断距；$h'o'$：视地层断距；$hg=h'g'$：铅直地层断距；$hf$：水平断距；$h'f'$：视水平断距；$\alpha$：岩层倾角；$\omega$：岩层视倾角

图4-9　断层滑距和断距

断距是指断层面上任何参考面(地层或岩脉)被断层错开的两部分之间的距离。断层的错断距离是根据被错开的地层之间的距离来确定的。在垂直地层走向的剖面上有三个断距(图4-9)，即地层断距($ho$)、水平断距($hf$)、铅直地层断距($hg$)。在垂直断层走向的剖面上(图4-9)，$h'o'$、$h'g'$、$h'f'$ 相当于垂直岩层走向剖面上的各种断距；当岩层与断层走向不一致时，除 $hg=h'g'$ 外，$ho \leqslant h'o'$、$hf < h'f'$。$h'o'$ 称为视地层断距，$h'f'$ 称为视水平断距。

为求解断层的总滑距可利用断面上的基准点，如化石碎片或砾石等。在难以找到这些现象时，还可用相互倾斜的不同构造面构成的交线和断层面的交点来代替求解。如有断层擦痕(擦痕代表断层的实际滑动的轨迹)，还可利用擦痕和其他面状构造的支点来判断总滑距(藤田至则等，1988)。

实际地质调查中，由于露头条件的限制能直接观察到断层面的情况是不多的，可采用视位移作为断距记录，其后可以求解总滑距。因此，用断距来表示断层为视位移量时，应记载作为基准的地层面走向及倾向、倾角。地层和地形呈水平或平缓时，倾向断距和落差与倾向滑距和垂直滑距相等。如以古期断层面及岩脉等近垂直的面状构造为基准求变位时，则走向断距和走向滑距的值基本相等。

## §4.2 跨断层大地形变测量

大陆内部的一些大地震往往发生在构造块体边界的断裂带上，构造块体边界及其附近的地形变主要表现为断层运动的形式，对活动断裂进行微观的定性及定量的了解，确定现今是否继续活动，以及活动的方式、活动的强度与活动的频度如何，就需要借助于地壳形变测量的方法。

跨断层大地形变测量基本上沿用了传统的高精度大地测量方法，通过重复测定地震监测场地已布设的网、线所跨地壳活动断层的三维向量(指断层的垂直、张压和错动的活动量)变化，为中短期地震预报提供精度可靠的观测数据，为研究地壳运动提供精确的资料。

### 4.2.1 跨断层的场地布设

跨断层测量，不要求布设全国性或区域性的整体标准结构的网形，而是根据断层的展布和板块边缝，依据与国计民生关系密切程度、历史地层的强度和频度划分的地震重点监视区和一般监视区，布设成独立的群体监测场地。

在重点监视区内，不同走向的断层均应布设适应构造特征和观测手段的两个以上监测场地，其场距一般应小于 30km。对于基线、水准场地，每年复测不少于 12 次；短程测距和短边三角测量场地，每年复测不少于 2 次。

在一般监视区内，沿其主干断层的走向布设场距为 50km 左右的监测场地。其中基线、水准场地，每年复测一般不少于 6 次，个别困难地区不得少于 3 次；短程测距和短边三角测量场地每年复测不少于 1 次。个别边远地区，震情平缓，以为地震预测预报提供长期趋势背景为目的的监测场地，亦可每年或每两年复测 1 次。复测周期须保持等间隔、同月份观测的原则。

监测场地以布设水平和垂直位移测量并举，能监测断层的三维动态变量为主旨。为了获取可靠的形变信息，便于从观测结果推算出某些重要的形变参数，其场地选择和布设有些特殊要求，相应的规范有明确规定。一般原则是(国家地震局，1991)：

(1) 监测场地应选择在第四纪以来有明显活动历史的断层上，综合形变观测站点可沿主断裂带选择有代表性(如断裂出露清楚，活动迹象明显)的地段横跨断裂两盘布设，特别是断层的拐折、分叉或交汇部位，且地形地貌适合布设各种观测手段的基本条件，兼顾交通和通讯方便。

(2) 埋设标志的地点应选择有利于标志的长期保存，点位稳定且便于观测的地方；尽量避开各种自然和人为的干扰源；观测标志应尽可能埋设在出露的完整基岩上；不得已在覆盖层设点时，覆盖层厚度不应超过 50m。

(3) 为便于观测结果的检核和推算形变参数，短水准和基线应尽可能构成一定的几何图形(例如三角形、大地四边形等，见图 4-10)。尽可能多手段观测，进行三维测量(同时测定标志间的高差和距离)。

(4) 标志的设计应当便于观测和减少可能的误差来源(例如采用强制归心装置使标石中心、照准中心、仪器中心三心一致)。

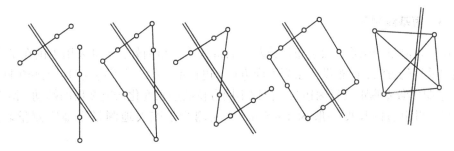

断层

图 4-10 常见的几种短水准短基线布设形式

场地施测线路的布设,一般需要经过技术设计、野外选线、选点和标石埋设等步骤。根据地震活动、地质构造和测量线路所经地区的具体情况,先在小比例尺地形图上完成技术设计,然后到野外踏勘和初步选点,最后确定最佳的路线和测点的位置。

观测点一般设垂直和斜交断层的短基线各一条,垂直于断层的基线的伸长和缩短,可以反映断层的张、压的情况;而斜交基线的伸长和缩短则可反映断层的水平扭动(当然它们之间还会相互影响)。另外,在基线端点埋设的水准点,用以观测断层两盘相对的升降变化。这样通过短边三角网、短基线(短程测距)和短水准等常规大地测量手段,利用重复观测的资料就可以测定出各点水平位移的大小和速度,进而分析断层的水平位移和垂直位移。

### 4.2.2 小三角测量

为了研究较小范围局部地区地壳水平形变而沿着活动断裂带建立边长较短的水平形变观测网一般称为地震小三角网。其特点是边长短(一般为 2~6km),精度高、工作量小,方便于较短周期的重复测量。

地震三角锁(三角网)布设在地震活动带内,有条件的尽可能跨越整个活动构造带,使网的边缘或锁的两端位于较稳定的地质构造地区。小三角网的形状视测区范围大小而定,成面状的测区一般应布设具有中心多边形的网状图形。如某地震区的小三角网由三个中心多边形构成(图 4-11)。成带状的测区,一般应布设成具有大地四边形组成的锁形(图 4-12)。

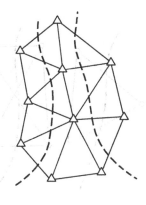

图 4-11

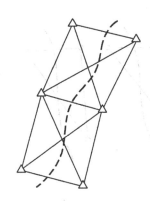

图 4-12

根据三角测量成果，可以绘制水平形变矢量图，从形变的大小和方向可以直观地了解地壳的水平运动情况。

### 4.2.3 短基线测量

断层位移测量的图形，除了布设跨断层的带状小三角网外，还可采用美国在圣安德烈斯断层中采用的方法，即布设一系列不同方位、边长不等的，并不构成图形的密集网形（图4-13）。定期用激光测距仪复测边长，根据不同方位的边长变化研究断层的蠕动、滑动和区域应变场。测距边的长度一般为 1~5km（武汉测绘学院大地测量系地震测量教研组，1980）。

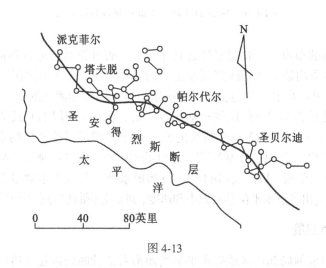

图 4-13

在我国，断层位移测量的主要作法是在所测断层的一些特殊部位布设垂直断层或与断层斜交的二条短基线或者再增设一条平行于断层的短基线，如图4-14所示。除了重复测定其边长变化外，还应测定各边两端点的高差变化。斜交基线与断层走向的交角一般不大于30°。垂直基线的变化，一般可说明断层受张压的情况，斜交基线的变化一般是断层扭动的结果。此外，还可设置单个三角形、单个大地四边形等图形（如图4-15），用测边、测角或边角同测方法进行位移测量。

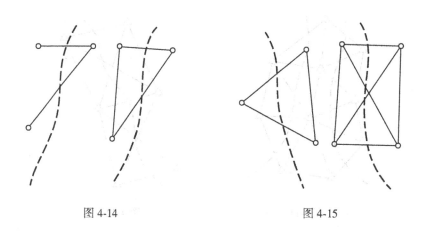

图 4-14                                图 4-15

过去的位移测量主要采用因瓦基线尺对基线直接丈量，必须分段进行。一般一套基线尺共有 4 条或 6 条 24m 的线尺，8m 因瓦线尺和 4m 因瓦线尺各一条，后两种称为补尺，用以丈量不足整跨距之用。因此每次测量距离为 24m。随着光电技术的发展，现在的测距一般采用光电测距仪、电磁波测距仪等，不过仍然属于基线测量。

### 4.2.4 短水准测量

利用精密水准测量的手段来测定地壳的垂直升降运动是目前测量大面积地壳运动常用的有效方法，区别于要求在地质构造较稳定地带布设的大地水准测量一等水准路线，为研究地壳垂直形变而布设的水准路线，应该尽可能穿过活动的地质构造带，大地形变台上的精密水准测量又称为短水准测量。以监视断层微量位移运动为主要目的的定点水准路线，至少要布设二条测线，一条跨越断层方位大致与断层走向正交，另一条位于断层一侧，方位大致与断层走向平行。最好还增设与断层走向斜交的测线，并要精确地测定这些测线的距离以研究断层上、下两盘间相对升降量和相对水平扭动量。

例如，根据断层或断裂带的不同形式，定点水准场地可以布成以下几种形式（图4-16）：图4-16(a)、(b)、(c)均由东西向和南北向两条正交的水准线路组成，横跨断层或与断层走向平行；图4-16(d)为由三条边组成的闭合环线，其中两条边横跨断层；图4-16(e)是由两条与断层正交和一条与断层斜交的线路组成。

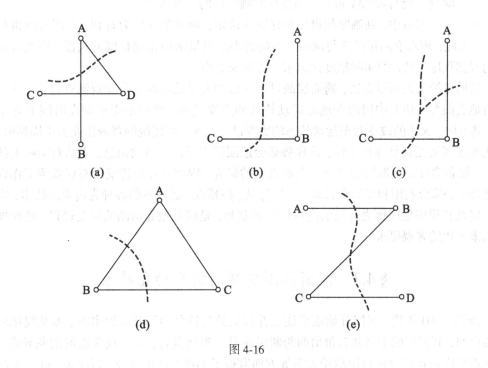

图 4-16

为了提高观测精度和缩短测量时间，还有布成图 4-17 所示的只有一个测站的跨断层的水准线路，图中测站固定，A、B 和 C、D 分别位于断层两侧，AC 和 BC 同时精密量距，即为斜交基线和正交基线。

定点短水准观测需建立有人值守台站，台站一经选定，难以调整。为了监测广泛的断

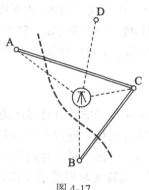

图 4-17

层活动，可以在断层活动频繁的地区选择多条流动水准路线，在断裂的不同部位广泛布点，采用每年几期至几十期监测断裂活动。作为研究断裂现今活动的一种形式，流动水准点主要用以弥补区域水准网和定点水准监视断裂活动的不足。图 4-16(b)～(e)同样适用于流动水准线路的布设形式，流动水准测量的优势在于有广阔的测量空间，但观测周期较长，其测量原理与数据处理与定点测量一致。考虑到流动水准周期一经确定不易改动，流动短水准测量一般与短基线测量一起进行监测断层的三维活动。

在短水准测量中，观测路线可以更仔细地选定，观测条件更为有利，观测时间也相对固定。因此，短水准测量虽然与国家一等精密水准测量采用相同精度的仪器，遵循大致相同的观测程序，但它的实际精度比国家一等水准更高。

借助传统大地测量方法，跨断层测量所获得的大量的跨断层形变观测资料，成为我们分析地震前兆与研究中国现今地壳运动特征的重要基础，然而地壳运动在时间上并不均匀，其方向、大小的改变乃至运动状态的突变已经证实。而传统的观测作业由于周期限制，无法实现密集尤其是连续采样，这样势必会遗漏掉大量构造活动信息，无法对实际上活动复杂、展布多样的活断层运动进行全面真实的研究。因此在原有传统跨断层观测工作成果的基础上，综合利用和发展全自动、多信息量、高精度、低成本的各种先进观测技术，实现对断层及其周围地区地壳运动的高质量全面监测，是研究地壳运动的演变过程、进而推测其未来变化的客观要求。

## §4.3  跨断层形变观测的自动化技术

20 世纪 60 年代，我国开始逐步建立并形成独具特色的跨断层短水准、短基线地形变观测台网，其积累的丰富和有价值的跨断层地形变观测资料，在寻找强震的前兆异常、研究地震孕震机理以及区域地球动力学等方面取得了不可否认的成绩。近年来，除了空间测地技术应用于跨断层地形变研究以外，自动化观测技术成为断层现今活动性研究的新趋势。目前，我国用于连续观测断层形变的仪器包括观测水平分量($H$)及垂直分量($V$)两类，和纯机械式($A$ 类)、应用模拟传感器($B$ 类)和应用数字传感器($C$ 类)3 种类型，形成技术配套的系列化观测仪器系统，可针对不同观测目的和条件单独或组合应用，能实现 3 个方向(2 个水平向、1 个垂直向)的断层形变测量。

### 4.3.1　MD 跨断层形变全自动测量系统

MD 系列跨断层地形变全自动测量系统的技术是在传统的跨断层测量技术上逐步发展起来的，该测量系统能够连续采样，产生出水平和垂直三个分量的形变资料，是将 CCD 线阵数字传感技术和微处理等先进技术应用到跨断层测量技术上研究出来的测量仪器。该系列测量仪器具有高精度、宽量程、良好的稳定性和重现性，抗干扰能力强等特点。其测线的布置采用了传统的三维观测布置方法。采用的主要仪器包括观测断层水平形变的 MD4271 水平形变仪（DSG），观测断层垂直形变的 MD4472 垂直形变观测仪（DFG），同时配备了 MDC 型数据采集器的自动化仪器。

1. MD4271 水平形变测量仪

MD4271 水平形变测量仪是用于观测断层形变水平分量的专用仪器，它由首尾端基墩、机座、力平衡单元、限位保护装置、光学投影测量系统、校准与量程单元以及首尾端机箱、保护系统等组成。仪器采用长条形设计方案，拥有足够长的尺度，能根据断面和断层两盘岩石的条件实际需要进行测量，有尺度变化的灵活性。该仪器采用比较法测量原理，工作原理如图 4-18 所示。

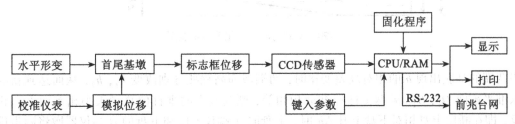

图 4-18　MD4271 测量原理图

MD4271 水平形变仪有柔性金属线丝即含 Nb 超因瓦合金丝（线膨胀系数 $\delta = 3 \times 10^{-7}$ $(℃)^{-1}$，室温为 100℃），以在确定张力下形成的弧长作为长度基准，与被测参考点之间的距离进行比较。当两个参考点之间的水平距离相对于弧长发生微量变化时，其变化量经过力平衡系统传递至仪器首端，固定在首端钢丝上的位移指示标志框产生成比例的水平位移。由智能化线阵 CCD 位移传感器经过一系列微处理技术后输出位移数字信号，信号通过 RS-485 差分通讯接口传输给测量主机，测量主机通过 RS-232 接口，遵从地震前兆台网通讯协议，连接到地震前兆台网公用系统。

2. MD4472 垂直形变测量仪

MD4472 型垂直形变观测仪由完全对称的 A、B 两套测量装置组成。测量装置包括钵体、浮子、浮子接杆、位移标志框、双层片簧导轨、CCD 光学投影测量单元等部件。两套测量装置通过连通气管和连通液管相连接，分别安装在断层两盘建立的仪器墩上。该仪器应用连通容器内的液态工作介质在重力作用下保持液面水平的连通管原理，采用双端测量取差值的技术，其工作原理如图 4-19 所示。

假定连通管两端钵体位于同一水准面，则以此起算的液面高程在平衡时应相等（图 4-20），即：

$$H_{10} = H_{20} = H_0$$

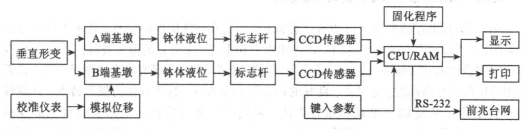

图 4-19　MD4472 垂直形变测量原理图

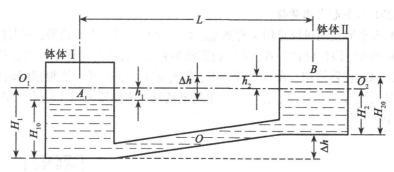

图 4-20　基础与液位变化关系示意图

当两端的基底出现 $h$ 的相对高差变化时,两端液面高程便分别改变 $h_1$,$h_2$,从而达到新的水准平衡面 $O_1$,$O_2$。若两端钵体截面积相等,则其液面的垂直位移量大小相等而方向相反。即在断层上盘相对下盘上升 $\Delta h$ 时,上盘的 $A$ 端仪器墩和下盘的 $B$ 端仪器墩将同步反映此变形 $\Delta h$。根据连通管容器中液面的位移关系,$A$ 端钵体内液面将下降 $\Delta h/2$,$B$ 端钵体内液面将上升 $\Delta h/2$,相应地 $A$ 端浮子和标志杆下降 $\Delta h/2$,CCD 传感器检测出 $-\Delta h/2$ 信号;$B$ 端浮子和标志杆上升 $\Delta h/2$,CCD 传感器检测出 $-\Delta h/2$ 信号。经过双端取差值运算后,结果即为 $A$ 端相对 $B$ 端上升了 $\Delta h$。

根据连通容器内的静止液体工作介质在重力作用下保持同一水平的特点,当连通管的两端钵体随着断层形变出现高差变化时,钵体内的液面便会相对于仪器产生垂直位移,通过钵体中的浮子随液面的变化,将两个被参考点间的微小高差变化转换为标志杆的垂直位移。由 CCD 传感器检验两端垂直位移信号,实现对断层垂直形变的测量。

通过 MD 系列跨断层地形变全自动监测系统,可以对所研究断层的运动性质、运动方式、运动速率以及它们随时间演化的三维动态过程进行实时准确的监测,图 4-21 为跨断层形变三维观测的仪器布置方式。除了跨断层观测外,该自动化系统还可同时应用于地面沉降、地裂缝破坏、水电站安全、建筑物稳定性评价等类似的地质灾害和工程安全项目之中。该自动化系统"十五"期间已经在各大台站普及,该自动化系统是目前我国各处断层的主要数据来源。

### 4.3.2　EDM 全自动激光测距

EDM(electronic distance measuring)即电磁波测距仪是利用电磁波作为载波和调制波进行长度测量的一门技术。EDM 全自动激光测距是由东京大学地震研究所研制而成的一种

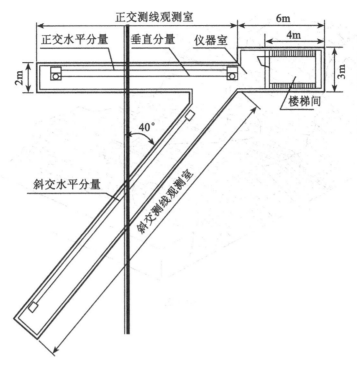

图 4-21　跨断层形变观测仪器布置方式

运行管理简单、可操作性强、费用比较低廉的新型跨断层观测技术。其主要原理还是电磁波测距，采用的是中程激光测距仪。这种全自动测距仪的观测方向可以在 360°内任意选择，这种多方向观测可以满足不同类型活断层任意角度运动情况的观测需要。EDM 全自动激光测距观测基线可以在数百米至数十公里之间任意选择，较传统短水准和短基线跨断层观测基线更长，所获取的地壳变形信息更多、更稳定，在一定程度上减少了噪声，避免了一部分非构造活动干扰信息对地震前兆真实信息的影响；加上这种方法费用低廉，运行和管理简单，可操作性强，因而在近期强震的监测中发挥了明显的效益。这种观测技术能在计算机的控制下进行连续观测，并且采样密集，对深部地壳形变和地震活动反应灵敏，但受天气的影响很大，可观测范围较小。目前这种技术除台湾省外，大陆其他地区还很少使用（荆燕等，2006）。

## 思　考　题

1. 试确定图 4-22 中断层的 a、b、c、d 分别是哪一种断距。
2. 跨断层测量的主要涉及哪些内容？
3. 跨断层测量的目的是什么？
4. 跨断层连续测量技术有哪些要求？

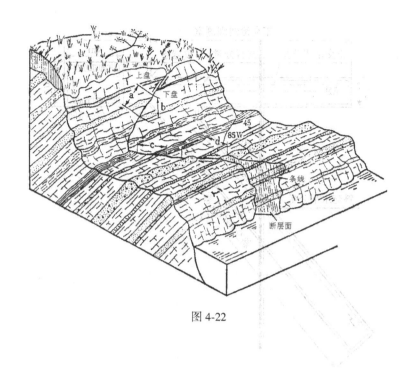

图 4-22

# 第5章 定点形变台站观测

定点形变台站观测主要包括：GPS 台站连续观测、重力台站观测、地倾斜台站观测、洞体应变台站观测和钻孔应变台站观测五大类。本章将结合我国地震行业标准 DB/T8.1-2003 地震台站建设规范-地形变台站的建设要求和中华人民共和国国家标准 GB/T 19531. 3—2004 地震台站观测环境技术要求，逐一介绍各类定点形变台站观测情况。

## §5.1 GPS 台站连续观测

由 GPS 台站组成的地形变监测网是以监测地壳水平形变为主的地震监测网，主要监测大范围及全球的地壳运动。由于传统大地测量方法用于监测大范围水平形变的严重局限性，人们早就寄希望于空间大地测量技术，尤其是 GPS 技术。高精度 GPS 技术已成为世界主要国家和地区用来监测火山地震、构造地震、全球板块运动，尤其是板块边界地区的重要手段。

### 5.1.1 观测对象及其技术要求

GPS 台站连续观测的对象是 GPS 观测站到 GPS 卫星间的距离，其观测量为 GPS 接收机天线相位中心到 GPS 卫星的码伪距（单位：m）和载波相位（单位：周）。由多个 GPS 连续观测站的同步观测结果计算得到观测站站间的几何关系及其随时间的相对变化。

GPS 连续观测站观测值需达到以下主要技术要求：①分辨率，伪距为伪随机码码元长度的 0.01m；载波相位为载波波长的 0.01 周；②观测精度，伪距观测精度优于±0.2m；载波相位观测精度优于±0.01 周；③采样率，日常观测时每 30 秒采样 1 次，应急观测时不低于每秒采样 1 次。

### 5.1.2 观测场地与装置系统

GPS 连续观测站需建立在主要构造块体稳定部位，避开断层破碎带或其他地质构造不稳定区，同时避开采矿、油气开采区、地下水漏斗沉降区等；站址需高于水淹线及所在地地下水位线；需距离铁路 200m 以上，距离公路 50m 以上，距离高压线 100m 以外，避开强磁场、无线电电台、微波站、多路径效应等电磁干扰；保持观测站各方向水平视线高度角 15°以上无阻挡物，在特殊地区可放宽到局部（水平视角累计不超过 60°范围）水平视线高度角 25°以上无阻挡物。

GPS 连续观测站装置系统主要有两部分：观测室及工作室、观测墩。

（1）GPS 连续观测站需建造专用的观测室及工作室。观测室与工作室分建时，通信电缆长度不大于 500m，通信电缆埋地深需不少于 0.3m。观测室内需埋设一等水准和重力标志，并在 GPS 连续观测站试运行期间进行联测。

（2）观测墩建在观测室内的基岩上，周围需设置5~10cm的隔震槽，墩顶高出观测室。观测墩需高出地面2~5m，顶面长宽均应不少于0.4m。

在数据通信方面，有条件的观测站首选卫星通信设备，备选有线通信公用网，以实现数据通信。不具备卫星通信条件的观测站可只采用有线通信公用网方式实现数据通信。

### 5.1.3 观测环境维护

为使GPS台站观测取得良好的效果，连续观测站的环境维护需注意以下几方面：①保持观测站勘选时，台址3km范围内不得进行深层抽、注水，采石爆破，筑堤建水库等影响GPS观测的活动。②观测室温度在 $-30 \sim +55℃$ ，工作室温度在 $0 \sim +30℃$ 。观测室与工作室需防潮防尘。③观测室与工作室需具备220V交流电供电能力；观测室配备太阳能电源，工作室配备不间断电源。同时，观测室与工作室需安装室外防雷设备，地线接地电阻不大于 $4\Omega$ ；室内电源电缆和通信电缆安装防浪涌设备并接地。

### 5.1.4 观测系统仪器及技术要求

GPS观测站系统需满足的技术要求主要包含：GPS接收机技术要求、接收机天线技术要求和辅助设施技术要求。

GPS接收机需满足以下技术要求：标称精度固定误差不大于5mm，相对误差不大于 $1 \times 10^{-6}$ ；有足够的通道能同时接收不少于8个GPS卫星全部频率的C/A码伪距、P码伪距、全波长载波相位观测值；最小数据采样间隔不大于0.5s；接收机晶振的稳定性不小于 $1 \times 10^{-8}$ ；数据存储介质至少能存储不少于8个卫星的、以30s采样间隔、240小时连续观测的数据；可连接计算机，能以压缩格式（二进制）以不低于19.2 kb/s的速率下载数据，数据下载时仍能进行卫星连续观测和数据记录；在 $-30 \sim +55℃$ 及相对湿度为 $0 \sim 100\%$ 的环境下能长期连续正常工作；可用直流电供电，并可同时用电压200V~240V的交流电供电；具备外接频标接口。

GPS接收机天线需满足以下主要技术要求：具有良好的抗多路径效应干扰能力，在 $-40 \sim +65℃$ 及相对湿度为 $0 \sim 100\%$ 的环境下能长期连续正常工作；天线相位中心稳定，非零相位中心天线有方向标志线；在AS（反电子诱骗）条件下仍可接收P码伪距，在强电离层活动或其他强无线干扰时能正常工作。

GPS连续观测台站辅助设施及技术要求主要包括：①数字气象仪，其温度量测范围为 $-40 \sim +65℃$ ，量测精度为 $\pm0.5℃$ ；湿度量测范围为 $10\% \sim 100\%$ ，量测精度为 $\pm5\%$ ；气压量测范围为533hPa~1066hPa，量测精度为 $\pm0.5$ hPa，数据采样间隔不大于30s，数据存储介质至少能存储240小时连续观测数据（采样间隔30分钟），可连接GPS接收机或计算机。②计算机，具备长期连续稳定运行能力，网络直接连接或电话线路拨号网络连接，数据通信速率不小于19.2kb/s，具备2个或2个以上串行接口，具备2个或2个以上物理独立的记录介质，至少1个记录介质容量不小于6GB。③电源，在市电断电时不间断电源可使计算机及通信设备连续工作至少10小时，同时太阳能蓄电池组可使GPS接收机及气象仪连续工作至少24小时。

按用途分，GPS接收机可分为导航型、测地型和授时型三类。用于定点形变台站观测的GPS接收机主要为测地型接收机，采用载波相位观测值进行相对定位，定位精度高，仪器结构较复杂，价格也较贵。

目前，国际上较为知名的 GPS 接收机生产厂商包括美国 Trimble（天宝）导航公司、瑞士 Leica Geosystems（徕卡测量系统）、日本 Topcon（拓普康）公司、美国 Magellan（麦哲伦）公司（原泰雷兹导航）等。

Trimble 测地型 GPS 接收机主要有 R8、R7、R6 及 5800、5700 等型号系列。其中，5800 为 24 通道 GPS/WAAS/EGNOS 接收机，它将双频 GPS 接收机、GPS 天线、UHF 无线电和电源组合在一个单元中，具有内置 Trimble Maxwell 4 芯片的超跟踪技术，在恶劣的电磁环境中，能用小于 2.5 瓦的功率提供对卫星的有效跟踪。同时，为扩大作业覆盖范围和全面减小误差，5800 可以同频率多基准站的方式工作，与 Trimble VRS 网络技术兼容，提供无基准站的实时差分定位。

Leica GPS1200 系统中的接收机包括 4 种型号：GX1230GG/ATX1230GG、GX1230/ATX1230、GX1220 和 GX1210。其中，GX1230 GG/ATX1230 GG 为 72 通道、双频 RTK 测量接收机，接收机集成电台、GSM、GPRS 和 CDMA 模块，具有连续检核（SmartCheck+）功能，可防水（水下 1m）、防尘、防沙。动态精度为：水平 10mm+1ppm，垂直 20mm+1ppm；静态精度为：水平 5mm+0.5ppm，垂直 10mm+0.5ppm。在 20Hz 时的 RTK 距离能够达到 30km 甚至更长，并且可保证厘米级的测量精度，基线在 30 公里时的可靠性为 99.99%。如图 5-1、图 5-2 所示分别为 Trimble 5800 和 Leica 1200 系统测地型 GPS 接收机。

日本 Topcon（拓普康）公司生产的 GPS 接收机主要有 GR-3、GB-1000、Hiper、Net-G3 等。GR-3 大地测量型接收机有 72 个跟踪频道，可 100%兼容三大卫星系统（GPS/GLONASS/GALIEO）的所有可用信号，采用抗 2 米摔落坚固设计，支持蓝牙通讯，内置可选 GSM/GPRS 模块。GR-3 大地测量型接收机的静态、快速静态精度为：水平精度 3mm+0.5ppm，垂直精度 5mm+0.5ppm；RTK 精度：水平 10mm+1ppm，垂直 15mm+1ppm；DGPS 精度：优于 25cm。如图 5-3 所示为 GR-3 大地测量型接收机示意图。我国国内的同类厂商如中海达、华测导航的产品在市场上也具有一定的竞争力，但在测地型 GPS 接收机方面还存在着差距。

图 5-1　Trimble 5800 测地型 GPS 接收机　图 5-2　Leica GPS1200 系统　图 5-3　Topcon GR-3 GPS 接收机

### 5.1.5　观测质量监控

为保证 GPS 台站获得的观测数据符合质量要求，需进行 GPS 观测质量监控，主要为以下 6 项：①采用零基线法进行接收机内部噪声水平检测，基线分量和长度不大于 0.001m；②采用相对定位法进行天线相位中心稳定性检测，同一基线重复观测值最大互差不大于 2 倍接收机标称固定误差；③GPS 接收机作业性能检测：短基线检测在国家技术监督局授权的比长基线场进行，观测基线与真值之差小于接收机标称精度；长基线检测在专门的 GPS 比长基线网或适当的场地进行，基线水平分量的重复精度优于 0.005m，垂直分量重复精度优于 0.015m；④未检测及检修后的接收机或天线在安装前需进行检测；⑤在国家技术监督局授权的气象仪表鉴定机构进行数字气象仪检定；⑥日常观测中作业人员需严格遵守值班守则，认真填写观测日志，严禁事后补记、涂改与编造。

### 5.1.6 观测数据的收集、处理与报送

GPS 连续观测站采集数据为 GPS 观测值及气象观测值。当发生地震或震情紧急时，数据采集进入应急加密采集。

数据采集参数设定一般有以下几项：由 4 位英文大写字符、数字组合缩写的测站名；时段定义：开始时间 GMT 0:00:00，结束时间 GMT 23:59:59；采样间隔：30s，应急状态采样间隔不低于 1s；截止高度角：5°；最少卫星数：1；具有循环记录缓冲区的 GPS 接收机缓冲区设定：5MB，缓冲区采样间隔 1s；气象数据采样间隔：30min。

观测数据下载主要含有三部分内容：①GPS 数据下载，采用接收机随机软件下载接收机原始格式数据或 RINEX 格式数据；②气象数据下载，与 GPS 接收机直接连接的气象仪，气象数据随 GPS 数据一同下载，与计算机连接的气象仪，气象数据采用气象仪随机软件下载；③数据下载时间，日常观测数据下载时间为 GMT 0:10，应急加密数据或 1 s 间隔观测数据下载时间为 GMT 每正点时。

GPS 原始数据、气象数据下载后采用随机软件转换为 RINEX 格式，RINEX 数据可采用数据无损压缩，压缩方式及程序一般由中国地震局主管部门指定。

数据存储主要包含：①在计算机记录介质中存储的数据文件为 GPS 观测数据和气象数据文件。GPS 数据文件包括接收机原始格式数据和 RINEX 格式压缩数据，气象观测数据包括气象原始格式数据和 RINEX 格式压缩数据；②数据文件备份存储于独立的物理记录介质中；③数据存储目录结构及数据保存期限由中国地震局主管部门指定。

GPS 观测站须按有关规定传输观测数据，数据传输方式有主取、主送两种。主取为指定部门远程获取观测台站的观测数据，主送为观测台站向远程指定计算机上传观测数据。日常观测数据下载后将指定数据传输到指定位置的时间不迟于 GMT 4:00。应急观测数据下载后立即将指定数据传输到指定位置。按规定的数据通信协议、软件、传输数据类型及数据传输方式传输。

目前中国地震局地壳形变台网中心分期公布全国 GPS 台站连续观测数据，包括中国地壳运动观测网络 27 个基准站、55 个基本站、1000 个区域站的基本信息、RINEX 数据、周边 IGS 站数据以及计算结果数据(坐标值、速度场)(吴培稚等，2007)。

## §5.2　重力台站观测

目前我国共有重力台站 29 个，图 5-4 所示为中国地震局"十五"重力台站分布图。这些台站的观测数据最早从 1981 年 1 月 1 日开始，每天进行更新。主要使用的重力观测仪器为

德国 GS 型金属弹簧相对重力仪及其改进型、由我国地震研究所自主研制的 DZW 型相对重力仪以及 FG-5、超导绝对重力仪等。中国地震局重力观测技术管理部每年组织评估全国重力固体潮台站的观测资料运行报告。

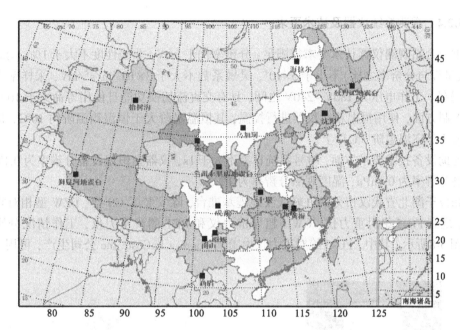

图 5-4　中国地震局十五重力台站分布图(数据来源:国家重力台网中心网站)

### 5.2.1　观测对象及其技术要求

重力台站观测的对象是测点的重力加速度(简称重力)随时间的变化,重力的单位为 $m/s^2$。台站重力观测需达到如下技术要求:观测精度为 $1×10^{-8} m/s^2$;采样率为 1 次/分钟,最新的 Micro-g PET 重力仪为秒采样。其他所涉及的测项分量有改正重力、温度和气压等。

### 5.2.2　观测场地及装置系统

重力台站观测台址需选在布格重力异常梯度带、地质构造变异带或地震活动带内,避免在孔隙度大、吸水率高、松散破碎的岩体上建台。台站距大水库、大湖泊、大河流的距离应不小于 3km,距海岸的距离应不小于 10km,同时避开地下水位变化大的地区以及强电场、强振动等干扰源。

仪器室的结构与尺寸应满足所选仪器的要求,仪器墩直接建在基岩上,与基岩连成整体,且仪器墩墩面保持平整。在记录室建造固定平台安置数据采集系统、标定系统和辅助观测设备等。

### 5.2.3　观测环境要求

为使重力台站观测达到良好的效果,观测台址需满足以下环境要求:台址 3km 范围内不得进行深层抽注水、采石爆破、筑堤建水库等,1km 范围内不得修建大型仓库和修筑铁路及主干公路等。仪器室需满足以下环境条件：仪器洞室的覆盖厚度需不小于30m，洞室地面需高于当地最高洪水位；仪器室日温差不大于0.1℃、年温差不大于1℃、相对湿度不大于80%；交流电压在180V~240V之间，并设置地线(接地电阻不超过5Ω)；安装防雷设备，室内防尘。

### 5.2.4 观测系统仪器及技术要求

重力台站观测仪器技术要求需满足：分辨率优于1mV，非线性度不大于1%，动态范围（最大量程与分辨率之比）不小于$5×10^4$，灵敏系数不大于$3×10^{-9}m/s^2/mV$，采样率不小于1次/分钟，工作电压为180V~240V之间，具有交直流切换功能且使用寿命大于10年。在恒温控制方面，使用恒温箱对仪器进行控温，其恒温温阶大于恒温箱温阶约10℃，恒温箱温阶大于年室温温阶3℃以上。

辅助设备技术要求方面，时号系统日差不大于1s，仪器室恒温设备分辨率为0.1℃，气压观测分辨率为0.1hPa，湿度观测分辨率为1%。

如位于湖北省武汉市郊的九峰武汉地震基准台，除安装了GS型、DZW型相对重力仪之外，现有FG-5绝对重力仪、GWR超导重力仪和PET潮汐重力仪，工作情况分别如图5-5~图5-8所示。其中，FG-5绝对重力仪由美国Micro-g LaCoste Inc公司生产，可用于测

图 5-5 DZW 型相对重力仪

图 5-6 FG-5 绝对重力仪在观测基地内测量

图 5-7 GWR 超导重力仪

图 5-8 PET 潮汐重力仪

量地球各点绝对重力加速度值，以监测周期从几秒到几年的地球物理和地球动力学效应所导致的微小重力场的变化。GWR 超导重力仪是美国 GWR Instruments Inc 公司生产的用于测量地球观测点重力加速度随时间相对变化值的高精度仪器，同样可监测周期从几秒到几年的地球物理和地球动力学效应所导致的微小重力场的变化。

### 5.2.5　观测质量监控

为保证重力台站观测的数据质量，需进行观测质量监控，主要包括以下几方面：①重力仪标定，内容包括面板常数标定和测量装置格值标定；②面板常数标定，标定方法分为三类（按优选顺序）：国家基线场比测法、倒小球法和对比观测法，采用国家基线场比测法时，基线场重力差不小于 $50×10^{-5}$ m/s$^2$，标定相对中误差不大于 $1×10^{-3}$，倒小球法根据具体仪器确定，采用对比观测法时，选择有长期连续观测和高精度潮汐因子的台站为对比观测点，对比观测时间为 1~3 个月，标定观测计算的 M$_2$ 波潮汐因子均方误差不超过 ±0.001；③格值标定，在规定时段内连续标定 3 次以上，标定格值的互差不大于 $0.005×10^{-8}$ m/s$^2$/mV；标定设备分辨率优于 0.001V，输入不小于 0.8V；④标定周期方面，仪器安装、检修前后进行标定，落实异常认为必要时可进行标定；⑤标定时间为小潮时段或波峰、波谷时段；⑥定期对观测系统性能进行检测，并提交评估报告；⑦值班人员当日填写值班日志，标明天气过程及观测曲线中断、形态畸变的时段（准确至小时），收集中强地震时的特异记录图像或典型的干扰图像，对突变事件及时调查核实，记录调查并核实结果后上报。

### 5.2.6　观测数据的收集、处理与报送

重力台站观测数据采集时，需采集重力、气压及温度观测仪器的原始输出分钟值、整点值。然后进行数据处理，按日将原始采样数据处理成重力、气压和温度的分钟值、整时值，填报整时值表，绘制整时值曲线图。按月处理出重力和气压、温度的日均值、旬均值、月均值，生成月整时值数据文件，打印整时值月报表并绘制月整时值曲线图。若记录数据缺值时间少于 4 小时，按记录曲线走势补插数据，补插数据加圆括号以示区别；若中断超过 4 小时，则按指定方法处理。

台站观测数据存储时，重力、气压和温度的分钟值、整时值数据文件以磁介质保存于台站一份；重力、气压和温度的整时值数据文件以纸介质保存于台站一份。

重力台站需按有关规定报送以下资料：①每日报送前一天重力分钟值数据文件；②每月报送月整点值数据文件、月报表和月整点值曲线图；③每年报送全年日均值曲线图、辅助观测数据（室温、湿度、气压、温度、降雨量）曲线图、工作年报表与年度技术工作总结。

## §5.3　地倾斜台站观测

我国地倾斜监测台网由 77 个国家台、76 个省（区域）级台和 26 个市县级台站组成，分布在全国 30 个省市区，如图 5-9 所示。台站的设置具有以下特点：根据大陆区域块体活动的边界带布设，且在易震构造部位相对集中，少震或无震区少量布设。东部地区、沿海地区相对密集，首都圈和南北地震带加密布设。台站为非均匀性分布，平均间距约 230km。

地倾斜台站观测按工作条件可分为洞体观测和钻孔井下观测。目前在运行的地倾斜观

测仪器有 280 套。其中，包括 20 世纪七八十年代开始使用的光照相相纸记录的 SQ 系列、JB 系列水平摆倾斜仪，长图记录的 FSQ 型水管倾斜仪，以及"九五"、"十五"期间入网运行的 215 套数字化观测仪器——数字化水平摆、数字化垂直摆、数字化水管仪及数字化钻孔倾斜仪。另外，台网中还有少量目视仪器或实验仪器，以及市县局台站自行安装的个别非入网仪器。水平摆、垂直摆、水管倾斜仪以及钻孔倾斜仪的全国分布分别如图 5-10～图 5-13 所示(数据来源：中国地震局地壳形变台网中心)。

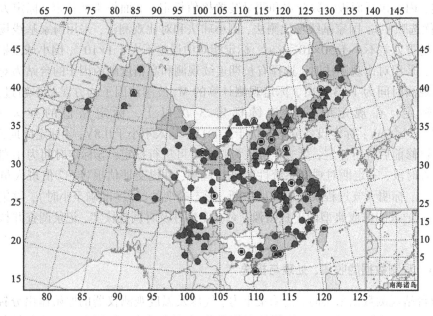

图 5-9　我国地倾斜观测台站分布图

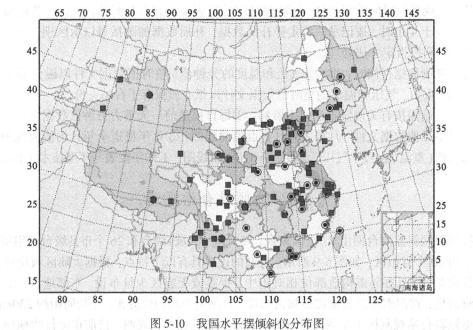

图 5-10　我国水平摆倾斜仪分布图

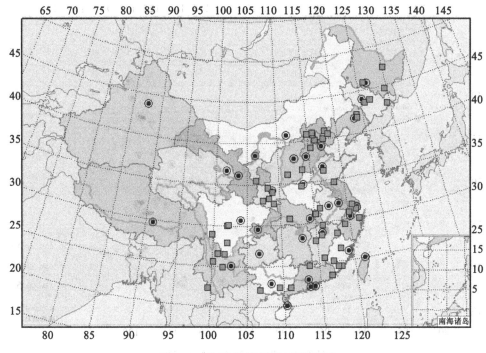

图 5-11　我国垂直摆倾斜仪分布图

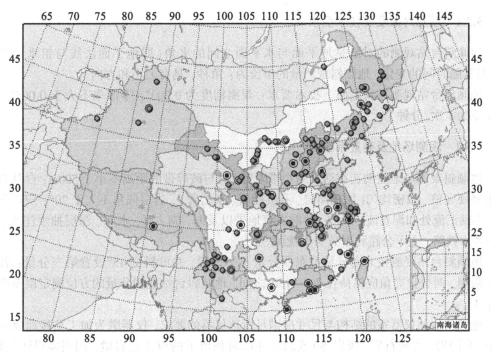

图 5-12　我国水管倾斜仪分布图

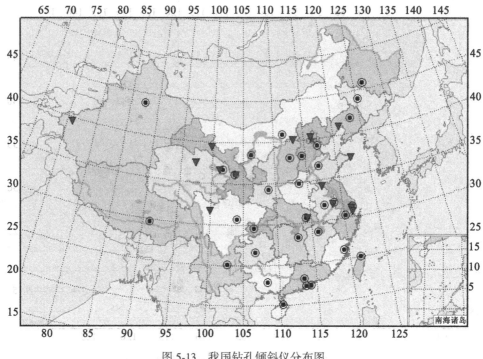

图 5-13　我国钻孔倾斜仪分布图

### 5.3.1　观测对象及其技术要求

地倾斜台站观测的对象是地平面与水平面之间的夹角(即地平面法线与铅垂线的夹角)及其随时间的变化,地倾斜观测量的单位为:角秒,具有大小和方向。

地倾斜台站观测需满足如下技术要求:观测精度为 0.003″;零漂率不大于 0.005″/天;采样率为 1 次/分钟。

### 5.3.2　观测场地及装置系统

地倾斜观测场地应勘选在活动断裂带附近,且与破碎带的距离不小于 500m;台基岩性要求坚硬完整、致密均匀(如花岗岩、石英砂岩、灰岩等),岩层倾角不大于 20°;应避开风口、山洪汇流处和泥石流、滑坡、溶洞发育地带以及海、湖、河、水库、深层抽水注水、大型仓库、铁路、主干公路和爆破等干扰源。

地倾斜台站观测按北南分量及东西分量正交设置,并可斜交 45°设置第三分量;若受场地限制,两分量夹角应保持在 30°~150°之间。地倾斜台站观测分量的方位测定误差应不大于 1°。

地倾斜台站仪器室的结构与尺寸应满足所选仪器的要求,仪器墩为加工粘接而成的岩石墩(花岗岩、大理石岩、灰岩等)或洞室开凿时预留下的原生基岩墩,四周需设防振槽,墩顶面水平,高差不大于 2mm,同分量仪器墩之间无断层或夹层;亦可开凿壁龛或地槽安放仪器。

### 5.3.3　观测环境要求

地倾斜观测台址环境需满足以下要求：台址 3km 范围内不得进行深层抽水注水、采石爆破和筑堤建水库，1km 范围内不得修建大型仓库和修筑铁路及主干公路。

地倾斜观测洞室的环境要求为顶部地形对称，植被良好，水平坑道仪器室顶覆盖及旁侧覆盖应不小于 40m，竖井仪器室埋深不小于 20m，洞室底面应高于当地最高洪水位和地下水位。仪器室内要求室温日变幅度不大于 0.03℃，年变幅度不大于 0.5℃。

### 5.3.4　观测系统仪器及技术要求

为使台站观测取得良好的效果，地倾斜台站仪器技术应需满足以下要求：分辨率优于 0.0005″，动态范围（最大量程与分辨率之比）不小于 $1 \times 10^4$，零漂率不大于 0.05″/天，采样率不小于 1 次/分钟。工作电压在 180V～240V 之间，输出电压为 −2V～+2V 之间，直流功耗不大于 6W；具有交直流切换和防雷功能。在相对湿度 100% 的洞室内，保证设备正常工作寿命不小于 10 年。

如前所述，我国地倾斜台站使用的仪器主要包括水管倾斜仪、水平摆倾斜仪、垂直摆倾斜仪以及钻孔倾斜仪等，中国地震局地震研究所在这四类仪器的设计研制方面具有丰富的经验，如图 5-14、图 5-15 所示分别为生产的水管倾斜仪和垂直摆倾斜仪。

图 5-14　水管倾斜仪　　　　　　　　图 5-15　垂直摆倾斜仪

水管倾斜仪的基本原理是根据连通管内水面保持自然水平的原理，当安装仪器主体的台基出现相对垂直位移时，两端钵体中的液面便会相对于钵体发生变化，此变化通过浮子、位移传感器转换成电信号输出自动记录，将自动输出的两端高差变化值按仪器两端点的长度就可计算成相应的地倾斜角变化值，从而可以精确地测出固体潮汐和地壳长期缓慢的倾斜变化。

17 世纪末，在牛顿发现万有引力定律并用于解释潮汐现象的同时，人们就想象到太阳和月亮的引潮力将会引起铅垂线方向发生变化。当时人们试着测量太阳和月亮的引潮力对自由悬挂的铅垂摆的平衡位置的变化，并做了大量试验，但由于测量灵敏度不够，均未成功。直到 19 世纪德国人 Hengler 发明了水平摆，用机械方法将位移量放大了很多倍之后，才测到了倾斜固体潮，水平摆倾斜仪由于灵敏度高，一直使用至今。

随着电子技术和传感技术的飞速发展，位移测量的精度大大提高，故可采用垂直摆倾斜仪来进行高精度的倾斜测量，且由于位移测量的精度足够高，可将摆长大大缩短，从而减小仪器的尺寸和加工难度。

垂直摆倾斜仪在原理上要比水平摆倾斜仪简单，主要运用摆的铅垂原理。垂直摆由柔丝、摆杆和重块三部分组成，在没有振动的条件下处于铅垂状态，当发生倾斜变化时，摆平衡位置发生变化，摆和支架之间的相对位置发生变化，电容式位移传感器的动片和定片之间的间距也相应地发生变化，通过传感器转换成电信号并加以放大，就可将摆的微小位移转换成电信号。由于地倾斜的相对变化量很小，摆的相对偏移量也很小，因此必须有一个高精度的测微系统，测量摆的位置的变化。

地倾斜台站观测辅助设施技术要求方面，还需进行气压和雨量观测，在各传感器设置端进行温度测量，气压测量的分辨率需达到 0.1hPa，雨量测量的分辨率为 1.0mm，温度测量的分辨率为 0.01℃。

### 5.3.5　观测质量监控

为保证地倾斜台站观测数据的质量，需进行观测质量监控，主要包括以下几方面：①设备技术指标标定，格值标定重复率不小于 99%，格值年稳定性优于 95%，标定幅度不小于 0.04″；②标定方法认定采用国家长度计量标准传递；③定期进行标定，仪器安装、检修前后进行标定，落实异常认为必要时可进行标定；④标定时间为小潮时段或波峰、波谷时段；⑤定期对观测系统性能进行检测，并提交评估报告；⑥值班人员当日填写值班日志，标明观测曲线中断、畸变的时段（准确至小时）及天气过程，收集中强地震时的特异记录图像及典型干扰图像，对突变事件及时调查核实，记录调查核实结果并上报。

### 5.3.6　观测数据的收集、处理与报送

地倾斜台站观测将采集地倾斜、气压及温度观测仪器的原始输出分钟值、整点值。然后进行数据处理，按日将原始采样数据处理成地倾斜、气压和温度的分钟值、整时值，填报整时值表，绘制整时值曲线图；按月处理地倾斜、气压、温度的日均值、旬均值、月均值，生成月整时值数据文件，打印整时值月报表并绘制月整时值曲线图。若记录数据缺值时间少于 4 小时，需按记录曲线走势补插数据，补插数加圆括号以示区别；若中断超过 4 小时，则按指定方法处理。

数据存储时，地倾斜、气压和温度的分钟值、整时值数据文件以磁介质保存于台站一份；地倾斜、气压和温度的整时值数据文件及记录图件以纸介质保存于台站一份。

台站按有关规定报送以下资料：①每日报送前一天地倾斜分钟值数据文件；②每月报送月整点值数据文件、月报表和月整点值曲线图；③每年报送全年日均值曲线图、辅助观测数据（室温、湿度、气压、温度、降雨量）曲线图、工作年报表与年度技术工作总结。

## §5.4　洞体应变台站观测

应变固体潮是日、月天体引力变化引起地球有规律的形变所致，是地球科学中唯一可以预先计算出以后变化的现象，被形象地比喻为地球的"脉搏"或"心电图"。在地应变台站观测中，洞体应变仪基本按照北南、东西设置两分量，少数台站设置了第三分量，各分量

方位角依据洞室实际情况确定,并配有洞温辅助测量系统。图5-16是我国洞体应变观测台站分布(数据来源:中国地震局地壳形变台网中心)。

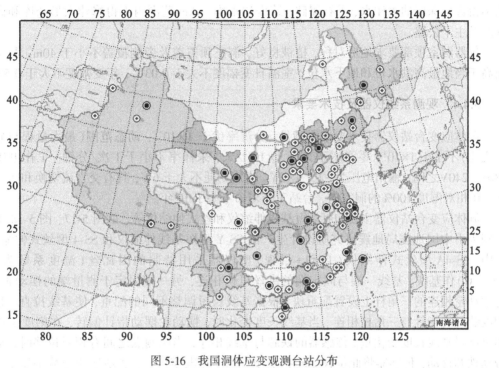

图5-16 我国洞体应变观测台站分布

### 5.4.1 观测对象及其技术要求

洞体应变观测的对象是洞体内两基点之间水平距离随时间的相对变化。观测精度需达到$6×10^{-9}$,零漂率不大于$1×10^{-8}$,动态范围不小于$1×10^4$,非线性误差不大于1%FS(FS = Full Scale,1%FS 指最大误差达到全量程的1%),采样率不小于1次/分钟。

### 5.4.2 观测场地及装置系统

洞体应变台站观测场地需勘选在活动断裂带附近,离开破碎带的距离需超过500m;台基岩性坚硬完整,致密均匀(例如花岗岩、石英砂岩、灰岩等),岩层倾角不大于20°;应避开风口、山洪汇流处和泥石流、滑坡、溶洞发育地带,避开海、湖、河、水库、深层抽水注水、大型仓库、铁路、主干公路和爆破等干扰源。

观测装置设置时,洞体应变观测按北南及东西两分量正交设置,并可斜交45°设置第三分量;若受场地限制,两分量夹角为30°~150°之间;方位的测定误差不大于1°。

仪器室的结构与尺寸设计应满足所设仪器的要求。仪器墩为加工粘接而成的岩石墩(花岗岩、大理石岩、灰岩等)或洞室开凿时预留下的原生基岩墩,四周设防振槽,墩顶面水平,高差不大于2mm,同分量仪器墩之间无断层或夹层;亦可开凿壁龛或地槽安放仪器。

### 5.4.3 观测环境要求

为使洞体应变台站观测达到良好的效果，观测台址环境的维护需满足：台址 3km 范围内不得进行深层抽水注水、采石爆破、筑堤建水库，1km 范围内不得修建大形仓库和修筑铁路及主干公路。

仪器洞室顶部要求地形对称，植被良好，洞室顶覆盖及旁侧覆盖不小于 40m，洞室底面高于当地最高洪水位和地下水位。室温日变幅度不大于 0.03℃，年变幅度不大于 0.5℃。

### 5.4.4 观测系统仪器及技术要求

洞体应变台站仪器技术要求需满足：分辨率优于 $1\times10^{-9}$，动态范围（最大量程与分辨率之比）不小于 $1\times10^4$，零漂率不大于 $1\times10^{-8}$/天，采样率不小于 1 次/分钟。工作电压在 180V~240V 之间，输出电压为−2 V~+2V，直流功耗不大于 6W，具有交直流切换和防雷功能。在相对湿度 100% 的洞室内，台站工作寿命不小于 10 年。

洞体应变台站仪器主要包括：短基线伸缩仪和丝式伸缩仪等。如图 5-17、图 5-18 所示分别为由中国地震局地震研究所设计生产的 SS-Y 型短基线伸缩仪和 SS-4 型丝式伸缩仪。其中，SS-4A 型丝式伸缩仪（自动+目视）型仪器采用特制的因瓦丝（温度系数为 $3\times10^{-7}$/℃）作基线。基线一端与固定端的夹丝机构相连，另一端固定于测量端的摆动轮上，与摆动轮相连的三角杆上设置配重块，根据基线长短调整不同的配重，使基线拉直。旁边刻度装置的指针与三角杆相连。当基线长度变化时，摆动轮摆动指针偏转，在刻度装置上即可读得基线长度变化量。传感器的铁芯与基线相连，当两测点之间有相对位移时，基线带动铁芯移动，传感器将此位移量转换成电信号，经电缆传输，实现遥测与数字显示。配接数据采集器可与计算机联网并可提供便携式数字显示器。在没有 220V（市电）供电的场合，一台便携式数字显示器，可读取所有的不同测点的伸缩仪数据。SS-4 型丝式伸缩仪在结构和材料上作了特别设计，使仪器能在相对湿度 100% 的环境条件下长期使用，特制的传感器具有很高的可靠性。

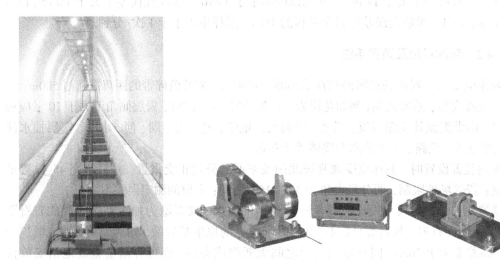

图 5-17　SS-Y 型短基线伸缩仪　　　　　图 5-18　SS-4 型丝式伸缩仪

洞体应变台站观测辅助设施方面，需设置气压计和雨量计，在各传感器设置端配置温度计。气压测量的分辨率需满足 0.1hPa，雨量测量分辨率为 1mm，温度测量分辨率为 0.01℃。

### 5.4.5　观测质量监控

为保证洞体应变台站观测的数据质量，需进行观测质量监控，主要包括以下几方面：①标定设备技术指标，格值标定重复率不小于 99%，标定幅度不小于 $1×10^{-6}$，格值年稳定性优于 95%；②采用国家长度计量标准传递标定方法；③标定周期为每半年标定一次，在仪器安装、检修前后进行标定，落实异常认为必要时可进行标定；④标定时间选在小潮时段或波峰、波谷时段；⑤定期对观测系统性能进行检测，并提交评估报告；⑥值班人员当日填写值班日志，标明观测曲线中断、形态畸变的时段(准确至小时)及天气过程，收集中强地震时的特异记录图像和典型干扰图像，对突变事件及时调查核实，记录调查核实结果并上报。

### 5.4.6　观测数据的收集、处理与报送

洞体应变台站观测需采集洞体应变、气压及温度观测仪器的原始输出分钟值、整点值。然后进行数据处理，按日将原始采样数据处理成洞体应变、气压和温度的分钟值、整时值，填报整时值表，绘制整时值曲线图。按月处理洞体应变、气压、温度的日均值、旬均值、月均值，生成月整时值数据文件，打印整时值月报表并绘制月整时值曲线图。若记录数据缺值时间少于 4 小时，应按记录曲线走势补插数据，补插数加圆括号以示区别；若缺值超过 4 小时，则按指定方法处理。

数据存储方面，洞体应变、气压和温度的分钟值、整时值数据文件以磁介质保存于台站一份；洞体应变、气压和温度的整时值数据文件及其图件以纸介质保存于台站一份。

洞体应变台站属于地震台站，需按有关规定报送以下资料：①每日报送前一天洞体应变分钟值数据文件；②每月报送月整点值数据文件、月报表和月整点值曲线图；③每年报送全年日均值曲线图、辅助观测数据(室温、湿度、气压、温度、降雨量)曲线图、工作年报表与年度技术工作总结。

## §5.5　钻孔应变台站观测

我国著名的地质学家李四光先生在负责地震预报工作时主张直接观测地应力变化预测地震，他认为应该"对地应力进行观测，找出地应力有关的性质、特点以及作用方式和变化规律，找出这种变化与地震之间的内在联系，才有可能对地震发生的地点、时间、频度和强度作出科学的判断"。当时，地应力观测仪器的灵敏度、稳定性、通频带、抗干扰能力、动态范围等诸方面性能都远不能满足要求，仪器记录不到被称为"地球脉搏"的固体潮。国家地震局大力组织了对钻孔应力应变测量仪器的技术攻关，到 1985 年，有四种钻孔应变仪通过国家鉴定。这些独立研发的仪器都已能清晰地纪录到应变固体潮，初步具有观测地层应力、应变变化的能力。

后来美国庞大的"板块边界观测计划"(PBO)中大量采用钻孔应力应变观测技术，该仪器主要由澳大利亚 Gladwin 制造。1975 年，工作于鹤壁市地震局的池顺良先生研究组设

计出与美国 Sacks 发明的单分量的"体积式钻孔应变仪"不同原理的多分量的压容式钻孔应变仪。压容式钻孔应变仪可以探测地球"脉搏"，是一种研究应变固体潮、地壳结构、地震理论和地震预报的重要观测仪器。这种仪器可望在地震重点监视区开展密集化观测，有助于获得较为可靠的地震前兆信息"（国家地震局工作简报，1984 年第 8 期）。

我国自主开发研制的国产仪器在高频性能上优于美国 PBO 计划中安装的仪器。表 5-1 为美国 PBO 计划中使用的 GTSM 三分量钻孔应变仪与我国的 YRY-4 型四分量钻孔应变仪的比较。

表 5-1　　　　　　　　　　　中、美两国使用的分量钻孔应变仪的比较

| 仪器名称 | YRY-4 型四分量钻孔应变仪 | GTSM 三分量钻孔应变仪 |
| --- | --- | --- |
| 使用仪器的重大项目 | 中国国家数字地震观测网络项目采用的分量钻孔应变仪，已布设 40 台。 | 美国板块边界监测计划（PBO）唯一采用的分量钻孔应变仪，已布设 57 台。 |
| 传感器探头尺寸 | 已实现小型化，长 450mm，外径 107mm，自重 8kg。 | 长 2200mm，外径 100mm，自重 45kg。 |
| 传感器分布方式 | 探头中平面同平面布置，4 路传感器边缘效应影响一致。 | 探头上、中、下布置，各分量边缘效应影响不同。 |
| 观测频带宽度 | 5000Hz—DC | 20Hz—DC |
| 探头与钻孔耦合方式 | 非膨胀水泥，稳定时间短，长期漂移小。 | 膨胀水泥，稳定时间长。 |
| 应变数据自检 | 有自检功能，应变数据满足 1+3 = 2+4 自检条件。 | 无自检功能。 |
| 应变固体潮幅度 | 约 7000 字 | 约 700 字 |

"十五"之前，中国钻孔应变观测台网只有三十多个台站，使用的主要为 TJ 体应变仪。"十五"期间，钻孔应变台站数量大幅度增加。根据中国地震局地壳应力研究所钻孔应力-应变台网管理组的最新调查结果，到"十五"计划完成时，已有接近 100 个台站。使用的仪器主要为 TJ 体应变仪和 YRY 分量应变仪。"十五"中国数字地震观测网络工程在东到上海，西到玉树、格尔木，北到丰满、敦化，南到攀枝花、腾冲的我国广大国土上布置了 40 套分量钻孔应变仪（吴培稚等，2007），图 5-19 为我国钻孔应变观测台站分布图（数据来源：中国地震局地壳形变台网中心）。

这些台站大部分都能记录到清晰的应变固体潮，记录数据能反映地层真实应变变化，并通过现代网络技术，随时将需要的观测数据传至台网中心。我国国家级台站应变观测信息可参考中国地震局地壳形变台网中心网站。

钻孔应变观测填补了测震和 GPS 观测手段间存在的频率盲区。国际上目前的共同认识是：依靠测震、GPS 和钻孔应变三种观测技术的协同，地球科学家终于能够在数十赫兹到数十年的全频段观测地球、地壳运动和地震了。钻孔应变观测具有优越的高频性能，可将三种方法总共数十赫兹的观测频宽提高两个数量级（池顺良，2007）。

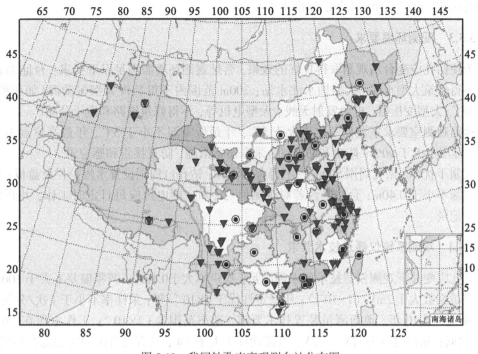

图 5-19　我国钻孔应变观测台站分布图

为了研究地震的孕育和地壳运动，GPS 观测的地面位移向量数据必须换算为地面应变。钻孔应变则直接观测地层的应变张量，其灵敏度比 GPS 要高 2~3 个数量级。钻孔应变观测量的张量性质，使得单点观测就能感应到附近断层的存在，并且，还有更多的信息等待挖掘。

### 5.5.1　观测对象及其技术要求

钻孔应变观测是在钻孔内对岩体应变状态随时间的相对变化进行观测，观测对象包括：体应变、差应变和分量应变。台站观测需满足以下技术要求：观测精度为 $4 \times 10^{-9}$，零漂率不大于 $4 \times 10^{-6}$/年，采样率为 1 次/分钟。

### 5.5.2　观测场地及装置系统

钻孔应变观测场地的勘选要求很高，距明显活动断层、大型水库、河流、泥石流、矿山采空区、山洪区、降雨聚水区、大型抽水站等的距离应不小于 1km，避开岩脉或透镜体；距大型振动源（如压模机、冲床等）、主干公路、大型变压器、电台发射天线、大型电机等的距离不小于 200m；基岩完整（以花岗岩，厚层石灰岩为好）。地下水位变化幅度较大（一年内的波动量不小于 10m，或降雨后水位变化不小于 0.5m）、地温偏高、地热梯度较大或有明显水流的地方都不适于作为钻孔应变观测场地。

在覆盖层较厚的地区，土层应力观测用的钻孔位应选在土层致密的区域，避开冲积层及河床。

装置系统设计方面，井孔与仪器室之间的距离应不大于 20m；钻孔的深度为 60~100m

（在山洞中不小于 15m），孔斜度不大于 3°；钻孔下部为裸孔，其长度应不小于 5m。设在土层中的钻孔，可以不使用套管，深度不小于 30m。

### 5.5.3　观测环境要求

为使钻孔应变台站观测取得良好的效果，台址观测环境需满足以下要求：台址 1km 范围内不得修筑大型水库、大型抽水注水站；200m 范围内不得装设大型振动源（如压模机、冲床等）、大型变压器、电台发射天线、大型电机等，不得修筑铁路和主干公路。

地面观测室要求室温日变化不大于 5℃；年最低室温不小于 5℃，年最高室温不大于 35℃；湿度不大于 90%；防尘和防腐蚀；采取避雷措施、防直接雷和感应雷。

控制干扰源，钻孔周围 500m 内不得有抽水井；钻孔口周围设置水泥护栏及盖板；地面电缆埋深不小于 0.40m；台站电台若对观测值有干扰，则电台应每日定时工作，并在值班日志中记录。

### 5.5.4　观测系统仪器及技术要求

钻孔应变井下观测仪器技术要求需满足：噪声不大于 0.1mV；调零偏差不大于 100mV；应变灵敏系数大于 2mV/（$1×10^{-8}$）；年稳定性优于 $4×10^{-6}$/年；采样率不小于 1 次/分钟；运行寿命不小于 10 年。地面测量装置技术要求，动态范围为 ±$2×10^{-4}$；工作电压在 180V ~ 240V 之间；输出电压为 −2V ~ +2V；直流功耗不大于 3W；具有交直流切换和防雷功能。

钻孔体应变仪的观测原理是：当盛有不可压缩液体的可变形容器所受压力发生变化时，向上的出口处的液面高度就会随之变化。目前台网使用的分量式钻孔应变仪主要有 RZB 型和 YRY 型两种，如图 5-20 和图 5-21 所示。RZB 型分量式钻孔应变仪由中国地震局地壳应力研究所研制，1985 年 12 月，其原理样机通过鉴定。YRY 型分量式钻孔应变仪由河南省鹤壁市地震局研制，是中国地震局"十五"开始正式入网的地震前兆监测仪器，这种仪器的一个变种是钻孔差应变仪。

钻孔应变辅助设备的技术要求方面，需配备井水水位及气压连续自动观测系统，水位计分辨率需优于 0.001m，量程为 5 ~ 10m；气压计分辨率需优于 0.1hPa，同时配备室内温度计和湿度计。

　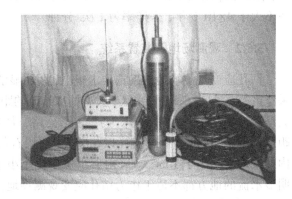

图 5-20　RZB 型分量式钻孔应变仪　　　　图 5-21　YRY 型分量式钻孔应变仪

### 5.5.5 观测质量监控

为保证钻孔应变观测的数据质量，需进行观测质量监控，主要包括以下几方面：①标定设备的指标，标定重复率不小于97%，格值年稳定性不小于95%，标定幅度为$(4\sim15)\times10^{-8}$；②标定的周期，每年定时标定两次，仪器更换和维修前后进行标定，落实异常变化认为必要时可进行标定；③采用国家位移或体积计量标准传递标定方法；④定期对观测系统性能进行检测，并提交评估报告。

### 5.5.6 观测数据收集、处理与报送

钻孔应变台站观测资料收集时，台站人员应在值班日志中记录台站名称、仪器型号、观测日期和观测值班人员姓名，标明气象因素等干扰的影响时段及强弱过程（准确至小时），收集中强地震时的特异记录图像及典型的干扰图像，标明造成观测曲线中断、形态畸变的干扰原因，对突变事件及时调查核实，记录调查核实结果并上报。

数据收集按日整理前一天的原始采样数据，以磁介质保存并编号，注明相应的格值及校正值，在值班日志中备注文件名、存盘编号及操作人员姓名。然后进行数据处理，按日将原始采样数据用专用软件处理成相应的应变值，并生成应变整时值数据文件，处理水位、气压等辅助观测值，生成相应的整时值文件，填报应变量、辅助观测量整时值表，绘制整时值曲线图。每月5日前计算上月日均值、旬均值、月均值，生成月整时值数据文件，打印整时值月报表，绘制月整时值曲线图，然后将上述数据处理结果均以磁介质保存于台站一份。记录数据中断时间不足4小时者，需根据观测记录曲线走势补插数据，补插数据加圆括号以示区别，中断超过4小时者，需按指定方法处理。

钻孔应变台站需按有关规定报送以下资料：①每日报送前一天钻孔应变分钟值数据文件；②每月报送月整点值数据文件、月报表和月整点值曲线图；③每年报送全年日均值曲线图、辅助观测数据（室温、湿度、气压、温度、降雨量）曲线图、工作年报表与年度技术工作总结。

## 思 考 题

1. GPS台站连续观测与常规GPS静态测量在精度上有哪些提高？
2. 用于重力台站观测的重力仪有哪些？
3. 地倾斜台站观测的仪器有哪些？在观测原理上有何不同？
4. 洞体应变观测在地震监测中有哪些应用？
5. 钻孔应变观测相较于GPS观测和测震有哪些优势？如何能更好地获取地震前兆信息？

# 第6章 GPS 数据处理软件及处理流程

GPS 测量数据的处理是研究 GPS 定位技术的一个重要内容。选用好的数据处理方法和软件对 GPS 测量结果影响很大。在 GPS 静态定位领域里，几十千米以下的定位应用已经较为成熟，接收机厂商提供的随机软件可满足大部分的应用需要。但在定轨及长距离的定位，尤其是在监测全球性的板块运动应用中，一般接收机厂商提供的随机软件均不能满足需要，因为它们忽略了很多在定轨和长距离定位中不可忽略的因素，如有关轨道的各种摄动计算、大气对流层改正、测站位置受地壳运动的固体潮引起的漂移等。世界上有四个比较有名的 GPS 高精度科研分析软件：

（1）美国麻省理工学院（MIT）和 SCRIPPS 研究所（SIO）共同开发的 GAMIT 软件。

（2）美国喷气动力实验室（JPL, Jet Propulsion Laboratory）的 GIPSY 软件。

（3）瑞士伯尔尼大学研制的 Bernese 软件。

（4）德国 GFZ 的 EPOS 软件。

另外还有美国德克萨斯大学的 TEXGAP 软件、英国的 GAS 软件、挪威的 GEOSAT 软件以及由武汉大学卫星导航定位技术研究中心自主研制的 PANDA 软件。由于设计用途的出发点和侧重点不同，在对 GPS 数据的处理方面，这几个软件有着各自的应用特点。

高精度定位软件观测值一般可以分为两种：一种是双差观测值，这是我们所常用的，另一种是非差观测值。双差观测值可以较好地消除或大大地削弱 GPS 卫星钟差和接收机钟差。双差观测模型被大部分的接收机随机软件所选用（主要用于工程网的短基线处理），也是高精度定位软件常用的一种模型。

## §6.1 GAMIT/GLOBK 软件及数据处理流程

### 6.1.1 GAMIT/GLOBK 软件简介

GAMIT 是由美国麻省理工学院（MIT）和美国加利福尼亚大学 SCRIPPS 海洋研究所（SIO）共同研制的用于定位和定轨的 GPS 数据分析软件包（King, 2006）。其发展主要经历了如下四个阶段：

（1）20 世纪 70 年代末，美国麻省理工学院在研究 GPS 接收机的时候，就开始了 GAMIT 软件的编写工作，其初始代码来自于 1960—1970 年间行星星历解算及 VLBI 等相关软件；

（2）自 1987 年起，GAMIT 软件被正式移植到基于 Unix 的操作系统平台；

（3）1992 年 IGS 组织的建立，促进了 GAMIT 软件自动化处理能力的提高；

（4）自 20 世纪 90 年代中期以来，GAMIT 软件真正实现了对 GPS 数据的自动批处理。

GAMIT 软件代码基于 Fortran 语言编写，由多个功能不同并可独立运行的程序模块组成。其具有处理结果准确、运算速度快、版本更新周期短以及在精度许可范围内自动化处理程度高等特点。利用 GAMIT 可以确定地面站的三维坐标和对空中飞行物定轨，在利用精密星历和高精度起算点的情况下，基线解的相对精度能够达到 $10^{-9}$ 左右，解算短基线的精度能优于 1 毫米，是世界上最优秀的 GPS 软件之一。

近年来，该软件在数据自动处理方面有了较大的改进。其不仅可在基于工作站的 Unix 操作平台下运行，而且可以在基于微机的 Linux 平台下运行。

科研单位通过申请，可以免费获取 GAMIT 软件。由于 GAMIT 软件开放源代码，使用者可根据需要进行源程序修改。相对于 Bernese、EPOS 和 GIPSY 等软件来说，在国内应用比较广泛。对于 GLOBK 与 PowerADJ 这两款经典的国内外平差软件，都可使用 GAMIT 解算获得的解文件。我国 A、B 级 GPS 网的基线解算是采用该软件进行的。

GLOBK(Globle Kalman Filter)是一个卡尔曼滤波器，可联合解算空间大地测量和地面观测数据。其处理的数据为"准观测值"的估值及其协方差矩阵，"准观测值"是指由原始观测值获得的测站坐标、地球自转参数、轨道参数和目标位置等信息。其发展主要经历了如下三个阶段：

（1）20 世纪 80 年代中期由美国麻省理工学院开始了 GLOBK 软件的代码编写工作，该软件最初用于处理 VLBI 数据；

（2）自 1989 年起，GLOBK 软件扩展了其对利用 GAMIT 得到的 GPS 基线解算结果的数据处理能力；

（3）20 世纪 90 年代，GLOBK 软件扩展了其对 SLR 及 SINEX 文件的数据处理能力，完成了 GLOBK 软件主要功能模块的构造。

GLOBK 软件主要有以下三个方面的应用：

（1）产生测站坐标的时间序列，检测坐标的重复性，同时确认和删除那些产生异常域的特定站或特定时段；

（2）综合处理同期观测数据的单时段解以获得该期测站的平均坐标；

（3）综合处理测站多期的平均坐标以获得测站的速度。

### 6.1.2　GAMIT/GLOBK 软件功能及组成

GAMIT 软件由许多功能不同的模块组成，这些模块可以独立运行。各个模块具有一定的独立性，但它们之间又紧密地联系在一起，共同完成数据处理和分析的全过程。这些模块按其功能来分可以分成两个部分：数据准备和数据处理。此外，该软件还带有功能强大的 SHELL 程序。数据准备部分包括原始观测数据的格式转换、计算卫星和接收机钟差、星历的格式转换等；数据处理部分包括观测方程的形成、轨道的积分、周跳的修复和参数的解算等。

（1）数据准备模块　MAKEXP：数据准备部分的驱动程序，建立所有准备文件的输出及一些模块的输入文件；BCTOT（NGSTOT）：将星历格式（RINEX、SP3、SP1）转换成 GAMIT 所需的文件；MAKEJ：读取观测数据，生成卫星钟差文件 J 文件；MAKEX：将原始观测数据的格式（RINEX）转换成 GAMIT 所需的接收机时钟文件 K 文件和观测文件 X 文件。

（2）数据处理模块　FIXDRV：数据处理部分的驱动程序。ARC：轨道积分模块；MODEL：求偏导数，组成观测方程；AUTCLN：进行相位观测值周跳和粗差的自动修复；

SINCLN：单站自动修复周跳；DBLCLN：双差自动修复周跳；CVIEW：在可视化界面下，人工交互式修复周跳；SOLVE：利用双差观测按最小二乘法解算参数；CFMRG：用于创建 SOLVE 所需 M 文件，选择和定义有关参数。

（3）辅助模块　辅助模块包括 CTOX、XTORX、TFORM 等。

1. GAMIT 常用文件及格式说明

（1）测站信息文件　所有接收机和天线的型号、版本、天线高等情况均记录于测站信息文件 station.info 中，该文件会被 MAKEXP、MAKEX、MODEL 模块读取。此文件由用户自己准备，其具体形式如表 6-1 所示：

表 6-1　　　　　　　　　　　　　　　　测站信息文件

| *SITE Station Name Session Start | | Session Stop | Ant Ht | HtCod | Ant N | Ant E |
|---|---|---|---|---|---|---|
| Receiver Type | Vers | SwVer Receiver SN | Antenna Type | | Dome Antenna SN | |
| WUHN WUHAN | 2002 026 00 00 00 9999 999 00 00 00 | | 2.3610 | DHPAB | −0.0094 | −0.0022 |
| ASHTECH Z-XII3 | CD00-1D02 | 9.20　LP03210 | ASH700936E | | SNOW CR15810 | |

表 6-1 中，前后两行是相互对应的，其中 SITE 为四个字符的测站名，Station Name 为该测站的完整测站名，Session Start 与 Session Stop 标明了该测站信息的起始时段，Ant Ht 为天线高，HtCod 为天线高的量测类型，Ant N 为天线北方向改正，Ant E 为天线东向改正，Receiver Type 为接收机型号，Antenna Type 为天线类型编号。天线高和天线高量测方式的输入需认真核对，一旦出错，将会对解算结果产生系统性偏差。

（2）测站信息控制文件　测站信息控制文件 sittbl.分为 long 型和 short 型两种文件格式。short 型 sittbl.文件适用于对 GAMIT 软件尚不够了解的初学者，该文件将大部分参数设定为了缺省设置；而 long 型的 sittbl.文件其可操作性更强，更有利于那些对 GAMIT 数据处理有一定了解的使用者根据具体情况修改相应参数。本书现仅以 long 型的 sittbl.文件进行说明，文件格式如表 6-2 所示：

表 6-2　　　　　　　　　　　　　　　　测站信息控制文件

| SITE | | FIX | WFILE | --COORD.CONSTR.-- | --EPOCH-- | CUTOFF | APHS | CLK | KLOCK |
|---|---|---|---|---|---|---|---|---|---|
| CLKFT DZEN WZEN DMAP WMAP | | ---MET. VALUE---- | | --SAT.-- | ZCNSTR | ZENVAR | ZENTAU | | |
| < default for regional stations > | | | | | | | | | |
| ALL | | NNN | NONE | 20.　20.　20. | 001- | * | 15.0 | NONE NNN | 3 |
| SAAS　SAAS　NMFH　NMFW | | 1013.25 20.0 50.0 | YYYYYYYY | 0.500 | 0.020 | 100. | | | |
| < IGS core stations > | | | | | | | | | |
| WUHN WUHN_GPS | | NNN | NONE | 0.005 0.005 0.010 | 001- | * | 15.0 | NONE NNN | 3 |
| SAAS　SAAS　NMFH　NMFW | | 1013.25 20.0 50.0 | YYYYYYYY | 0.500 | 0.020 | 100. | | | |

测站信息控制文件 sittbl.中，SITE 为四字符点名；FIX 决定该测点是否为固定点，YYY 表示是固定点，NNN 表示不是固定点；WFILE 表示是否存在水汽辐射计文件，若存在则为 WVR 文件名，一般情况设为 NONE；COORD.CONSTR.表示测站三维坐标约束量，如上表中

的 0.005 0.005 0.010 分别表示 Wuhn 测站的三维坐标约束量，单位为米。因为该例中将
Wuhn 作为固定点，即起算点，所以约束量较小，如果是非固定点的测站，约束量通常取
20.00 20.00 20.00；EPOCH 指参加计算的起始历元数，001- * 表示所有历元；CUTOFF 指截
止高度角，通常取 15.0；CLK 指是否解算接收机钟差的漂移量；KLOCK、CLKFT 指接收机
钟差改正模型；DZEN 为对流层天顶延迟的计算模型，默认为 SAAS；WZEN 为对流层湿项
延迟的计算模型，默认为 SAAS；DMAP 与 NMAP 分别指干项延迟映射因子和湿项延迟映
射因子；MET. VALUE 为标准气象参数，即气压、温度以及相对湿度。对于未在 sittbl.文件
中进行设置的测站，其测站参数将被赋予 sittbl.文件中所指定的默认值。

（3）测段信息控制文件　测段信息控制文件 sestbl.主要是对 GAMIT 软件进行参数设
定，其格式如表 6-2～表 6-3 所示(只列出主要部分)：

表 6-3                                            测段信息控制文件

| |
| --- |
| Session Table |
| Type of Analysis = 0-ITER          ; 1-ITER/0-ITER（no postfit autcln）/PREFIT |
| Choice of Observable = LC_AUTCLN    ; L1_SINGLE/L1&L2/L1_ONLY/L2_ONLY/LC_ONLY/ |
|                                     ; L1, L2_INDEPEND./LC_HELP/LC_AUTCLN |
| Choice of Experiment = BASELINE     ; BASELINE/RELAX./ORBIT |
| Zenith Delay Estimation = Y         ; Yes/No（default No） |
| Interval zen = 2                    ; 2 hrs = 13 knots/day（default is 1 ZD per day） |
| Zenith Model = PWL                  ; PWL（piecewise linear）/CON（step） |
| Atmospheric gradients = Y           ; Yes/Np（default No） |

该文件中，Type of analysis 指对解算方法进行选择，具体如下：

0-ITER：ARC(optional)，MODEL，AUTCLN(optional)，SOLVE，SCANDD；

1-ITER：指两个 0-ITER 序列，但第一个是 QUICK 解；

2-ITER：指在 1-ITER 基础上再加一个序列，用于确定轨道。

Choice of observable 指对观测量类型进行选择，具体如下：

LC_HELP：用 LC 观测解模糊度；

L1_ONLY：仅仅使用 L1 解模糊度，对于几公里的小网；

L2_ONLY：仅仅使用 L2 解模糊度，对于几公里的小网；

L1，L2_INDEPEND：分别使用 L1，L2 来解模糊度，对于几公里的小网。

Choice of experiment 指对解算类型进行选择，具体如下：

RELAX：包括定位，定轨，并解 ERP；

BASELINE：仅仅是定位。

Zenith Delay Estimation 是指是否估算对流层天顶延迟，若选 YES，则对下列项进行设
置：Interval zen 设置间隔多少小时估计一个天顶延迟参数；Zenith Model 天顶延迟估算模型
选择，PWL 指线形插值法；Atmospheric gradients 设置是否估算大气的水平梯度，默认为
NO。

（4）近似坐标文件　GAMIT 的输入文件 L 又叫站坐标文件，内容包括测站的先验坐
标，测站坐标以空间直角坐标表示。利用程序 glbtol 将 apr 文件转换为当前观测历元的 L 文

件，而 apr 文件可由 ITRF 直接获得。如果不利用 GLOBK 进行平差，可以直接采用更新后的 L 文件作为当天的坐标平差结果。

测站近似坐标的正确与否对于基线解算精度有着较大的影响。在批处理中，其概略坐标是根据所读取的测站观测文件自动生成。将高精度已知点，或与其进行了长时间联测的点位坐标作为基线处理的参考基准进行约束，解算各点间的基线结果。在此必须强调，近似坐标文件所提供的各站点近似坐标其绝对误差必须小于 300 米。

（5）基线处理结果文件和站坐标系　　GAMIT 的数据处理输出文件为基线约束解 o 文件和基线松弛解 h 文件，主要包括测站的球面坐标及基线结果。球坐标与 ITRF 坐标的转换公式为：

$$
\begin{cases}
\varphi = \text{tg}^{-1}\left(\dfrac{Y}{X}\right) \\[2mm]
\lambda = \text{tg}^{-1}\left(\dfrac{Z}{\sqrt{X^2+Y^2}}\right) \\[2mm]
r = \sqrt{X^2+Y^2+Z^2}
\end{cases}
\tag{6.1.1}
$$

使用球坐标系的优点是：球坐标系与直角坐标系之间的转换简单，不需要像大地坐标那样进行迭代运算，经度与大地经度相同，纬度与大地纬度比较接近，并且径向方向的变化可以近似认为是高程的变化。

由于采用双差观测值作为基本观测量，往往在测站之间按全组合形成不同的基线。GAMIT 是将所有基线的观测方程一并处理，只建立一个法方程，一次性解算出所有未知点的坐标，在 o 文件中以基线形式输出。无论精度如何，闭合差总为 0，不需要进行三维平差。在 o 文件中，基线形式以直角坐标系和站坐标系两种形式给出，即（DX，DY，DZ，S）和（DN，DE，DU，S）以及各个分量的标准差。站坐标与直角坐标的转换公式为：

$$
\begin{bmatrix} N \\ E \\ U \end{bmatrix} = H \begin{bmatrix} X \\ Y \\ Z \end{bmatrix} = \begin{bmatrix} -\sin B\cos L & -\sin B\sin L & \cos B \\ -\sin L & \cos L & 0 \\ \cos B\cos L & \cos B\sin L & \sin B \end{bmatrix} \begin{bmatrix} X \\ Y \\ Z \end{bmatrix}
\tag{6.1.2}
$$

需要说明的是，基线分量的协方差矩阵是根据站坐标未知数的协方差（法方程系数阵的逆和观测值方差相乘）计算的，NEU 分量的标准差可以由（DX，DY，DZ）的方差协方差阵根据误差传播律计算。一般将站坐标系中基线于 NEU 分量的误差作为基线水平方向和大地高方向的误差，在基线较短时可以这样认为；基线较长时应考虑基线 NEU 分量的精度与测点 NEU 分量的精度之间的差别。

以拉萨至上海基线为例，基线长为 2865km，当基线 NEU 方向变化 0，0，40mm 时，反映到上海站站坐标的位移量是 1mm，−17mm，36mm。在分析测站水平和大地高方向位移或精度时，如果以基线为对象应考虑这一微小区别。

2. 数据处理质量的评价标准

GAMIT 基线解算结果的好坏，一般有以下几种评判标准：

（1）GAMIT 解算结果中的标准化均方根误差 NRMS（normalized root mean square）用来表示单时段解算出的基线值偏离其加权平均值的程度，是从历元的模糊度解算中得出的残差。NRMS 是衡量 GAMIT 解算结果的一个重要指标，其计算公式如下：

$$
\text{NRMS} = \sqrt{\frac{1}{N}\sum_{i=1}^{n}\frac{(Y_i - Y)^2}{\sigma_i^2}}
\tag{6.1.3}
$$

一般说来，NRMS 值越小，基线估算精度越高，反之，精度较低。根据国内外 GPS 数据处理经验，其值一般应小于 0.3，若 NRMS 太大，则说明处理过程中周跳可能未得到完全修复。

（2）参数的改正量不应大于其约束量的 2 倍。

（3）一般以坐标的重复性作为衡量坐标解算结果的评价指标，$X_{ij}$，$Y_{ij}$，$Z_{ij}$ 表示 $j$ 点在 $i$ 测段（$i=1,2,\cdots,n$ 为测段数）算得的坐标，则点坐标分量重复性为：

$$\sigma_{Xj} = \sqrt{\frac{\sum\limits_{i=1}^{n} P_{Xi}(X_{ij} - \overline{X}_j)^2}{\sum\limits_{i=1}^{n} P_{Xi}}}, \quad \sigma_{Yj} = \sqrt{\frac{\sum\limits_{i=1}^{n} P_{Yi}(Y_{ij} - \overline{Y}_j)^2}{\sum\limits_{i=1}^{n} P_{Yi}}}, \quad \sigma_{Zj} = \sqrt{\frac{\sum\limits_{i=1}^{n} P_{Zi}(Z_{ij} - \overline{Z}_j)^2}{\sum\limits_{i=1}^{n} P_{Zi}}}$$

$$(6.1.4)$$

其中，$\sigma_{Xj}$，$\sigma_{Yj}$，$\sigma_{Zj}$ 分别为点的坐标分量重复性，$P_{Xi}$，$P_{Yi}$，$P_{Zi}$ 为 $i$ 测段解得坐标分量的中误差平方倒数，$\overline{X}_j$，$\overline{Y}_j$，$\overline{Z}_j$ 为坐标分量加权平均值，可分别由下式求得：

$$\overline{X}_j = \frac{\sum\limits_{i=1}^{n} P_{Xi} X_{ij}}{\sum\limits_{i=1}^{n} P_{Xi}}, \quad \overline{Y}_j = \frac{\sum\limits_{i=1}^{n} P_{Yi} Y_{ij}}{\sum\limits_{i=1}^{n} P_{Yi}}, \quad \overline{Z}_j = \frac{\sum\limits_{i=1}^{n} P_{Zi} Z_{ij}}{\sum\limits_{i=1}^{n} P_{Zi}}$$

$$(6.1.5)$$

（4）基线重复性是衡量数据处理质量的重要指标之一（刘经南等，1995），GAMIT 软件解算长基线的相对精度能达到 $10^{-9}$ 量级，解算短基线的精度能优于 1 毫米。以下两式分别计算基线向量的重复性和相对重复性：

$$R_l = \left[ \frac{\frac{n}{n-1} \sum\limits_{i=1}^{n} \frac{(L_i - \overline{L})^2}{\delta_i^2}}{\sum\limits_{i=1}^{n} \frac{1}{\delta_i^2}} \right]^{\frac{1}{2}}$$

$$(6.1.6)$$

$$R_r = \frac{R_l}{\overline{L}}$$

$$(6.1.7)$$

其中：$R_l$ 为基线向量的重复性，$R_r$ 为基线向量的相对重复性，$n$ 为基线单日解数目，$L_i$ 为第 $i$ 日的基线分量（或边长），$\overline{L}$ 为单天解基线分量（或边长）的加权平均值，其公式如下：

$$\overline{L} = \frac{\sum\limits_{i=1}^{n} \frac{L_i}{\delta_i^2}}{\sum\limits_{i=1}^{n} \frac{1}{\delta_i^2}}$$

$$(6.1.8)$$

进一步以基线重复性为观测值，用线性拟合求出重复性的常数部分和与边长成比例的部分：

$$R_k = a + bL_k$$

$$(6.1.9)$$

3. GLOBK 软件模块

GLOBK 软件（King，2006）模块可大致划为四大类：

（1）格式转换模块（htoglb）　这个模块是将由 GPS，VLBI，and SLR 等分析软件的解文件转换成 GLOBK 软件所需要的二进制文件 h-文件。目前支持如下几类文件：

① GAMIT 软件 h-文件;

② 关于 GPS(或其他空间大地测量技术)SINEX 格式文件;

③ FONDA 软件 h-文件;

④ JPL 机构提供的 Stacov 文件;

⑤ 包含站坐标和速度场的 SLR/GSFC 文件;

⑥ 包含站坐标和速度场的 VLBI/GSFC 文件。

(2)运算模块(GLRED, GLOBK, AND GLORG)　GLRED 模块通过调用 GLOBK 模块分析单天解,对于分析基准站网非常适用,其生成的解文件可以用来形成时间序列。

GLOBK 模块是 GLOBK 软件的主模块,实现该软件的功能。

GLORG 模块可以为平差结果定义参考框架,具体通过固定(或约束)站坐标和速度由坐标转换来实现。GLORG 模块可以单独运行,也可以被 GLOBK/GLRED 模块调用。

所涉及重要的文件是 cmd_file,是 GLOBK AND GLORG 的控制文件,里面包含解的策略等。

(3)GMT 图形应用模块　这类模块主要包括:sh_plotcrd; sh_globk_scatter; multibase; sh_plotvel 等。主要功能是利用 GMT 软件绘制时间序列、速度场等图形,可用于分析数据质量和测站的地壳运动等情况。

(4)其他辅助模块　其他辅助模块主要包括:glist; glsave; extract, exbrk, corcom, cvframe, velrot 等。这里面有两类,一类是为 GLOBK 等模块服务的,如 glist; glsave 等;另一类是用于框架之间和板块运动分析的,如 corcom, cvframe, velrot 等。

4. GLOBK 常用文件及格式说明

(1)输入文件:GPS、SLR、VLBI 和 SINEX 文件　随机特征可由 apr_XXX 和 mar_XXX 表述。

(2)数据文件和控制文件:

-二进制 H-文件;

-指令(cmd)文件。

(3)GLOBK 结果文件中的 NEU 坐标　GLOBK 的输出文件一般为 *.prt 和 *.org,在给出 ITRF 坐标同时还给出了新的 NEU 坐标,它与站坐标定义的 NEU 不同,这种坐标类似于平面坐标,属于圆锥投影。

(4)运行 GLOBK 时的注意事项:

① GLOBK 是基于线性模型的。所以,在测站坐标或轨道参数的改正值较大时(测站坐标改正值大于 10 米或轨道参数的改正值大于 100 米),需要进行前期数据的再处理以获得满足要求的准观测数据。

② GLOBK 不能解决在前期数据处理阶段因周跳未得到完全探测、数据质量差或大气层延迟模型误差所带来的问题。在 GLOBK 数据处理阶段,不能彻底消除特定测站或卫星的影响,只能通过特定手段减弱其影响。

③ GLOBK 不能进行整周模糊度的解算,因此,在前期数据处理阶段必须完成整周模糊度的解算。

### 6.1.3　GAMIT/GLOBK 数据处理流程

1. GAMIT 数据处理流程

(1)数据准备　建立测站的先验坐标文件 L-file,如果原始数据中的先验坐标可靠,在

process.defaults 和 site.defaults 中配置相应的参数，软件即可自动配置 L-file；配置包含天线类型、天线高类型、接收机类型等信息的 station.info 文件，如果此类信息在 rinex 观测文件中准确，软件亦可自动配置此文件；sestb1.为测段分析策略文件；sittb1.对各站使用的钟差、大气模型及先验坐标进行约束；process.defaults 和 site.defaults 是数据处理控制文件。用 makexp 建立所有准备文件；执行 makej 程序和 makex 程序读取接收机的观测文件（RINEX 格式）并获得用于分析的卫星时钟文件 J 和接收机时钟文件 K 以及观测文件 X，执行 BCTOT 程序获得各卫星的运行轨迹。

（2）批处理　首先为批处理分析编辑建立控制文件 sittbl.和 sestbl.，执行 FIXDRV 程序产生批处理文件，实施批处理的工作主要由 ARC、MODEL、AUTCLN、CFMRG、SOLVE 模块完成。ARC 程序通过对卫星的位置和速度的最初条件文件 G 的数学积分获得星历表文件 T；MODEL 程序计算观测的理论值和相对于这些观测估计参数的偏差，并将它们写入输入文件 C 用于编辑和估算；AUTCLN 程序完成相位观测的周跳（CYCLE SLIP）和异常域（outlier）自动编辑；CFMRG 程序写一个观测方式的文件（M）；SOLVE 程序完成最小二乘法分析，并将打印输出信息写到 Q 文件，同时根据所计算得到的协变矩阵等信息形成 H 文件。

（3）分步处理及结果分析　用于每时段基线解算。如果数据处理质量很差，其原因可能是周跳未得到完全修复所造成的，可调用 CVIEW 模块在可视化图形界面下交互编辑从 C-file 中获得的残差，这项工作可在 SCANRMS、SCAND 和 SCANM 程序协助下进行。

对于未编辑数据的标准处理包括通过 MODEL、AUTCLN 和 SOLVE 两类。第一类利用 SOLVE 运算获得了轨道参数和测点坐标的最初估算值，它是采用对周跳和异常域无影响的代数方法完成的。第二类是用改进的初始轨道和测站坐标，假定在 SOLVE 上解的调整对于最小二乘法而言是在线性范围内，使 AUTCLN 程序进行完全的周跳修复工作。在较好处理过的数据和好的初始坐标和轨道条件下，通常用模糊解直接求得最后的解是可能的。然而，经常需要用 CVIEW 的初始批处理运算来检查获得的相位残差，以加入消除数据的指令到 AUTCLN 的命令文件中，或者用 CVIEW 修复剩余的少量周跳。在这样处理之后，通过修改已有的批处理文件或再运算 FIXDRV 程序形成新的批处理序列，完成最后的数据处理，为此，需将清理过的 C 文件转换成 X 文件，GAMIT 进一步的运算就可以从该 X 文件开始，而较大的 C 文件则可删除掉。

SOLVE 的输出包括通过分析检验的估算值 Q 文件（如，qtesta.200），估算的基线矢量值及其不确定度的表，这些估算值用于统计和作图，以及用参数松散限制计算得到的全协变矩阵 H 文件。H 文件提供了 GAMIT 和 GLOBK 的交互面。GLOBK 则用卡尔曼滤波对许多时段和测次的单时段解进行综合处理，从而获得了测站位置和速度、卫星轨道基本参数和地球旋转参数。

GAMIT 分析软件在数据处理时考虑了以下模型和参数：

① 地球 8×8 阶次重力场模型，并顾及 C21, S21 的影响；

② 日、月引力摄动；

③ 太阳辐射压模型缺省值为简单的球面模型，解算辐射系数，Y 偏差与 Z 偏差；

④ 对流层折射改正模型可选用 Saastamoinen 模型或 Hopfield 模型，解算天顶对流层折射改正参数；

⑤ 卫星时钟改正和站钟差改正；

⑥ 电离层折射改正；

⑦ 卫星和接收机天线相位中心改正；

⑧ 测站固体潮、海潮、极潮及大气负荷潮等模型改正；

⑨ 轨道约束与测站约束。

程序允许用户根据实际情况和具体的要求，选择不同的参数和不同的约束条件，可选用的不同截至高度角，不同数据采样率，固定轨道或松弛轨道，采用精密星历或广播星历。在得到单时段基线解后，首先分析单时段解的重复性，对重复性差的解进行仔细分析，找出误差产生的原因，必要时重新进行计算和进一步作数据编辑。

当然，由于现在接收机质量提高，用到 CVIEW 模块的情况不多。整个 GAMIT 软件处理 RINEX 标准格式的观测文件分两步，先编辑数据，得到干净的 X-file，再用 X-file 进行各种处理方案的参数估计，得出每个时段的解。图 6-1 是 GAMIT 数据处理的详细流程（数据流和命令流），其中最后一项批处理的具体流程细化为图 6-2。

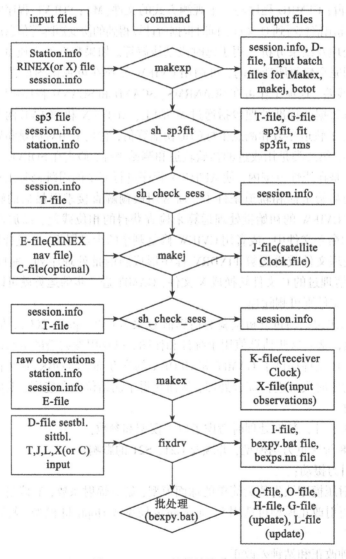

图 6-1　GAMIT 软件计算流程图

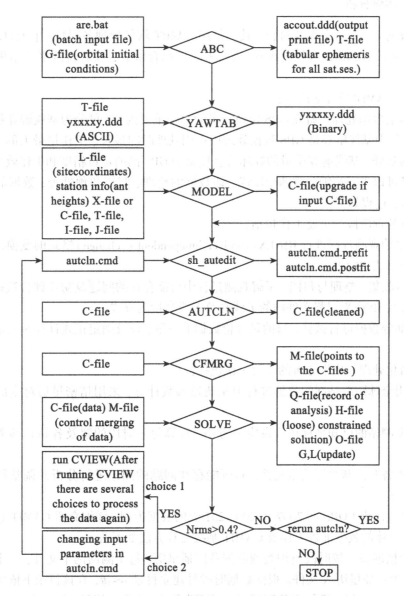

图 6-2 GAMIT 批处理模块 bexpy.bat 计算流程图

2. GLOBK 数据处理流程

① 将 ASCII 格式的 H-file 转换成可被 globk 读取的二进制 H-file.然后运行 glred/glorg 以获得测站坐标的时间序列；

② 通过时间序列分析，确认具有异常域的特定站或特定历元。在 earthquake file 中，运用 rename 命令删除具有异常域的特定站的特定历元或直接删除对应的 H-file；

③ 运行 globk 将单时段解的 H-file 合并成一个 H-file，其代表在所选择的时间跨度里测站的平均坐标；

④ 使用合并后的 H-file，再次运行 glred/glorg 获得时间序列，而运行 globk/glorg 则可获得测站速度。

### 6.1.4 实例分析

GPS 数据分析处理分两步进行,其一是用 GAMIT 软件处理各时段(单天)GPS 的观测数据,其二是用 GLOBK(卡尔曼滤波)进行多时段综合解算,以获得网平差结果及测站速度等参数。

1. 利用 GAMIT 进行基线解算

GPS 测量数据处理是研究 GPS 定位技术的一个重要内容,可分为基线解算和网平差两部分工作。其中基线解算是 GPS 数据处理中占用处理时间最长、工作量最大的一步,是进行网平差的基础。基线解算质量的好坏将直接影响 GPS 网的定位精度和工作效率。而基础解算工作又可以进一步细分为两个阶段:即数据的整理、归档和预处理;数据的精化处理和成果分析,过程如下:

数据预处理阶段的主要工作包括:

① 将原始观测数据进行 RINEX( receiver independent exchange )格式的变换,从而转换为标准交换格式的数据;

② 资料收集、整理与归档。了解观测过程中可能存在的问题及初步评价数据质量,核对记录手簿及 RINEX 观测文件内的天线高及天线高量测方式;

③ 对部分数据进行试算,目的是评价数据的质量,以及确定正式计算时所采用的数据处理方案。

数据精化处理与成果分析的主要工作包括:

① 利用全球跟踪站网的数据进行卫星轨道参数计算,采用精密星历对全部观测数据进行解算;

② 根据测站的已知坐标精度设定参考站,计算每一时段的解及各站到参考站的基线矢量;

③ 分析各时段基线解的重复性,对可能存在问题的测站进行分析并调整数据处理方案,重新解算。

以下以武汉市 CORS 网 2007 年 200, 201 天的数据为例,详细介绍 GAMIT 数据处理流程及方法,具体的数据准备工作及 GAMIT 基线解算方法如下所示:

(1)数据准备  按时段整理观测数据及广播星历,每个测站两个文件,一个观测数据 O 文件,一个广播星历 N 文件。根据数据时段号建立目录 sess#,在该目录下依年份及年积日建立目录 yyyy_ddd,其中:#为时段号,yyyy 为年,ddd 为年积日。如对于 2007 年 200 天的第一个时段,则首先建立 sessa 目录,再在该目录下建立以 2007_200 命名的子目录,并将观测数据及广播星历文件拷入该文件夹。

(2)获取 IGS 跟踪站数据及 GPS 卫星星历  引入中国及周边地区 urum、usud、wuhn 三个 IGS 连续运行参考站的数据与现有武汉市 CORS 网 6 个站的观测数据一起进行联合解算。数据下载的 ftp 地址如: lox.ucsd.edu( 或 igscb.jpl.nasa.gov )。

精密星历文件说明:

igr ****#.sp3:快速精密星历;

igs ****#.sp3:事后精密星历;

igu ****#.sp3:预报精密星历;

igs ****#.sum:卫星状态数据( 删除卫星可在 session.info 文件中进行 )。

其中：＊＊＊＊为 GPS 周，#为星期日的序号（如 0-6）

（3）GAMIT 软件中表文件的准备　将表文件利用 ln 命令链接到当前工作目录下，相关表文件可以分为两类：

① 系统自带表文件：

gdetic.dat：大地水准面参数表

antmod.dat/antex.dat：天线相位中心偏差改正参数表

svnav.dat：卫星天线相位中心误差改正表

rcvant.dat：接收机及天线类型信息

hi.dat：接收机天线高的测量偏差统计表

dcb.dat：码相关型接收机伪距改正参数统计表

② 待更新的表文件：

LUNTAB、SOLTAB、NUTABL、LEAP.SEC 每年更新一次。

UT1、POLE 表每周更新一次。

对于一个 GPS 网的数据处理工作，主要需准备如下 4 个表文件：

lfile.、sittbl.、station.info、sestbl.

4 个表文件可参看 6.1.2.1 节相关说明进行设置。

（4）基线解算　GAMIT 软件的自动化程度较高，可分步进行计算，亦可通过批处理程序进行计算，最后求得基线向量和测站坐标。

① 批处理：运行命令 sh_gamit -expt test -yrext -d 2007 200 201 -copt o q m k x -dopt D ao c x -orbit IGSF >&! sh_gamit.log

参数说明：

-expt：指定四个字符的工程名 test；

-yrext：指定待处理数据年份及年积日（2007 年，200、201 两天的数据）；

-copt：数据处理完成后待压缩的文件类型；

-dopt：数据处理完成后待删除的文件类型；

-orbit：所采用精密星历的文件类型；

>&！：指定过程信息的保存文件，该实例指定的过程信息保存文件为 sh_gamit.log。

② 分步处理：links.day 2007 200，其目的是将 tables 目录中的表文件链接到数据目录下。

运行 makexp，按照提示依次输入 4 个字符的工程名，采用的精密星历类型，数据年份，数据年积日，数据时段号，近似坐标文件，广播星历文件，数据处理采样间隔及数据处理时段。

③ 按照系统提示依次运行如下命令：

sh_sp3fit -f igr14364.sp3 -o igsf -t ✓

sh_check_sess -sess 200 -type gfile -file gigsf7.200 ✓

makej brdc2000.07n　jbrdc7.200 ✓

sh_check_sess -sess 200 -type jfile -file jbrdc7.200 ✓

makex test.makex.batch ✓

fixdrv dtest7.200 ✓

csh btest7.bat ✓

④ 数据处理结果

H-file：基线的松弛解（htesta.07200）；

O-file：约束解（otesta.200）；

Q-file：过程记录文件（qtesta.200）。

（5）相关系统工具说明　doy 是 GAMIT 自带的一个很实用的工具，用它可以求得某天的年积日，GPS 周等信息，反之亦然。

tform 可以进行几种坐标格式的转换。

rnx2crn 可以将标准的 rinex 格式观测文件转化为压缩格式，反之亦可采用 crx2rnx 命令实现由压缩文件格式到标准 rinex 观测文件格式的转换，如：

rnx2crn wuhn2000.07o ＞ wuhn2000.07d

crx2rnx wuhn2000.07d ＞ wuhn2000.07o

GPS 观测数据文件为 rinex 格式。在此需注意的是，在 Unix 或 Linux 下处理时，如数据格式是 dos 格式的，应采用 dos2unix 命令将文件转化为 Unix 格式。

2. 利用 GLOBK 进行网平差

本节以 6.1.4.1 节中武汉市 CORS 网 2007 年 200，201 天数据的 GAMIT 基线处理结果为例，系统介绍利用 GLOBK 进行网平差的数据处理过程。

（1）首先建立工作目录 globk_test，一般来说，在运用 GLOBK 处理数据时，在该工作目录下还应包括以下三个子目录：

glbf：用于存储二进制 H 文件；

soln：存储 globk 的控制文件，H 文件列表以及平差结果文件，并在此目录下运行 GLOBK 软件。

tables：测站先验坐标文件等表文件和卫星的马尔可夫（Markov）参数文件。

（2）生成二进制 H 文件　将 svnav.dat 文件拷贝到 soln 文件夹下；将 GAMIT 生成的 H 文件拷贝至 glbf 文件夹下；运行命令：htoglb ../glbf ../tables/svs_wuhn.svs h???? a.?????。

（3）生成 *.gdl 文件列表（通常以 gdl 为后缀，global directory list）

ls ../glbf/h *.glx ＞ wuhn_glx.gdl。

（4）加入待平差测站的近似坐标（或者由平差结果文件通过 grep Unc.命令生成）

（5）用 globk 分析测站：坐标的时间序列、速度，得到测站坐标的平差结果

运行命令：globk 6 globk_wuhn.prt globk_wuhn.log wuhn_glx.gdl globk_comb.cmd

（6）平差结果文件说明：

globk_wuhn.prt：无约束平差结果；

globk_wuhn.org：该文件名在 globk_comb.cmd 文件中指定，为约束平差结果；

globk_wuhn.log：平差过程记录文件。

# §6.2　GIPSY 软件及数据处理流程

## 6.2.1　GIPSY-OASIS 软件简介

GIPSY-OASIS（GPS Inferred Positioning System-Orbit Analysis and SImulation Software），是由美国国家航空航天局喷气推进实验室（JPL）研发的精密定位定轨软件。GIPSY 可应用

于静态定位、快速静态定位以及动态跟踪。随着 GPS 仪器和算法的改进，GIPSY 处理的基线相对定位精度已由 1985 年的 $10^{-7}$ 提高到现在的 $10^{-10}$（Gregorius，1996）。由于 IGS 站已遍及全球，站坐标的绝对精度在水平方向上优于 3mm，垂直方向上约 7mm（Heflin，1992）。而 GIPSY 计算的轨道也能达到 7~10cm 的误差。

GIPSY 软件是基于 VLBI 数据分析软件而开发的，在数据分析中，不取载波相位数据的双差，而是直接处理载波非差观测量，这是 GIPSY 的一大特色。在非差处理模式中，卫星钟差和接收机钟差被视为具有白噪声性质的平稳随机过程直接估算。非差处理模式不仅使精密的单点定位成为可能，而且观测值的个数较双差多，这对于现在我们一般施测的高密度区域网来说并没有什么显著影响，但对于大而测点稀疏的 GPS 网则意义重大。但采用非差观测量也存在明显的不利之处：①因为非差观测量不能像双差观测量那样消除或减弱许多相关误差源的影响，特别是星钟和站钟，从而使可靠及自动地探测粗差和周跳变得非常困难；②增加了待估参数（卫星钟差和接收机钟差）。

Blewitt（1990）提出了 Turbo-Edit 算法用于编辑非差数据，Turbo-Edit 算法需要利用双频的码观测和相位观测，而且数据编辑的质量在很大程度上取决于码观测的质量。GIPSY 软件在数据编辑方面采取的策略是在 Turbo-Edit 算法之外，又引入了主要依赖相位数据的 Phase-Edit 算法，以弥补 Turbo-Edit 算法的不足，但对接收机钟差、电离层的稳定性要求相对较高。因此用 GIPSY 处理数据，不能完全依赖自动探测，在极端条件下仍需要人工干预。

GIPSY 的另一特色是参数估计采用卡尔曼滤波的方法，其核心是一个均方根信号滤波的序贯估计算法。该算法对数据有过滤作用，能进一步剔除被污染的数据，保证了最终结果的可靠性。此外，卡尔曼滤波的参数估计法还具有数值运算稳定，随机量设置灵活的特点，但 CPU 的占用时间较最小二乘算法多 2~3 倍。但近来 GIPSY 可以采用单点定位技术，因此 CPU 的占用时间并不是主要问题。

### 6.2.2　基本原理

1. 观测模型

相对于 GAMIT（King & Bock，1995）、BERNESE（Rothacher & Mervart，1996），GIPSY 软件一个重要的特点就是直接处理载波相位和伪距观测值。观测模型为：

$$L=\rho+c(\mathrm{d}T_{sat}-\mathrm{d}T_{rec})+\lambda N_0-d_{ion}+d_{trop}+d\rho \tag{6.2.1}$$

$$P=\rho+c(\mathrm{d}T_{sat}-\mathrm{d}T_{rec})+d_{ion}+d_{trop}+d\rho \tag{6.2.2}$$

这里，$\rho=\|R-r\|$，是卫星与测站间的距离，$R$ 和 $r$ 分别是卫星和测站位置的地心坐标（设定两者在同一种参考系下）。$c$ 是光速，$\mathrm{d}T_{sat}$ 和 $\mathrm{d}T_{trop}$ 分别是卫星和接收机的钟差，$N_0$ 是整周模糊度，$d_{ion}$ 和 $d_{trop}$ 分别是电离层和对流层延迟，$d\rho$ 是由多路径效应等引起的误差项。$L$ 代表载波相位，$P$ 代表伪距。由上式可以看出，$\rho$ 是时间和卫星轨道的函数，且与太阳光压，重力，地球自转，章动和潮汐等相关。GIPSY 就是估计出相应的这些量，对上式表示的模型进行改正，以得到观测值的最佳拟合值。

2. 参数估计

观测值 $Z$ 表示为参数 $X$ 的函数，有下式：

$$Z=F(X)+Data\_Noise+Mismodeling \tag{6.2.3}$$

由于 $F$ 是非线性的，用泰勒级数线性展开上式（略去二阶及以上的高阶项）：

$$F(X) = F(X_0) + F'(X_0)(X - X_0) + O(X_0) \tag{6.2.4}$$

故有:

$$Data\_Noise + Mismodeling + O(X_0) = Z - F(X_0) - F'(X_0)(X - X_0) \tag{6.2.5}$$
$$= \delta Z - A\delta X$$

式中 $\delta Z = Z - F(X_0)$；$A = F'(X_0)$；$\delta X = (X - X_0)$。$X_0$ 是模型参数的初始值，$A$ 是相应的系数矩阵。

数据处理的目标就是找到一组 $X$（或 $\delta X$）的最佳值使得模型值和观测值能够满足最佳的最小二乘拟合。也就是说 $X$（或 $\delta X$）使得 $\chi^2$ 最小:

$$\chi^2 = (\delta Z - A\delta X)^T V^{-1} (\delta Z - A\delta X) + \delta X^T W^{-1} \delta X \tag{6.2.6}$$

式中 $V$ 是数据误差矩阵，$W$ 是模型参数的先验误差矩阵，$\delta X$ 是待估参数，$\delta Z$ 是拟合的先验残差。

在 $\dfrac{\partial \chi^2}{\partial X} = 0$ 满足时，求得相应的模型参数 $X$，为:

$$X = X_0 + (A^T V^{-1} A + W^{-1})^{-1} A^T V^{-1} \delta Z \tag{6.2.7}$$

估计出的模型参数 $\hat{X}$ 的误差可由下式来定义:

$$DX = (A^T V^{-1} A + W^{-1})^{-1} \tag{6.2.8}$$

后验残差可表示为:

$$\delta Z = Z - F(X) \tag{6.2.9}$$

然而，上面所述的公式虽说在理论上是很严密的，但是在实际的数值计算时会变得不稳定。GIPSY 采用了均方根信息滤波（square root information filter）算法能稳定而有效地解决这一问题。滤波的方式能够比较灵活地区别对待动态参数（如卫星轨道）、静态参数（如测站坐标、模糊度），以及动态噪声（如对流层延迟、非模型化的光压摄动和钟差等）。

### 6.2.3 处理流程

GIPSY 软件运行流程表示在图 6-3a 和图 6-3b 中。

### 6.2.4 一个实例

GIPSY 软件目前只能在 UNIX/LINUX 平台的工作站上运行。利用脚本（Shell Script）程序，可实现程序的自动化处理。这里，为了方便了解具体步骤，介绍一个手工处理区域网静态测量数据的例子。假定处理 4 个 IGS/ITRF 站: HERS，MADR，MATE 和 ONSA，求得其坐标。

1. 数据准备

假定要处理 1996 年 5 月 9 日（年积日为 130）的数据，需要准备的数据有:

➤ RINEX 观测数据（hers1300.96o，madr1300.96o，mate1300.96o，onsa1300.96o）

➤ RINEX 导航数据（brdc1300.96n）

将观测数据文件转换为 GIPSY 可以识别的格式（ddmmmyyname＿r#.rnx）:

**mv** hers\* 09may96hers＿r1.rnx

**mv** madr\* 09may96madr＿r1.rnx

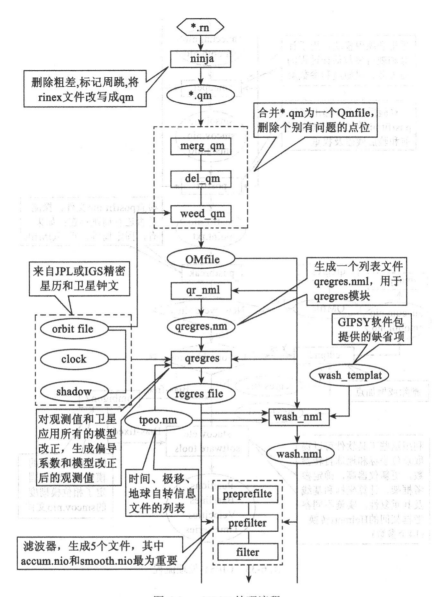

图 6-3a  GIPSY 处理流程

**mv** mate* 09may96mate ____ r1.rnx

**mv** onsa* 09may96onsa ____ r1.rnx

将导航数据文件转换为( ddmmmyybrdc.eph ) :

**mv** brdc* 09may96brdc.eph

建立目录 rnx 和 eph, 将 *.rnx 和 *.eph 分别放到 rnx 和 eph 目录下 :

**mv** *.rnx rnx

**mv** *.eph eph

运行 tp_nml 生成轨道文件 tp.nml

**tp_nml** 08-may-1996 10-may-1996 > tp.nml

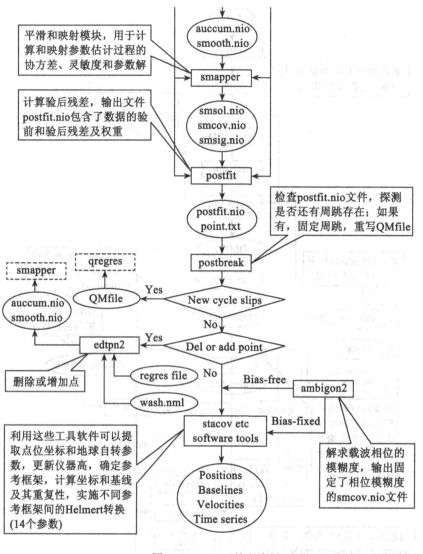

图 6-3b GIPSY 处理流程

## 2. 分步数据处理

此时,在工作目录下需包含 tp.nml 文件以及子目录 rnx 和 eph。如图 6-4 所示:

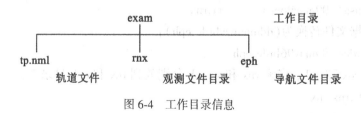

图 6-4 工作目录信息

同时,需注意更新测站信息(/gipsy/stalocs 目录下的文件 sitevecs 和 stalocs)和 TPEO

（位于 time-pole/iersb 目录）。

（1）数据输入：ninja

ninja 程序消除粗差，并把周跳标记出来，把 RINEX 文件转换为 qm 文件。

> **ninja** -i 09may96hers _____ r1.rnx -t 360 -q 09may96hers _____ r1.qm \
>     > & ninja_hers.log
>
> **ninja** -i 09may96madr _____ r1.rnx -t 360 -q 09may96madr _____ r1.qm \
>     > & ninja_madr.log
>
> **ninja** -i 09may96mate _____ r1.rnx -t 360 -q 09may96mate _____ r1.qm \
>     > & ninja_mate.log
>
> **ninja** -i 09may96onsa _____ r1.rnx -t 360 -q 09may96onsa _____ r1.qm \
>     > & ninja_onsa.log

merge 程序将生成的 *.qm 文件合并为一个 qm 文件。

> **merge_qm** *.qm 09may96.qm

（2）轨道积分：eci 和 trajedy

eci 程序将 RINEX 导航文件分割为一些独立的文件，每颗卫星一个文件，将导航文件转换成 ECI 格式文件。

> **mv** tp.nml eph/.
>
> **cd** eph
>
> **setenv** TPNML tp.nml
>
> **eci** brdc.eph

此时，在 eph 目录下生成了一系列的 eci 文件，如 gps22.eci。

运行 trajedy 程序生成 trajedy.nml 文件和一系列的 oi 文件(*.nio)。

> **trajedy** -i gps*.eci -n trajedy.nml >& trajedy.log

合并所有的 oi 文件为一个文件 09may96_oi.nio。

> **merge_sta** 09may96_oi.nio gps*.nio

（3）删除卫星或测站：del_qm

由于一些原因，需要从 qm 文件中删除某些卫星或测站信息。这些原因包括：

> ➢ 某些卫星包含在了 qm 文件里，却没有被 oi 文件所包含；
> ➢ 卫星最近 3~4 个月内才发射(由于刚发射的卫星的状态还不稳定)。

这里，由于 GPS24 没有出现在 BRDC 导航文件里，将其删除。

> **del_qm** -i 09may96.qm -s GPS24 -o clean.qm
>
> **mv** clean.qm 09may96.qm

GPS33 于 3 月 18 日发射，离 5 月 9 日才几个星期，将其删除。

> **del_qm** -i 09may96.qm -s GPS33 -o clean.qm
>
> **mv** clean.qm 09may96.qm

注意：del_qm 是否应用得根据实际情况，并不是必需进行的步骤。

（4）模型改正：qregres

程序 qregres 对观测值和轨道应用各种地球和观测模型加以改正。

> **cp** rnx/09may96.qm .
>
> **cp** eph/09may96_oi.nio .

**qr_nml** 09may96.qm > qregres.nml

将时间信息和极移信息写入 qregres.nml。

**more** tp.nml > qregres.nml

在运行 qregres 程序之前,新建一个空文件,以便 qregres 输出相应的提示信息。

**echo** > qregres.log

同时,还需选定几个基准站,这里固定 HERS, MADR 和 ONSA。

**echo** HERS > FIDUCIALS

**echo** MADR > FIDUCIALS

**echo** ONSA > FIDUCIALS

运行 qregres:

**qregres** -n qregres.nml -i 09may96.qm -sc 09may96_oi.nio -pr qregres.log

生成文件 09may96.reg。

(5) 参数估计: filter, smapper 和 postfit

filter 用均方根信息滤波法使数值计算变得稳定; smapper 对数据在时间上进行平滑; postfit 计算后验残差和一些粗差。

在运行这些程序之前,需要构造一个 wash.nml 文件,此文件包含了数据处理策略信息。为此,还必须选定一个参考时间以保证卫星和测站的时间同步。可以采用某个接收机的钟的时间作为参考,也可以将所有测站接收机钟和卫星钟的平均时间作为参考。这里,选 ONSA 的接收机钟作为参考(由于该站上的接收机钟为氢原子钟)。

**wash_nml** -c onsa -q 09may96.qm -r 09may96.reg \

-t /goa/etc/wash_template.basic-estimate_orbits_and_stations > wash.nml

-t 选项定义所用的估计策略,这里用了 GIPSY 提供的模板。

将 TPEO 数据加入到 wash.nml 文件。

**more** tp.nml > tpeo.nml

**awk** ' ∧ $earth_orientation/ , ∧ $end/ ' qregres.nml > tpeo.nml

**more** tpeo.nml > wash.nml

进行滤波:

**preprefilter** wash.nml 09may96.rcg prcfilter.txt

**prefilter** prefilter.txt 09may96.reg batch.txt

**filter** batch.txt wash.nml ' ' 09may96.reg accume.nio smooth.nio >& filter.log

进行平滑:

**smapper** wash.nml 09may96_oi.nio accume.nio smooth.nio ' ' \

smsol.nio smcov.nio >& smapper.log

计算后验残差。

**postfit** wash.nml 09may96.reg smsol.nio ' ' postfit.nio point.txt >& postfit.log

生成 postfit.nio 和 point.txt 文件,如果 point.txt 文件存在,则需删除或增加一些站点数据。

(6) 检查周跳: postbreak

程序 postbreak 对 postfit.nio 文件进行处理,检查数据中是否还存在没有被探测出来的周跳。

**postbreak** -p postfit.nio -n /goa/source/postbreak/postbreak.nml \

  -b batch.txt -o batch.out -qi 09may96.qm -qo 09may96_out.qm >& postbreak.log

-n 选项选定了 GIPSY 提供的模板。

如果没有探测出新的周跳，则前面生成的文件就没有改变。可以通过下面的命令来鉴别。

**grep** 'new slips' postbreak.log

如果提示"No new slips!"，则没有新的周跳；否则会给出探测出新的周跳的数目，如"3 new slips found."。这时，就需要回到 qregres 那一步重新一步一步地处理，直到没有新的周跳被发现。

（7）站点数据编辑：edtpnt2

虽然数据中已没有周跳了，但是还必须对站点数据进行编辑。通常通过查看 postfit.log 文件或 point.txt 文件的存在与否来判断是否需要对站点数据进行编辑。为了获得被拒站点数据的一些信息，可以运行下面的命令。

**postres_sum** postfit.log

编辑站点数据，运行命令：

**edtpnt2** point.txt wash.nml 09may96.reg accume.nio smooth.nio >& edtpnt2.log

该命令重新生成 accume.nio 和 smooth.nio 文件，对命令 smapper 的输入文件进行修正。在重新运行 smapper 和 postfit 命令之前，还需先删除前面已生成的文件。

**rm** smsol.nio

**rm** smcov.nio

**rm** smapper.log

**rm** postfit.nio

**rm** postfit.nio

**rm** point.txt

**rm** postfit.log

然后运行 smapper 和 postfit 命令，直到 point.txt 文件不再被生成为止。

（8）提取最终的解文件：stacov

由于 GIPSY 生成的结果文件 smcov.nio 为二进制文件，需要通过命令 stacov 对该文件进行处理，生成可以被查看的文本文件。

**stacov** -i smcov.nio -o 09may96.stacov -tp tpeo.nml -q qregres.nml

此时，结果文件 09may96.stacov 包含了待求测站的坐标文件，以及各测站的天线相位中心的高等信息。

3. 运用批处理来求待定测站的位置

（1）编辑测站信息　对 stalocs 和 sitevecs 文件（位于/gipsy/stalocs 目录下）进行编辑，在 sitevecs 文件中输入测站的天线高及观测日期等信息，在 stalocs 文件中对其初始坐标进行编辑。

（2）数据准备　将观测数据放到工作目录 exam 的子目录 rnx 下，将星历文件存放到 eph 下，运行命令 autofront，将会自动将 *.rnx 转换成 GIPSY 可以识别 qm 文件。

**autofront**

（3）运行批处理：

```
setenv CAMP exam/0852
solve 09may96 -eciorb -nf -tromap NIELL -elevmin 15 -strategy REGIONAL/TSKB \
    -noambresol >& $CAMP/flt/09may96.daily
rm $CAMP/reg/09may96.reg*  $CAMP/reg/09may96.qm*
rm $CAMP/flt/09may96.sm*
```

结果文件保存在 $CAMP/post 目录下的 09may96.stacov 文件中。

# §6.3 BERNESE 软件及数据处理流程

Bernese 软件是由瑞士伯尔尼大学天文研究所研究开发的 GNSS 数据处理软件(包括 GPS 数据、GLONASS 数据、SLR 数据)。自 1988 年 3 月推出成熟版本 3.0,1988 年至 1995 年陆续发布从 3.1 到 3.5 的升级版。1996 年 9 月发布的新版本 4.0,开始具有批处理模块 BPE,尤其适合于大批量大范围 GPS 跟踪站阵列和网的自动化和高效的数据处理。1999 年 11 月发布的版本 4.2,主要增加了处理 GLONASS 数据、SLR 数据的功能和更新了法方程平差解算模块(ADDNEQ)。2004 年 4 月发布新一代版本 5.0(这一版本目前最新版本号为 "Release 30-May-2008"),内嵌了新的用户友好的图形界面,操作使用更方便。同时更新了 BPE 模块和完善了其他许多模块的功能。

## 6.3.1 软件的主要功能和特点

Bernese 软件作为一款能满足高要求、高精度、高灵活性的 GNSS 数据后处理软件,从开发至今,一直保持了自己传统的特色:准确的数学模型、详细的计算过程参数控制、强大的自动化批处理、国际标准适应性、模块化设计带来的内在灵活性等。

Bernese 软件面向的主要用户有:
- 大学和研究所的教育、科研人员
- 进行高精度 GNSS 测量的测绘机构
- 负责维持永久 GPS 跟踪站观测网的机构
- 工程项目要求高精度、高可靠性、高效率的商业用户

Bernese GPS 软件既采用双差模型,也采用非差模型,所以它既可用非差方法进行单点定位,又可用双差方法进行整网平差。下面是 V5.0 版本的主要功能和适用领域:
- 小型单/双频仪器观测的 GPS 网的快速数据处理
- 永久 GPS 跟踪站观测网的自动处理
- 超大数量接收机组成的观测网的数据处理
- 混合不同类型接收机的观测网和需要考虑接收机和卫星天线的相位中心参数变化
- 同时处理 GPS 数据和 GLONASS 数据,还可以处理 SLR 数据
- 长距离基线的模糊度解算(2000 公里或更远距离)
- 获得最小约束的网平差解
- 估计对流层天顶延迟,进行大气和气象应用研究
- 站钟及星钟参数估计和时间传递
- 精密定轨和估计地球自转参数

### 6.3.2 程序结构和主要内容

根据操作系统的不同，Bernese 软件又可分为 PC/DOS、UNIX/LINUX 和 VAX/VMS 三种版本。整个 Bernese 软件大约由 100 多个由下拉菜单驱动的数据处理程序组成，包括 1200 多个模块和子程序，源代码有 300 000 行左右。程序语言是用 FORTRAN 77, FORTRAN 90 编写。

1. 软件结构和流程图

Bernese 软件主要包括手工处理部分和批处理(BPE)部分，手工处理部分分为 5 个部分的内容，分别为：格式转换部分(Transfer / Conversion Part)、轨道部分(Orbit Part)、数据处理部分(Processing Part)、模拟部分(Simulation Part)和常用工具部分(Service Part)。软件结构流程图见图 6-5。

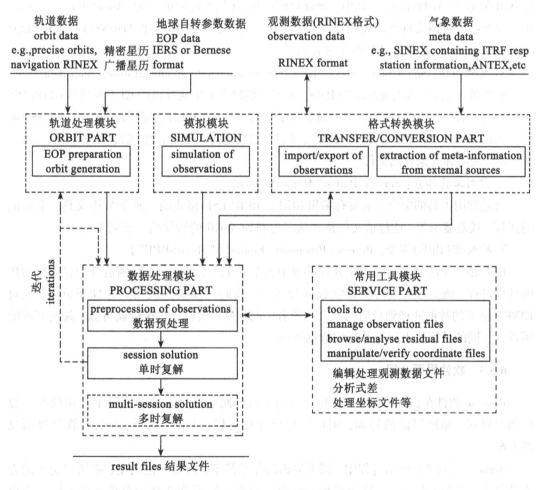

图 6-5　BERNESE 5.0 软件运行流程图

2. 格式转换部分：Transfer Part - " Menu > RINEX" and Conversion Part - " Menu > Conversion"

格式转换部分主要是将原始观测文件、导航文件和气象文件由 RINEX 格式转换成

BERNESE 格式的码观测和相位观测、BERNESE 广播文件和 BERNESE 气象文件；同时从某些文件中提取计算所需要的外部信息，例如从 SINEX 格式文件中提取 ITRF 下的坐标、速度等信息。其中还包括对 RINEX 格式的数据文件进行分割、合并等操作。

3. 轨道部分：Orbit Part - "Menu>Orbits/EOP"

该部分的源代码与其他部分相对独立，主要任务是生成标准轨道、轨道更新、生成精密轨道、轨道的比较等；BERNESE 软件中轨道由 15 个参数描述，分别为初始时刻的 6 个轨道根数和 9 个光压模型参数，其详细说明见文献[2]。对地球自转参数的相关处理工具也包括在其中。

4. 数据处理部分：Processing Part - "Menu>Processing"

此部分包括码处理(单点定位)、单/双频码和相位预处理、对 GPS 和 GLONASS 观测值进行初始坐标的参数估计(程序 GPSEST)和基于法方程系统的进一步坐标参数估计(程序 ADDNEQ 和 ADDNEQ2)。其中，预处理则包括：坏的观测值的标记、周跳的探测与修复、粗差的删除和观测文件相位模糊度的更新；而程序 GPSEST 和程序 ADDNEQ 、ADDNEQ2 部分则是 BERNESE 数据处理整个过程的核心。

5. 模拟部分：Simulation Part - "Menu>Service>Generate simulated observation data"

根据统计信息(给出观测值的 RMS、偏差和周跳等)生成模拟的 GPS 观测和 GLONASS 观测文件或者 GPS/ GLONASS 混合观测文件。需要一个 ASCII 编辑器先准备好 GPSSIMI. INP、GPSSIMN. INP 和 GPSSIMF. INP 等文件，然后通过菜单操作生成模拟观测，包括码观测、相位观测和气象观测文件。

6. 常用工具部分：Service Part - "Menu>Service"

这是常用工具的集合：主要有编辑和浏览 BERNESE 格式的二进制数据文件、坐标值的比较、残差显示等。还包括文件格式从二进制到 ASCII 的转换的一系列工具。

7. 批处理(BPE)部分：Bernese Processing Engine ("Menu>BPE")

BPE 是一个凌驾于前面手工处理部分中各个程序之上的工具，特别适合于建立自动化的处理过程，例如像永久网的日常数据分析等。我们只需要一次建立好处理策略，从对 RINEX 格式的数据处理到最后的结果的所有中间程序，然后让它执行就可以。甚至有可能可以在不同的计算机上运行并行的数据处理。

### 6.3.3　软件界面介绍

Bernese 软件在新一代版本 5.0 中，采用了新的跟当前 Windows 环境下常用软件一致的图形界面，相比以前的界面，用户使用操作更友好、方便、简单、快捷。软件界面见图 6-6。

Bernese 软件 5.0 使用过程中，图形界面操作很简单。需要牢记的是，跟用户交互的界面就是输入参数面板窗口，这个面板窗口里的内容是随着你选择的菜单项的不同而变化的。在输入参数面板窗口的第一行显示的就是跟所选菜单项对应的执行程序相关的信息。一般与每个菜单项对应的执行程序相关的输入参数面板有好几个页面，你可以通过命令按钮栏上的按钮"^Top"、"^Prev"、"^Next"在这些页面间进行向前或向后的切换。当你选择或键入好输入参数面板所有页面中的输入项后，点击命令按钮栏上的按钮"^Run"就可执行对

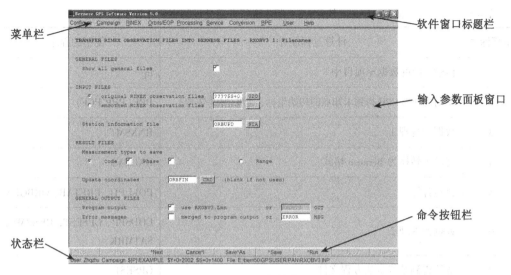

菜单栏 → ···
软件窗口标题栏 ← ···
输入参数面板窗口 ← ···
命令按钮栏 ← ···
状态栏 → ···

图 6-6   Bernese V5.0 版软件界面说明图

应的程序。执行完后，点击命令按钮栏上的按钮"^Output"查看结果报告。

### 6.3.4   数据处理流程概述

Bernese GPS 软件有双差处理和非差处理两种方式，下面的表 6-4 和表 6-5 给出了使用 Bernese 软件 V5.0 版本进行双差处理和非差处理两种分析方法的主要计算步骤。

表 6-4        **使用 Bernese 软件 V5.0 版本进行双差处理的主要计算步骤**

| 步骤标号 | 计算过程简介 | 使用的程序 |
|---|---|---|
| 1 | 传输、拷贝数据至项目中 | ftp |
| 2 | 使用批处理 PPP 得到未知点的初始坐标、速度(如果需要) | BPE(PPP.PCF) |
| 3 | 将数据转换为 Bernese 格式 | RXOBV3 |
| 4 | 轨道计算 | POLUPD, PRETAB, ORBGEN |
| 5 | 数据预处理过程 | CODSPP, SNGDIF, MAUPRP, GPSEST, RESRMS, SATMRK |
| 6 | 得到第一次基线解 | GPSEST |
| 7 | 求解整周未知数 | GPSEST |
| 8 | 解算得到基线解法方程文件 | GPSEST |
| 9 | 基于法方程解得多时段解 | ADDNEQ2 |

表 6-5 　　　　　使用 **Bernese 软件 V5.0 版本进行非差处理的主要计算步骤**

| 步骤标号 | 计算过程简介 | 使用的程序 |
|---|---|---|
| 1 | 传输、拷贝数据至项目中 | ftp |
| 2 | 使用批处理 PPP 得到未知点的初始坐标、速度(如果需要) | BPE( PPP.PCF) |
| 3 | 数据预处理 1 | RNXSMT |
| 4 | 将数据转换为 Bernese 格式 | RXOBV3 |
| 5 | 轨道计算 | POLUPD, PRETAB, ORBGEN |
| 6 | 数据预处理 2 | CODSPP, GPSEST, RESRMS, SATMRK |
| 7 | 解算得到基线解法方程文件 | GPSEST |
| 8 | 基于法方程解得多时段解 | ADDNEQ2 |

下面结合 Bernese 软件 V5.0 版本和它自带的示例项目数据,介绍双差处理方式的具体过程。

### 6.3.5 BERNESE 软件数据处理

1. 示例数据简介

Bernese 软件中的示例项目中的数据为欧洲 IGS 网中 8 个 GPS 跟踪站的数据(数据获取来源 http://www.aiub.unibe.ch/download/BERN50/EXAMPLE.taz)。测站位置见图 6-7。

图 6-7　示例项目测站位置分布图

其中有三个站( MATE, ONSA, VILL)是 IGS 的核心站。它们是包括在参与 ITRF2000 框架具体实现的 95 个 IGS 跟踪站中的。

相邻测站间距离在 300 千米和 1200 千米之间,但是有两个测站相距非常近(ZIMM 和

102

ZIMJ 都位于 Zimmerwald，相距 14m）。

每个测站有四天的数据。分别是 2002 年年积日为 143 和 144 的两天，2003 年年积日为 138 和 139 的两天。

每个测站的相关信息见表 6-6。

表 6-6 　　　　　　　　　　　　　　示例数据中测站相关信息

| 测站名 | 所在地 | 接收机、天线类型 | 天线高 |
|---|---|---|---|
| BRUS 13101M004 | Brussels，Belgium | ASHTECH Z-XII3T<br>ASH701945B_M | 3.9702m |
| FFMJ 14279M001 | Frankfurt（Main），Germany | JPS LEGACY<br>JPSREGANT_SD_E | 0.0000m |
| MATE 12734M008 | Matera，Italy | TRIMBLE 4000SSI<br>TRM29659.00 | 0.1010m |
| ONSA 10402M004 | Onsala，Sweden | ASHTECH Z-XII3<br>AOAD/M_B | 0.9950m |
| PTBB 14234M001 | Braunschweig，Germany | ASHTECHZ-XII3T<br>ASH700936E | 0.0562m |
| VILL 13406M001 | Villafrance，Spain | ASHTECH Z-XII3<br>AOAD/M_T | 0.0437m |
| ZIMJ 14001M006 | Zimmerwald，Switzerland | JPS LEGACY<br>JPSREGANT_SD_E | 0.0770m |
| ZIMM 14001M004 | Zimmerwald，Switzerland | TRIMBLE 4000SSI<br>TRM29659.00 | 0.0000m |

**2. 项目设置**

在 Bernese 软件中，我们通过项目（campaign）来管理所有的数据。每个项目都有自己的目录和子目录，子目录存放着跟项目有关的不同类型数据。除此之外，还有一个 ${X}/GEN 目录，下面存放的数据对于所有的项目是共有的。

在开始处理数据之前，必须先设置好项目，包括定义项目，创建项目目录，相关数据需拷贝进子目录，然后设定好跟项目有关的基本信息等等。

1）创建新的项目

首先在"Menu>Campaign>Edit list of campaigns"定义新项目的名字，包括新项目所在目录的路径。手工键入新项目的名字，（例如，示例项目名 ${P}/INTRO），将其加入项目列表中。

接下来，在"Menu>Campaign>Select active campaign"的输入面板中选择新项目 ${P}/INTRO 作为当前使用的项目。

这时你应该可以看到，新项目名字的信息会显示在窗口最下方的状态行上，就是

"Campaign：$\{P\}$/INTRO"。同时也许会弹出一个警告信息窗口，说新项目中没有时段信息表。不需要担心这点，可以先忽略过去，软件会自动生成和拷贝一个缺省的时段信息表至新项目的相应文件目录下(对于示例项目，你可以去检查文件 $\{P\}$/INTRO/STA/SESSIONS.SES 是否生成)。而时段信息表的具体内容会在下面的步骤中产生和给定。

接下来为当前项目创建与项目相关的子目录。选择" Menu>Campaign>Create new campaign"。

缺省情况下会创建下列子目录。

$\{P\}$/ INTRO /ATM　　存放项目相关的大气层文件(例如，电离层文件ION，对流层文件TRP)

　　　　　　　　　　/BPE　　BPE 批处理时生成的文件

　　　　　　　　　　/OBS　　存放 Bernese 的观测值文件

　　　　　　　　　　/ORB　　存放跟轨道相关的文件(轨道文件、地球自转参数文件、卫星钟差文件等)

　　　　　　　　　　/ORX　　存放原始 RINEX 文件

　　　　　　　　　　/OUT　　存放输出文件

　　　　　　　　　　/RAW　　 存放可以用于计算的 RINEX 文件

　　　　　　　　　　/SOL　　存放结果文件(例如，法方程文件SINEX)

　　　　　　　　　　/STA　　存放项目相关的坐标和坐标信息文件等，项目时段信息表也在这里

" $\{P\}$"是一个系统变量，对应的就是 benese 软件安装后所有项目所在目录，例如 bernese 软件安装在 D 盘，" $\{P\}$"对应的就是目录"D：\bern50\GPSdata"。

2)时段定义

一个时段就是覆盖了所有需要一起被计算的观测数据的某个时间间隔段。一个项目存在一个或多个时段。由于 Bernese 软件使用的是按时段进行计算的方法，使用者必须在每个项目中定义好时段信息表的相关内容(见图6-8设定时段表)。

时段标记是用4个字符组成如 dddf，其中 ddd 代表数据开始时刻所在的年积日，f 是一个英文字符用以区别这一天里的第几个时段。对于整天的数据时段这个字符通常是0，对于以小时为单位的时段，用字符 A 到 X 代表从 00 小时到 23 小时。只有在时段信息表中定义过的时段才能被使用。每个时段被设定为在时间间隔上单独分开的，彼此间不重合，然后在 Bernese 软件使用过程中计算的数据也是对应于某个确定的时间段的。缺省的设置是适用于整天解的计算方式。可以通过菜单"Men>Campaign>Edit session table"检查和修改时段信息表的相应内容，操作完成后，软件会自动保存至文件 $\{P\}$/INTRO/STA/SESSIONS.SES。实际上存在如下两种类型的时段信息表：

● 固定格式的时段表，明确清晰地定义每个计算时段的内容，例如：

| SESSION<br>IDENTIFIER | START EPOCH<br>yyyy mm dd hh mm ss | END EPOCH<br>yyyy mm dd hh mm ss |
| --- | --- | --- |
| 2420 | 2003 08 30 00 00 00 | 2003 08 30 23 59 59 |
| 2430 | 2003 08 31 00 00 00 | 2003 08 31 23 59 59 |
| 2440 | 2003 09 01 00 00 00 | 2003 09 01 23 59 59 |
| 2510 | 2003 09 08 00 00 00 | 2003 09 08 23 59 59 |

104

| 2520 | 2003 09 09 00 00 00 | 2003 09 09 23 59 59 |
|---|---|---|

- 开放格式的时段表, 使用通配符(???)来自动替换当前时段的年积日。时段表中每一行对应一天中的每个时段。例如：

用于整天解计算的时段表：

| SESSION IDENTIFIER | START EPOCH<br>yyyy mm dd hh mm ss | END EPOCH<br>yyyy mm dd hh mm ss |
|---|---|---|
| ??? 0 | 00 00 00 | 23 59 59 |

用于每隔一小时的计算：

| SESSION IDENTIFIER | START EPOCH<br>yyyy mm dd hh mm ss | END EPOCH<br>yyyy mm dd hh mm ss |
|---|---|---|
| ??? A | 00 00 00 | 00 59 59 |
| ??? B | 01 00 00 | 01 59 59 |
| ??? C | 02 00 00 | 02 59 59 |
| ... | | |
| ??? W | 22 00 00 | 22 59 59 |
| ??? X | 23 00 00 | 23 59 59 |

两种类型的时段表不能混合使用。一般建议使用开放格式的时段表。

当使用时段表时, 同时需要通过使用对话框(选择菜单" Menu>Configure>Set session/compute_date"), 在其中输入信息(见图6-9设定时段号), 来选择时段表中某个时段作为当前要被计算的时段。选择好之后, 正确的时段号信息会在软件窗口最下端的状态栏中显示出来, 也就是两个系统变量" $Y+0"、" $S+0"对应的信息, 分别是年号和年积日号。对于示例项目, 时段表使用整天解计算的时段表, 同时设定最初计算时段为2002年年积日143的时段。

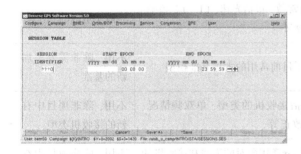

图6-8 设定时段表

图6-9 设定时段号

3) 创建跟测站有关的文件

(1)创建初始坐标/速度文件(文件名后缀为CRD和VEL) 如使用者打算计算局部范围或小区域的GPS网, 网中却没有ITRF框架下准确的(分米级精度)测站起算坐标, 建议加入一个离测区最近的IGS GPS跟踪站的数据到计算中。而这些IGS参考站的坐标和速度则可以从网上获取(ftp://large. ensg. ign. fr/pub/itrf)或者通过程序SNX2NQ0从相应的SINEX文件提取(选择菜单" Menu>Conversion>SINEX to normal_equations")。对于其他测站则可以先使用其RINEX文件中的坐标, 一般属于伪距单点定位的结果。然后分别使用

"Menu>Campaign>Edit station files>Station coordinates" 和"Menu>Campaign>Edit station files>Station velocities" 手工检查和修改下载的或自己创建的文件。

（2）创建测站信息文件（文件名后缀为STA） 在这个文件里有两部分内容是很重要的：

第一部分：重命名测站。为计算准备正确的测站名字。

第二部分：测站信息。需要确认每个测站计算时用到的接收机、天线类型和天线高都是正确无误。

这些信息可以手工输入，还可以通过程序RNX2STA（选择菜单"Menu>RINEX>RINEX utilities>Extract station information"）从项目RAW目录下的RINEX观测值文件的头信息中提取。值得注意的是，任何情况下在计算前都应该仔细检查和核对测站信息文件里的内容是否和外业观测实际情况一致。

（3）创建测站缩略名文件（文件名后缀为ABB） 测站缩略名表是用来生成Bernese格式的观测值文件名的，通过选择"Menu>Campaign>Edit station files>Abbreviation table"可以手工编辑和定义这些测站的缩略名。

4）常用（GEN）文件准备

这些常用文件对于计算也是非常重要的。表6-7列举了必须准备好的常用文件，在表6-7中同样显示了通常在计算数据时哪些文件是需要修改的。这些文件都可从AIUB的服务器上（http://www.aiub.unibe.ch/download/BSWUSER50/GEN）下载以保持更新。建议将系统目录下\$｛X｝/GEN存放的所有GEN文件拷贝一份至项目下的GEN目录，然后对它们进行修改以适合你的项目，而不至于影响其他的项目。

表6-7　　　　　　　　　常用计算时用到的GEN文件列表

| 文件名 | 内　　　容 | 是否需要修改 |
|---|---|---|
| CONST. | Bernese软件中使用的所有常数，包括光速、L1、L2频率、地球半径、正常光压加速度等 | 一般不更改 |
| DATUM. | 大地基准参数文件，包括了目前常用的大地基准模型 | 不用，除非需要添加新的基准 |
| RECEIVER. | 接收机信息文件，主要包括接收机的类型、单双频情况、观测码和接收机相位中心改正等 | 不用，除非项目中有新的接收机类型 |
| PHAS_IGS.I01（或 *.I05） | 相位中心改正表，包括大部分常用配对的天线和接收机的相位中心参数 | 不用，除非项目中有新的配对 |
| SATELLIT. | 卫星参数，指定了卫星的型号，天线类型等 | 发射了新的卫星时需更新 |
| SAT_\$Y+0.CRX | 卫星问题文件，给出了问题卫星出现的时间段和影响到的观测值类型。\$Y+0为具体年份 | 当年的文件需要保持更新 |
| GPSUTC. | 跳秒文件，给出了GPS跳秒情况 | 当IERS公布了新的跳秒时需更新 |

| 文件名 | 内　　容 | 是否需要修改 |
|---|---|---|
| IAU2000.NUT | 章动模型参数文件 | 不用 |
| IERS2000.SUB | 单日极移模型参数文件 | 不用 |
| POLOFF. | 极偏差系数文件 | 不用 |
| OT_CSRC.TID | 海潮摄动模型参数文件 | 不用 |
| JGM3.GEMT3. | 地球重力场模型文件 | 不用 |
| STACRUX. | 测站问题文件,给出了出现问题的测站,以便计算时排除这些测站或修改这些测站的天线高等外业信息 | 用户自行修改 |

5)数据文件准备

在计算前,准备好所必需的数据文件,包括:

➤ 原始数据文件

将原始观测文件(∗.$YO, $Y 为数据所在年份的两位字符)、原始导航文件(∗.$YN)和原始气象文件(∗.$YM)放在项目目录下的 ORX 目录中作为备份,然后再拷贝至 RAW目录下。

➤ 轨道文件:

从 IGS 上下载精密星历文件(∗.sp3 文件,其文件格式已于 2002 年 9 月 5 日更新为 sp3c 格式),以及与它相对应的地球自转参数文件(以周为单位发布,IGS 网站上文件名使用的是 ∗.ERP 文件,下载后改名为 ∗.IEP 文件),放在项目目录下的 ORB 目录中。

3. 输入观测数据文件

设置好项目和准备好需要的文件后,第一步计算就是将观测数据由 RINEX 格式转换为 Bernese 二进制格式。对于观测值文件,需要使用 RXOBV3 程序(选择菜单" Menu > RINEX > Import RINEX to Bernese format > Observation files" )。示例项目中,每个时段都需要运行一次这个程序。这样,经转换后,观测值文件转换成 BERNESE 格式有如下四种格式,它们分别为:

∗.PZH(相位非差头文件)　　　∗.PZO(相位非差观测文件)

∗.CZH(码非差头文件)　　　∗.CZO(码非差观测文件)

∗(注意:面板里的输入项设置参见说明书或者点击软件里的帮助按钮,会有详细介绍。实际上,除非特殊应用,每个面板中的参数设置用软件的缺省参数即可。)

与 RXOBV3 程序对应的输入参数面板中,对于输入项" original RINEX observation files",可以点击按钮"02Q"弹出文件选择对话框后,用鼠标选择要转换的数据文件;或者如果使用"????　$S+O"选项,那么所有与 $|P|/INTRO/RAW/???? 1430.02O 匹配的 RINEX 观测值文件将被软件自动选中,参与格式转换。面板中的其他选项是要求用户指定通常的输入文件,这些输入项主要有数据类型、观测时间段、数据采样率、最小观测历元数、怎么检查 RINEX 文件头的信息等。每个面板页面里的输入选项不一一叙述,计算时用户根据自己的需要,选择相应项决定哪些数据会被输入。然后点击命令栏里的^RUN 按钮,运行程序。

如果项目里的 RINEX 数据格式不是很规范或者文件头信息和测站信息文件不是很吻合，程序运行后会出现警告甚至错误信息。使用者需要仔细检查这些信息，根据相应信息去解决出现的问题；如果是警告，需要判断它会不会对后续的数据处理造成影响。

例如执行示例项目 2002 年年积日 143 时段的原始数据格式转换后，程序会在目录 ${P}/INTRO/OUT 中生成结果输出文件 RXO02143.OUT，可以通过^Output 按钮或者选择菜单"Menu>Service>Browse program output"打开该文件。文件里输出了很多信息，最主要的就是检查每个数据文件转换后的历元数从而判断格式转换是否正确完成了。

4. 生成轨道数据文件

在计算轨道时，除了需要精密星历文件外，还需要相应的地球自转参数文件。IGS 服务组织提供了以天为单位的星历和以周为单位的地球自转参数。利用 Bernese 软件计算时，需要先将 IERS/IGS 标准格式的地球自转参数文件(文件扩展名为 IEP，实际上 IGS 网站提供的文件扩展名为 ERP，下载后需将它后缀名改为 IEP)转换为 Bernese EOP 格式(文件扩展名为 ERP)。这项任务由程序 POLUPD 完成(选择菜单"Menu>Orbits/EOP>Handle EOP files>Convert IERS to Bernese format")。建议为每天的精密星历文件生成一个与之对应的 ERP 文件。

接下来轨道计算的第一个程序是 PRETAB，选择菜单"Menu > Orbits/EOP > Create tabular orbits"。它的目的是将精密星历由地球参考框架转换到天球参考框架，生成一个轨道列表文件(文件扩展名为 TAB)。同时生成卫星钟差文件，当项目里没有广播星历数据时，后面的 CODSPP 程序需要用到这个卫星钟差文件。

轨道计算的第二个程序是 ORBGEN(选择菜单"Menu>Orbits/EOP> Create standard orbits")。它利用前面生成的 TAB 文件里的卫星位置作为伪观测值对轨道作一次最小二乘平差，生成所谓的标准轨道(文件扩展名为 STD)。

要注意的是，ORBGEN 用到的 EOP 文件、章动文件、单日极移文件等应该与 PRETAB 中保持一致。

对于程序 ORBGEN 的输入参数面板 3.1，这个输入面板的参数设置比较重要。选项轨道模型"ORBIT MODEL IDENTIFIER"决定了选择哪一种输入文件的组合。如果使用广播星历来生成标准轨道，这个选项应选择参数"0"；如果使用精密星历来生成标准轨道，一般应选择参数"B"；也可以选择"?"，让软件根据在前面选择的输入文件参数，自动设定某一模型，生成标准轨道。

对于程序 ORBGEN 的输入参数面板 4，如果使用广播星历来生成标准轨道，只需要选定 D0、Y0 两个参数；如果使用精密星历来生成标准轨道，则需要选定所有参数。

建议每个时段以整天作为一个弧段来生成标准轨道。那么对于示例数据，就是每天的精密星历文件需要运行一次 ORBGEN，生成一个弧段的标准轨道文件。

在 ORBGEN 输出结果文件中，最重要的信息就是每颗卫星的 RMS 值。如果计算时使用的精密星历和地球自转参数是对应一致的，它们应该不超过 1~2 厘米。实际上，RMS 值的大小跟使用的星历精度、星历和 EOP 信息的一致性、计算时选用的轨道模型都有关系。

5. 数据预处理

1)接收机钟同步

数据预处理的第一个程序是 CODSPP("Menu>Processing>Code-based clock synchronization")，它的主要任务是计算接收机钟差改正。同时，CODSPP 还可以用伪距观测值估计坐标，如果项目中的点已经有比较准确的坐标，在程序 CODSPP 的输入参数面板 2 中的选项 "Estimate coordinates"可以设为 NO。最重要的选项是"Save clock estimates"。它应该设为 BOTH。其他参数用缺省参数即可。

在 CODSPP 的输出结果中，最重要的信息就是"CLOCK OFFSETS STORED IN CODE+ PHASE OBSERVATION FILES"。如果在输出报告中出现这个信息，就意味着 CODSPP 计算出来的接收机钟差改正 $\delta_k$ 已经存储到伪距观测值文件和相位观测值文件中。

RMS 则可以作为判断观测值质量的一个指标，在有 SA 效应时，它的值一般应为 20~30 米，没有 SA 效应时，它的值一般为 3 米左右。如果 RMS 比较大，意味着伪距观测值质量不佳，不过即使稍差一点，还是可以保证计算出来的接收机钟差改正 $\delta_k$ 的精度到 1us。

2）生成基线

第二个程序是 SNGDIF("Menu>Processing>Baseline file creation")，通过它来创建单差文件。需注意的是，在 Bernese 软件中，除非手工选择生成基线，那么由软件根据一定原则自动生成的单差基线相互间都是独立的。创建单差基线的原则有下面几个：

OBS-MAX：以构成的单差观测值数量最多为原则

SHORTEST：以构成的单差基线距离最短为原则

STAR：先选定一个点作为中心点，其他点与这个点构成星行网

DEFINED：根据预先定义好的文件构成基线

MANUAL：用户自行选择定义基线

在示例项目中我们选择以观测数最多(OBS-MAX)为原则来生成单差相位观测值文件。SNGDIF 的输出结果会列出所有的非差文件以及创建的单差文件。在输出结果中会列出所有的非差文件之间的组合，后面标有 OK 的是创建的单差基线。

3）基线预处理

第三个程序是 MAUPRP("Menu>Processing>Phase preprocessing")，它的主要任务是周跳探测与修复。

需要注意的是程序 MAUPRP 的输入参数面板 3 中的选项"Screening mode, frequency to check"。如果是双频仪器，一般选择 COMBINED 都可以。如果选择 BOTH，不能用于长边（10km 以上）；但是对于短边，选择 BOTH 相比选择 COMBINED 更好些，尤其适合于边长很短，接收机观测质量差或者观测值噪声大的情况。如果是单频仪器，一般则只能选择 L1。

在程序 MAUPRP 的输入参数面板 8 中，需要注意选项"Maximum ionospheric change from epoch to epoch"。同上，如果前面选择 COMBINED，这里应该输入 400。如果前面选择 BOTH，这里则应该输入 30。

MAUPRP 的输出结果有很多信息，最重要的一条是应查看三差解的结果，三差解的结果可以看做基线相位预处理好坏程度的参考。如果是成功的基线相位预处理，"RMS OF EPOCH DIFF. SOLUTION"的值应该小于 2 厘米。需要指出的是，对于每条基线，程序 MAUPRP 只需要运行一次就足够了。除非又使用 SNGDIF 重新生成了基线。

6. 参数估计：基线解算(GPSEST)

1）初始基线解

程序 GPSEST(选择"Menu>Processing>Parameter estimation")的主要任务就是求基线的最小二乘解。不过最好的方式是先对整个时段使用 GPSEST 求得一个初始解，也就是我们

常说的整周模糊度浮动解。虽然不把这个解当做最终的结果，但是我们可以通过分析解的残差以检查数据质量，剔除粗差观测值。

在程序 GPSEST 的输入参数面板 2.1 中，通过选项"Residuals"指定残差输出文件。

在程序 GPSEST 的输入参数面板 3.1 中，观测值类型选用消去电离层影响的观测值（$L_3$）。在这一步计算中，我们并不放大采样率而使用最初的采样率，因为想检查每个观测值是否会是粗差。这样的话，如果是整天的数据，数据量大，计算时间就会相对长一些。

在程序 GPSEST 的输入参数面板 4 和 4.1 中，对于网中的精度较高的已知点，例如本示例项目中的 IGS 跟踪站点，对它的坐标值加以较松的约束"0.01m"。

由于要生成残差文件，在程序 GPSEST 的输入参数面板 5.1 和 5.2 中的选择项中，对于要提前消去的参数这一栏，都选择 NO，即不消去任何参数，即使是整周未知数。

在程序 GPSEST 的输入参数面板 6.3.1 中，对流层参数估计的选择，只需要选择比较简单的估计方式即可：例如每隔 4 小时估计一个参数，不使用梯度模型。

在 GPSEST 的输出结果中，会回顾所有选择的参数，对输入数据作简单统计，并给出参数估计结果。最重要的信息就是验后 RMS 值。如果选择了对观测值根据高度角进行定权，验后 RMS 值应该为 1.0，…，1.5 厘米左右。过高的 RMS 值意味着数据质量较差或者数据预处理（MAUPRP，CODSPP）不很成功。

```
A POSTERIORI SIGMA OF UNIT WEIGHT (PART 1):
-------------------------------------------
A POSTERIORI SIGMA OF UNIT WEIGHT :   0.0011 M (SIGMA OF ONE-WAY L1 PHASE OBSERVABLE AT ZENITH)
```

图 6-10　程序 GPSEST 的输出结果（只列出了验后 RMS 那一小部分）

2）剔除粗差观测值

根据得到的二进制残差文件，利用程序 RESRMS（选择"Menu＞Service＞Residual files＞Generate residual statistics"）对残差作一个自动处理。RESRMS 会对数据进行质量过滤，生成很重要的一个文件——编辑信息文件（示例项目中为 ${P}/INTRO/OUT/RMS02143.EDT），然后再根据这个文件利用程序 SATMRK（选择"Menu＞Service＞Bernese observation files＞Mark/delete observations"）将粗差观测值标记出来。

3）求浮动解

当剔除了粗差观测值后，我们可以先使用消去电离层影响的观测值（$L_3$）先产生一个整周模糊度浮动解。在这一步中，GPSEST 的参数设置类似于前面求初始基线解的参数设置，只有很少的不同。下面将不同的地方列出来：

面板 2.1"Output Files 1"中：选项将浮动解的坐标结果和对流层参数估计结果保存为文件，以资后面利用。

面板 3.1"General Options 1"中：将采样率增大至 180 秒。

面板 4"Datum Definition for Station Coordinates"中：对 IGS 站点的坐标加以较强的约束，0.001 米。

面板 5.1"Setup of Parameters and Pre Elimination 1"中：将整周模糊度参数设为提前从法方程中消去。

在程序 GPSEST 的输出结果(浮动解结果)中会给出验后 RMS 值和坐标平差结果。由于从观测值中剔除了粗差,那么验后 RMS 值应该会减少一点,至少不应该增加。否则说明你的观测值和给定了强约束的点位坐标之间不一致。

4)确定整周模糊度

接下来我们使用 QIF 方法来对每条基线求解其整周模糊度。一般是每条基线运行 GP-SEST 一次,因为在每条基线的解算过程中,要求解的参数特别多。如果是整个时段所有基线一起解算,那么对机器的 CPU 和内存则要求很高。

解算时相应的参数设置如下:

面板 1.1"Iutput Files 1"中:将前一步骤中求得的浮动解的坐标结果和对流层参数估计结果引入。

面板 2.1"Output Files 1"中:不生成任何输出文件。

面板 3.1"General Options 1"中:设置观测值类型为 $L_1 \& L_2$;将采样率改为 30 秒。

面板 3.2"General Options 2"中:设置选项"Resolution strategy"的参数为 QIF。

面板 4"Datum Definition for Station Coordinates"中:将待计算基线的第一个点的坐标固定。

面板 5.1"Setup of Parameters and Pre Elimination 1"中:将选项"Ambiguities"参数设为 NO。不估计对流层参数,即选项"Site-specific troposphere parameters"不被选中。确保选项"Stochastic ionosphere parameters"被选中。

在程序 GPSEST 的输出结果(整周模糊度结果部分)如果某个整周模糊度的 RMS 是有数值的,则这个整周模糊度未能作为整数求解出来,在后面的计算过程中会将这些未固定整周模糊度当浮点数处理。其他的结果信息就不细述了。

当对这个时段里所有基线都求解了整周模糊度后,可以使用程序 GPSXTR 对所有基线结果的整周模糊度解算情况作一个小结统计,在小结文件中,可以很容易地看到每条基线中固定整周模糊度的解算情况。

5)基线最终解

当对所有基线进行了整周模糊度解算这一步后,接下来使用 GPSEST 对整个时段求基线最终解,并生成法方程文件,供后面的程序使用。

相应参数设置如下:

面板 1.1"Iutput Files 1"中:选择时段下所有基线;不引入前面求得的浮动解的坐标结果和对流层参数估计结果。

面板 2.1"Output Files 1"中:给定要生成的法方程文件名。

面板 3.1"General Options 1"中:设置观测值类型为消去电离层影响的观测值($L_3$);增大采样率设为 180 秒;考虑观测值间的相关性。

面板 3.2"General Options 2"中:引入求得的整周模糊度。(设置选项"Resolution strategy"的参数为 NONE;设置选项"Introduce L1 and L2 integers"为选中。)

面板 4"Datum Definition for Station Coordinates"中:将待计算基线的第一个点的坐标固定。

面板 5.1"Setup of Parameters and Pre Elimination 1"中:将未固定的整周模糊度参数设为提前消去。(选项"Ambiguities"参数设为 AS SOON AS POSSIBLE。)重新估计对流层参数(选项"Site-specific troposphere parameters"设为选中。)

面板 6.3.1"Setup of Parameters and Pre Elimination 1"中增加对流层参数估计个数,每隔 1 小时估计一个参数,同时选择使用梯度模型。

对于示例项目,当对 4 个时段的数据,按照前面的解算过程都运行了一遍之后,在目录中将相应得到 4 个法方程文件,如下:

FIX02143.NQ0, FIX02144.NQ0

FIX03138.NQO, FIX03139.NQ0

利用这四个时段的法方程,使用程序 ADDNEQ2 可以先对 2002 年的两个时段解求出一个最终解,同样可求得 2003 年的一个最终解。再综合这两个最终解使用 ADDNEQ2 进行速度场估计。详细情况可以参见软件的说明书,这里就不具体叙述了。

如果用户对轨道估计、对流层和电离层参数估计、天线相位中心估计等这些应用领域感兴趣,那么就要对 GPSEST 中的相关参数设置进行修改,以适合研究需要。但整个计算过程则跟坐标估计解算过程是类似的,仍然可以参考前面介绍的相关内容进行。

## 思 考 题

1. 简述 GAMIT 软件的处理流程,各流程在消除误差方面的作用。

2. 如何评定 GAMIT 软件处理的结果的优劣。

3. 简述 GIPSY 软件、GAMIT 软件和 BERNESE 软件的区别

4.在利用 bernese 软件建立数据处理项目进行计算前必须准备好相关的常用文件(GEN 文件),这些常用文件主要有哪些,其作用如何?

5.数据预处理的第一个程序 CODSPP 计算出来的接收机钟差改正 $k$ 的精度到 $1\mu s$ 可以起到什么作用?

6.数据预处理程序 MAUPRP 的输出结果有哪些信息?需要我们重点关注的结果信息是哪些,怎么评价这些结果?

7.参数估计程序 GPSEST 的作用是什么?它的输出结果有哪些信息,需要我们重点关注的结果信息是哪些,怎么评价这些结果?

# 第7章  InSAR 数据处理基本原理及软件

## §7.1  InSAR 数据处理基本原理

虽然 InSAR 的几何原理(见§3.2)比较简单,但考虑到 SAR 成像过程中的特殊性,以及在干涉测量数据处理过程中的噪声与地形的不连续性等影响,使得 InSAR 的算法实现变得较为复杂。本节按照常用的二通差分模式描述 InSAR 数据处理的基本原理。

### 7.1.1  选择合适的 SAR 干涉数据集

针对不同的干涉应用选择合适的 SAR 干涉像对。成功地进行 InSAR 处理要求进行干涉处理的 SAR 影像对必须相干,这意味着选取影像对时必须要考虑两个因素,一是临界基线的限制,二是时间去相干的影响。对于地壳形变观测而言,时间基线和空间基线(主要是指垂直基线)越短,SAR 干涉的效果就越好。

### 7.1.2  SAR 信号数据处理成 SLC 影像

如果所获取的数据是原始 SAR 数据,则首先需要对 SAR 信号进行成像处理,生成单视复(SLC)影像。SAR 处理应当尽可能地进行相位保留,对数据进行精细处理,确保在生成的 SAR 影像中干涉相位没有损失。

### 7.1.3  SAR 图像的过采样和方位向预滤波

为了避免在形成干涉条纹中出现频谱混淆,需要对两幅 SAR 影像过采样。在进行干涉处理时,经常会出现两幅图像的多普勒质心不同的情况,也就是说两幅 SAR 影像是不同方位频谱采样。不相干频谱成分会在干涉纹图上产生噪声,基于多普勒质心和 SAR 系统天线模式的方位滤波能增强数据的相干性。

### 7.1.4  SAR 像对的配准和重采样

在进行 SAR 干涉测量时,SAR 像对必须进行精密配准以保证生成的干涉条纹具有良好的相干性。由于两幅 SAR 影像的数据几乎来自空间的同一位置,两幅影像的相干像元的主要不同之处是存在一定的偏移、小范围的拉伸及方位向轻微的旋转。

在配准过程中,首先根据轨道参数生成一个初始的配准参数(平移参数),然后分两步进行影像之间的配准,即粗配准和精配准。在粗配准过程中,首先在主影像中等间距选取一定数目的参考点;接着以这些参考点为中心,选取一个一定大小的区域作为参考区域;然后根据初始的配准参数计算从影像中同名点的概略位置,并将同名点周围区域(窗口大小大于参考窗口区域)作为参考区域的搜索区域,最后根据互相关系数来确定实际的同名点位置。

经过粗配准之后，通常采用多项式（包括线性、双线性、高次多项式等）来计算配准参数（平移、旋转和尺度因子），在拟合过程中需要设置限差来剔除粗差，最后只剩数十个同名点来进行拟合计算。在随后进行的精配准过程中，基本上是重复粗配准的步骤，只是所选取的参考点更多，使用更小的参考区域以及目标搜索区域。同样地，当配准过程完成后，按照前述方法计算给出精配准的配准参数。

在获得配准参数后，可以通过重采样过程将从影像插值到主影像的几何结构上。重采样的插值函数包括最邻近法、双线性插值、三次样条插值等。在实际处理中，一般采用高保真度的双三次样条内插方法，并且分别对复从影像的实部和虚部进行重采样。

### 7.1.5　SAR 影像距离向预滤波

以区域干涉条纹距离向频率为依据对 SAR 影像做距离向预滤波，压缩图像频谱的不相干部分，通常需要有初始的干涉条纹进行多次迭代。比较简单的方法是通过干涉条纹的均值频率过滤掉频率过高和过低的数据。

### 7.1.6　生成干涉图和计算相干系数

对配准后的影像做复共轭相乘，就生成了干涉条纹图。在形成干涉图的过程中，一般通过对像元进行平均处理（也就是在方位向上对干涉相位进行多视）来提高干涉图的信噪比。在生成干涉图的同时，为了评估所生成干涉图的质量，同时为了给后续的解缠步骤提供参考数据，一般还会生成相干图来评价干涉图质量的好坏。相干系数定义如下：

$$\gamma = \frac{E\{s_1 s_2^*\}}{\sqrt{E\{s_1 s_1^*\} E\{s_2 s_2^*\}}} \tag{7.1.1}$$

其中，$E$ 表示干涉相位的数学期望。但是在实际过程中，不可能获得干涉的数学期望。因此，一般采用一定区域内像素的相位算数平均值来估计数学期望值。于是 $\gamma$ 的估值 $\hat{\gamma}$ 为：

$$\hat{\gamma} = \frac{\sum_{m=1}^{M} \sum_{n=1}^{N} s_1(m,n) s_2^*(m,n)}{\sqrt{\sum_{m=1}^{M} \sum_{n=1}^{N} |s_1(m,n)|^2 \sum_{m=1}^{M} \sum_{n=1}^{N} |s_2(m,n)|^2}} \tag{7.1.2}$$

其中，$M$ 和 $N$ 为计算相干系数时采用的窗口大小。计算出来的相干系数值在 0（完全去相干）和 1 之间（无噪声）。相干系数的值越大，表明这些点上的干涉图质量越好，反之越差。

### 7.1.7　参考相位和地形改正

参考相位（平地效应）是高度不变的平地在干涉条纹中所表示出来的干涉条纹随距离向和方位向的变化而呈周期性变化的现象。参考相位可通过干涉条纹乘以复相位函数来去除。对干涉条纹进行去地平处理是基于以下两个原则：一是去地平后的相位近似地表示了真实相位与参考椭球面之间的相位差；二是进行去地平处理后的相位梯度变化降低，有利于进行相位解缠。

在去地平以后，在获取外部地形相位以后就可以得到观测区域的形变相位。但是由于外部 DEM 的分辨率和坐标系统与 SAR 影像均不相同，因此其实现方法远比模型要复杂得多。在具体处理时，首先将直角制图坐标系或地理坐标系下的 DEM 数据转换到 SAR 影像坐标系并模拟出 DEM 对应的雷达幅度图；然后对幅度图和高程数据进行插值，使其与干涉图具有相同的分辨率；最后将模拟的雷达幅度图与主影像配准，根据配准参数对 SAR 坐标系下的 DEM 数据进行重采样，并将高程信息转换成地形相位。

### 7.1.8　干涉图的二次滤波

虽然在生成干涉图之前，已经进行过一次滤波处理。但是，有些噪声仍然存在于干涉图之中，为了提高经过地形改正后的干涉图信号质量，在生成干涉图后还需要对其进行一次滤波。常用的滤波方法是基于能量谱的滤波方法，该方法是一种局部自适应滤波方法，其结果是增强了滤波窗口中的最强信号部分。实质上，该滤波算子是增强了滤波窗口内最强谱的波长，同时还保留了那些高相位梯度区域；而不像某些线性滤波算子那样，对这些区域进行平均处理。同样地，该滤波算子由于无信号(不相干)区域内的短波部分具有高能量而对其也进行了保留。使用较多的滤波方法还有低通滤波等。

### 7.1.9　相位解缠

从干涉图中得到的相位差实际上只是个主值，其取值范围在 $[-\pi,\pi)$ 之间，要得到真实的相位就必须在这个主值的基础上加上或减去 $2\pi$ 的整数倍，这个过程就是相位解缠。观测相位(缠绕相位) $\phi^w$ 与未知的真实相位 $\phi$ 之间的关系为

$$\phi^w = W\{\phi\} = \mathrm{mod}\{\phi+\pi, 2\pi\} -\pi \tag{7.1.3}$$

$$\phi = -4\pi\frac{\Delta\rho}{\lambda} + \varepsilon_\phi = 2\pi k + \phi^w + \varepsilon_\phi \tag{7.1.4}$$

其中，$W$ 是缠绕算子，$\varepsilon_\phi$ 为噪声以及 $k$ 为整周模糊数。由此可见，相位缠绕是一个正算过程，而相位解缠则是一个反算过程，由于函数的内在非唯一性和非线性，使得相位解缠变得非常复杂和困难。因此，作为 InSAR 数据处理中关键的一步，相位解缠算法能否满足精度要求和实用化，直接关系到该技术的应用与发展。由于在生成干涉图时，还计算了用来评价干涉图质量的相干图，该图不仅可以用来评价干涉图的质量，而且还可以用来指导相位解缠。一般在相干系数比较高的区域，也就是干涉图质量较高的地方，或者是干涉条纹清晰的部分，比较容易解缠；而相干系数较小的地方，干涉条纹不是很清晰的区域，一般不易解缠成功。

### 7.1.10　地理编码

地理编码是指将雷达坐标系下的干涉图转换到大地坐标系或者制图坐标系下。在地形相位生成过程中，已经得到了 DEM 模拟的幅度影像与主影像之间的关系(查找表)，通过这个对应关系，就可以将雷达坐标系下的干涉图转换到大地坐标系下。

经过以上处理后，就得到了最终的 InSAR 产品：地理编码后的解缠相位。

## §7.2　GAMMA 软件及数据处理流程

GAMMA 遥感公司是一家成立于 1995 年的瑞士遥感软件公司。该公司的主要产品是一

款卫星雷达影像数据处理专业软件——GAMMA 软件,该软件来自于创始人 Charles Werner 和 Urs Wegmüller 在瑞士苏黎世大学和伯恩大学的遥感实验室以及美国喷气实验室(JPL)期间的研究成果。该软件具有处理效率高和使用方便灵活等特点,是用于干涉雷达数据处理的全功能专业平台之一,能够将 SAR 原始数据处理成数字高程模型、地表形变图、土地利用分类图等数字产品。GAMMA 软件可以处理目前绝大部分的雷达卫星数据,包括欧空局的 ERS-1/2 和 ENVISAT 数据、日本 JERS 和 ALOS 数据、加拿大 RADARSAT-1 数据、德国 TerraSAR-X 数据和意大利 COSMO/SKYMED 数据等。

### 7.2.1　GAMMA 软件处理流程

GAMMA 软件按其功能组成可以分成五个部分:组件式 SAR 处理器(Modular SAR Processor, MSP)、干涉 SAR 处理器(Interferometric SAR Processor, ISP)、差分干涉和地理编码(Differential Interferometry and Geocoding Software, DIFF&GEO)、土地利用工具(Land Application Tools, LAT)和干涉点目标分析(Interferometric Point Target Analysis, IPTA)等。本节中主要介绍差分干涉测量所需要使用到的 MSP、ISP 和 DIFF&GEO 三个模块。

1. 组件式 SAR 处理器

组件式 SAR 处理器(MSP)是一套将星载/机载传感器接收到的原始 SAR 数据转换成合成孔径雷达影像的处理系统。MSP 将原始 SAR 数据转换成斜距/多普勒坐标系下的单视复影像(Single look complex, SLC)和多视强度图(Multi-look intensity, MLI),处理过程包括绝对定标和为后续干涉处理的相位保留。

MSP 主要步骤包括有:

(1) 数据准备和格式转换。

(2) 预处理和数据调整,通过从 CEOS 头文件中获取到所需要的处理参数。

(3) 距离向压缩和方位向滤波(可选),处理过程中使用的是距离-多普勒算法,在处理 RADARSAT 数据时,需要用到二次距离向迁移处理。

(4) 自动聚焦,在处理过程中可以调整沿轨方向平台的估计速度。在被处理的图像中需要经过如下的辐射校正:天线方向图、雷达沿轨增益变化、距离向和方位向参考函数的长度和斜距向等。ERS-1、ERS-2 和 JERS 的绝对定标常数是由主动雷达发射接收器和 ESA、NASDA 处理后的定标数据交叉定标后决定的。

(5) 方位向压缩。

(6) 多视后处理,即通过对单视复图像进行时域平均。

整个处理过程中的相关参数和数据特征都存储在一个参数(文本格式)文件中。对于欧空局的 ERS-1/2 和 ENVISAT ASAR 数据,该软件支持多种不同类型的精密轨道(如 Delft, RPC, DORIS),并且软件还支持 ASAR 交叉极化(Alternating polarization, AP)模式的原始数据。MSP 的具体处理流程见图 7-1。

2. 干涉 SAR 处理器(ISP)

Gamma 干涉 SAR 处理器(ISP)包含了生成干涉纹图、高程和相干系数图的一系列算法。处理步骤包括从轨道数据中估计基线、干涉图像对的精确配准、干涉纹图的生成(包括普通的光谱带通滤波)、干涉图相干系数的估计,去除平地相位、干涉纹图的自适应滤波、

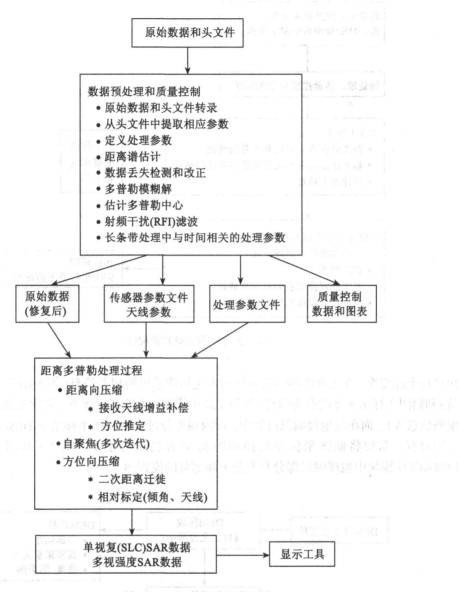

图 7-1 MSP 数据处理流程图

使用枝切法或基于不规则三角网的最小代价优化算法进行相位解缠、从地面控制点估计干涉基线的精度、生成数字高程、高程和坡度图的校正和插值。ISP 支持 ESA PAF 处理的 SLC 和 PRI 数据的绝对辐射定标，同时也支持从 SLC 图像对开始的偏移跟踪技术。ISP 同时也是差分干涉软件的基础平台。图 7-2 为一个典型的 ISP 干涉处理过程。

3. 差分干涉和地理编码模块(DIFF&GEO)

差分干涉和地理编码模块是一组用来进行 SAR 数据差分干涉处理以及在距离-多普勒坐标系统和地图投影之间进行地理编码的程序包。由于在两通差分干涉处理中需要使用到地理编码的功能，因此将差异较大的这两个功能模块组合成一个程序包。

地理编码是指将雷达影像坐标系，即 SAR 距离-多普勒坐标系，与正射制图坐标系之

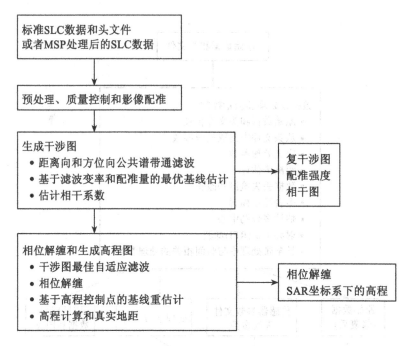

图 7-2　ISP 数据处理流程图

间进行坐标变换。在地理编码时需要使用雷达影像系统的相关信息(如 SAR 影像和相关产品)和制图坐标系统下的有关信息(如数字地形模型、土地利用普查、光学遥感影像的地理编码信息等)。而在反地理编码过程中,即两通差分过程中制图坐标系下 DEM 的干涉相位模拟过程,需要将制图坐标系转换到距离-多普勒坐标系下。图 7-3 和图 7-4 分别为 DIFF&GEO 模块中地理编码部分和差分干涉部分的流程图。

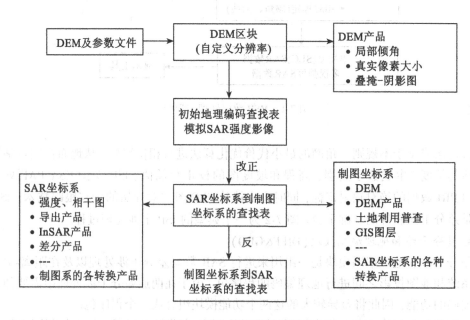

图 7-3　GEO 数据处理流程图

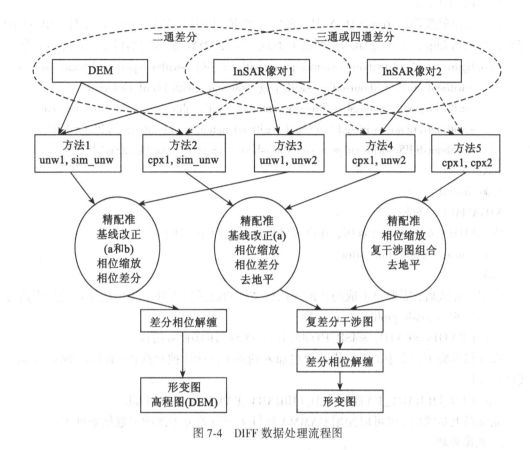

图 7-4　DIFF 数据处理流程图

## 7.2.2　GAMMA 软件的使用

1. 软件的安装

GAMMA 软件可以安装在 Unix、Linux 和 Win32（Win2000，Windows XP）等操作系统平台上，官方推荐平台为 Linux 操作系统。本节以 Linux 操作系统为例，简要介绍 GAMMA 软件的安装过程，其主要步骤如下：

1）FFTW 的安装

从 http：//www.fftw.org 网站下载 FFTW version 2.1.5 的源代码，将其在安装目录内解压。然后进入解压后的目录，执行

./configure --disable-fortran --enable-type-prefix --enable-shared --enable-float --with-gcc

该命令将生成编译安装过程中所需要的 Makefile 配置文件，并且编译生成的头文件默认安装在/usr/local/include 路径内，链接库文件默认安装在/usr/local/lib 内。为了编译和生成 FFTW，在完成上述命令后需要在所在目录内执行

make

当所有的链接库编译成功后，执行如下的命令就可以完成整个安装过程

make install

这样，就将 FFTW 安装在了/usr/local 目录下。

119

2) GDAL 的安装

如果需要处理德国 TerraSAR-X 卫星的雷达数据，还需要安装 GDAL 库文件。GDAL 的安装包可以从 http://www.gdal.org/网站上下载。进入 GDAL 解压后的目录，运行如下命令

```
./configure --without-python --without-php --without-ruby --without-perl --without-jasper \
    --without-curl --without-odbc --with-png = internal --with-libtiff = internal \
    --with-libgeotiff = internal --with-jpeg = internal --with-sqlite = no --with-libz = internal \
    --without-cfitsio --with-gif = internal --without-netcdf --without-pg --without-hdf4 \
    --without-hdf5 --without-geos --enable-shared --prefix = /usr/local/gdal
make
make install
```

3) GAMMA 的安装

将 GAMMA 安装包进行解压，并进入到解压后的目录，执行命令

```
./configure --enable-link_sfftw
make
```

当编译完成后，需要将生成的各模块执行文件的路径加入到系统环境变量的搜索路径中(如 bash 的 ~/.bash_profile 文件)，即

```
export PATH = $PATH: $MSP_HOME/bin: $MSP_HOME/scripts
```

以及将步骤 1 和 2 中的链接库路径也加入到系统链接库搜索路径(如 bash 的 ~/.bashrc 文件)，即

```
export LD_LIBRARY_PATH = $LD_LIBRARY_PATH:/usr/local/lib
```

完成以上步骤后，就可以使用 GAMMA 软件来进行差分干涉测量数据处理了。

2. 成像处理

如果申请或购买到的卫星雷达数据是原始格式的 SAR 数据，在利用 GAMMA 进行差分干涉测量处理之前需要对其先进行成像处理，即运行 MSP 模块。本节以武汉地区的一景 ENVISAT 卫星的 RAW 数据为例，介绍利用 MSP 模块的具体处理步骤。

1) 下载 ENVISAT 数据处理中需要的附属文件和轨道资料

对 ENVISAT 卫星原始数据进行成像处理过程中，需要提供 ENVISAT 星载传感器的相应参数，包括仪器特征文件(INS 文件)和额外特征文件(XCA 文件)，这些参数文件可以从 http://envisat.esa.int/services/auxiliary_data/asar/current/网站下载获得。例中原始雷达影像数据文件为 ASA_IM__0PNMYN20090211_023103_000000182076_00218_36344_2123.N1，附属文件分别为 ASA_XCA_AXVIEC20081215_141741_20070204_165113_20091231_000000 和 ASA_INS_AXVIEC20081215_140905_20070307_060000_20091231_000000 以及 DORIS 精密轨道文件 DOR_VOR_AXVF-P20090317_104300_20090210_215526_20090212_002326。

2) 生成天线参数文件

利用 ASAR_XCA 命令可以从 ENIVISAT 的 XCA 附属文件中提取出天线参数信息，该命令的使用方式为 ASAR_XCA <ASA_XCA> <antenna> [swath] [pol]，其中 ASA_XCA 是下载的 XCA 附属文件，antenna 为生成的天线参数文件，swath 为原始数据的成像波段数(包括有 IS1 至 IS7, SS1 至 SS5)，pol 为极化方式(包括有 HH, VV, HV 和 VH 四种)。

```
ASAR_XCA ASA_XCA_AXVIEC20081215_141741_20070204_165113_20091231_000000
ASAR.gain IS2 VV
```

120

3) 创建 MSP SAR 传感器和处理参数文件

ASAR_IM_proc 命令读取 ASAR 原始数据文件, 从中提取出 MSP 传感器参数文件和 MSP 处理参数文件, 该命令的使用方式为 ASAR_IM_proc <L0> <INS> <SAR_par> <PROC_par> <raw> <ant_gain>, 其中 L0 为原始数据文件, INS 为前述的 INS 附属文件, SAR_par 为 SAR 传感器文件, PROC_par 为 MSP 的处理参数文件, raw 为生成的 8 位 I/Q 原始数据, 以及 ant_gain 为第 2 步中生成的天线参数文件。

ASAR_IM_proc

ASA_IM__0PNMYN20090211_023103_000000182076_00218_36344_2123.N1

ASA_INS_AXVIEC20081215_140905_20070307_060000_20091231_000000 ASAR.par p090211.slc.par 090211.raw ASAR.gain

4) 轨道处理(可选)

如果 MSP 生成的 SLC 影像需要进行地理编码或者是用来进行干涉处理, 则需要采用更好的精密轨道来替换原始影像中自动的轨道参数, 对于 ENVISAT 而言, 可以使用的精密轨道包括 DELFT 提供的精密轨道和 ESA 提供的 DORIS 轨道, 文中使用的是 DORIS 精密轨道。命令形式为 DORIS_proc <PROC_par> <DOR>, 其中 PROC_par 为 MSP 的处理参数文件, DOR 为 DORIS 精密轨道文件。

DORIS_proc                                                                                  p090211.slc.par

DOR_VOR_AXVF-P20090317_104300_20090210_215526_20090212_002326

5) 确定多普勒模糊度(可选)

如果是在北半球区域获取的数据则不需要进行该处理。可以使用 dop_mlcc 命令来确定影像的多普勒模糊度。如果当处理的影像回波数目超过 8192 时, 推荐执行该命令。命令形式为 dop_mlcc <SAR_par> <PROC_par>。

dop_mlcc ASAR.par p090211.slc.par 090211.raw 090211.mlcc

6) 确定多普勒中心

为了从方位谱中估计出多普勒中心需要使用 azsp_IQ 命令。命令形式为 azsp_IQ <SAR_par> <PROC_par> <raw> <spectrum>, 其中 spectrum 为输出的方位谱。

azsp_IQ ASAR.par p090211.slc.par 090211.raw 090211.azsp

7) 估计跨条带多普勒中心

为了确定跨条带的多普勒多项式需要使用 doppler 命令。命令形式为 doppler <SAR_par> <PROC_par> <raw> <doppler>, 其中<doppler>为输出的以斜距为参数的多普勒值。

doppler ASAR.par p090211.slc.par 090211.raw 090211.dop

8) 估计距离向能量谱

距离向能量谱用来估计最终影像的信噪比(SNR), 可以使用 rspec_IQ 命令来计算距离向能离谱, 计算得到的影像 SNR 存放在参数文件的 SNR_range_spectrum 参数中。命令形式为 rspec_IQ ASAR <SAR_par> <PROC_par> <raw> <range_spec>, 其中 range_spec 为用来作图的距离向能量谱。

rspec_IQ ASAR.par p090211.slc.par 090211.raw 090211.rspec

9) 距离向压缩

距离向压缩可以通过命令 pre_rc 来实现。命令形式为 pre_rc <SAR_par> <PROC_par> <raw><rc_data>, 其中<rc_data>为输出的距离向压缩文件。

pre_rc ASAR.par p090211.slc.par 090211.raw 090211.rc

10）自聚焦

为了在方位向上将影像自聚焦处理需要执行 autof 命令。命令形式为 autof <SAR_par> <PROC_par> <raw> <autofocus>，其中<autofocus>为输出的自聚焦相关函数。为了获得较好的沿轨向速率，该命令需要重复执行两次。

autof ASAR.par p090211.slc.par 090211.rc 090211.autof 5.0

11）方位向压缩

方位向压缩通过校准距离/多普勒方位向处理器 az_proc 来实现。命令形式为 az_proc <SAR_par> <PROC_par> <rc_data> <SLC>，其中 SLC 为输出的单视复（SLC）影像，对 ENVI-SAT 而言，在方位向压缩过程中推荐的处理块大小为4096。

az_proc ASAR.par p090211.slc.par 090211.rc 090211.slc 4096 0 -31.0 0 2.120

至此就完成了 SAR 原始数据的成像处理，生成了 SAR 干涉处理所需的 SLC 影像。

3. 二通差分干涉处理

1）数据准备

在进行二通差分干涉处理时，需要先准备好主辅影像 SLC 格式的数据（是指经过 MSP 处理的 SLC 数据，如果是 CEOS 格式的 SLC 数据，则需要先进行格式转换）和其参数文件，以及差分处理中需要的 DEM 数据（一般使用 SRTM 的 DEM 数据）及其参数文件（该参数文件可以 create_dem_par 命令生成）。在本例中，使用的主影像日期为 970316，存放在目录 970316 下，SLC 数据及其参数文件分别为 971116.slc 和 971116.slc.par。辅影像的成像日期为 971116，存放在目录 971116 下，SLC 数据及其参数文件分别为 971116.slc 和 971116.slc. par。差分用的 DEM 数据存放在 srtm 目录下，DEM 及其参数为 srtm 和 srtm.par。

2）主辅影像配准

为了确定主辅影像之间的偏移量，首先使用 create_offset 命令来创建 ISP 的处理/偏移量参数文件 970316_971116.off，在这个文件中包含干涉处理中所需的所有信息，如文件的大小、几何参数和配准多项式系数等。

create_offset 970316/970316.slc.par 971116/971116.slc.par 970316_971116.off 1

命令中最后一个参数为配准中采用的算法（1 为基于影像强度的互相关配准，2 为基于条纹可见性方法），命令默认为方法 1。

两幅 SLC 影像的初始方位向和距离向偏移量可以通过人工输入或者使用 init_offset_orbit 和 init_offset 命令来自动生成。init_offset_orbit 命令基于轨道信息给出了影像偏移量的一次估计，这个估值可以通过基于影像强度互相关系数的 init_offset 命令来进行改正。为了避免模糊度问题以及取得较准确的估值，init_offset 通常是基于多视后的 SLC 影像，本例中的多视视数为 2 和 10。

init_offset_orbit 970316/970316.slc.par 971116/971116.slc.par 970316_971116.off

init_offset 970316/970316.slc 971116/971116.slc 970316/970316.slc.par 971116/971116.slc. par 970316_971116.off 2 10

每次获取的初始偏移量都写入到了偏移参数文件（*.off），并被作为下次估计的初始估值。在获取初始偏移量后，ISP 提供了两种方法来估计精确的（亚像素级）距离向和方位向偏移量。第一种方法是基于影像强度的 offset_pwr 方法，另外一种是基于影像复数据的 offset_SLC 方法，本例中使用的是 offset_pwr 方法。

offset_pwr 970316/970316.slc 971116/971116.slc 970316/970316.slc.par 971116/971116.slc.par 970316_971116.off offs snr 512 512 offsets 2 8 8 7.0

获取精确的距离向和方位向偏移量之后,可以根据最小二乘残差法来确定拟合的双线性配准多项式系数。这个步骤可以通过 offset_fit 命令来实现。

offset_fit offs snr 970316_971116.off coffs coffsets 7.0 3 0

为了获取较高精度的配准多项式,一般需要将 offset_pwr 和 offset_fit 重复执行多次。

3)生成干涉图

一旦得到配准参数多项式后,就可以进行影像的互配准和生成干涉图。通常使用的方法为 interf_SLC 方法,该方法直接通过两 SLC 影像(未配准)和 ISP 参数文件中的配准参数来计算正则化干涉图和配准强度影像,并且该方法需要的磁盘空间更小、运行速度更快,并且可以在一个滤波操作中实现插值和公共谱带滤波。

interf_SLC 970316/970316.slc 971116/971116.slc 970316/970316.slc.par 971116/971116.slc.par 970316_971116.off - - 970316_971116.int 2 10

4)估算干涉基线

干涉基线的估计也有两种方法,一种是基于轨道信息的基线参数估计,一种是基于干涉条纹的基线估计。在本例中采用的是基于轨道信息基线估计方法。

base_init 970316/970316.slc.par 971116/971116.slc.par 970316_971116.off 970316_971116.int 970316_971116.base 0

为了获取干涉基线的垂直分量和水平分量,及其在沿轨和垂直轨道方向的变化,可以使用 base_perp 命令。

base_perp 970316_971116.base 970316/970316.slc.par    970316_971116.off

5)DEM 模拟 SAR 影像

在形成干涉图中包含了几部分的信息,主要包括平地效应、地形相位和形变相位三部分。首先介绍如何将 DEM 从制图坐标系转换到 SAR 坐标系下。

为了将 DEM 从制图坐标系转换到 SAR 坐标系下,需要使用 gc_map 命令来生成一个地理编码查找表。

gc_map 970316/970316.slc.par int_970316_971116/970316_971116.off srtm/srtm.par srtm/srtm 970316_971116.utm.dem.par    970316_971116.utm.dem    970316_971116.utm_to_rdc  2  2 970316_971116.utm.sim.sar

使用该命令可以生成覆盖 SAR 影像区域的 DEM 块(970316_971116.utm.dem)及其参数(970316_971116.utm.dem.par)、初始的地理编码查找表 970316_971116.utm_to_rdc 以及制图坐标下 DEM 模拟的 SAR 影像(970316_971116.utm.sim.sar)。

然后根据这个查找表可以用 geocode 命令将制图坐标下 DEM 模拟的 SAR 影像转换到 SAR 坐标下。

geocode       970316_971116.utm_to_rdc       970316_971116.utm.sim.sar       3660 970316_971116.rdc.sim.sar 2456 5166

由于初始的查找表仅采用了主影像中的位置参数,为了改进查找表的精度,需要将真实的 SAR 影像(主影像)与根据初始查找表生成的模拟 SAR 影像进行配准,从而来改进地理编码查找表。

首先利用 create_diff_par 命令生成地理编码/偏移量的参数文件。

create_diff_par int_970316_971116/970316_971116.off int_970316_971116/970316_971116.off 970316_971116.diff.par

与主辅影像的配准过程类似，主影像强度图与 DEM 模拟 SAR 影像之间的配准也采用了类似的方法，使用的命令包括 init_offsetm、offset_pwrm 和 offset_fitm。同样为了提高配准精度，需要重复多次运行 offset_pwrm 和 offset_fitm 命令。

init_offsetm          970316_971116.rdc.sim.sar          int_970316_971116/970316_971116.pwr1 970316_971116.diff.par

offset_pwrm           970316_971116.rdc.sim.sar          int_970316_971116/970316_971116.pwr1 970316_971116.diff.par offs snr 512 512 offsets 2 8 8 6.5

offset_fitm offs snr 970316_971116.diff.par coffs coffsets 6.5 3

在获取精确的配准参数后（存放于 970316_971116.diff.par 文件中），就可以使用 gc_map_fine 命令来改进处理的地理编码查找表。

gc_map_fine           970316_971116.utm_to_rdc          3660          970316_971116.diff.par 970316_971116.utm_to_rdc_fine 1

基于改进后的查找表就可以使用 geocode 命令将制图坐标下的 DEM 转换到 SAR 坐标系下（970316_971116.dem_hgt）。

geocode           970316_971116.utm_to_rdc_fine          970316_971116.utm.dem          3660 970316_971116.dem_hgt 2456 5166 0 0

6）差分处理

在获取 SAR 坐标下的 DEM 后，可以使用 phase_sim 命令根据该 DEM 来生成干涉图中的地形相位。phase_sim 命令中的 ph_flag 参数是指是否在模拟的地形相位中添加平地效应，默认为 0（即添加平地效应）。

phase_sim           970316/970316.slc.par          970316_971116.off          970316_971116.base 970316_971116.dem_hgt 970316_971116.sim_unw 0 0

将得到的干涉图减去添加了平地效应的地形相位就可以得到需要的形变相位，这一步可以通过 sub_phase 命令来实现。

sub_phase           970316_971116.int          970316_971116.sim_unw          970316_971116.diff.par 970316_971116.tflt 1

7）滤波与解缠

由于干涉图中含有大量的噪声，为了提高干涉图的质量，需要对其进行滤波处理，在这里使用的是自适应滤波方法 adf，为了提高滤波的效果，可以多次执行 adf 命令。

adf 970316_971116.tflt 970316_971116.tflt_sm 970316_971116.smcc 2456 0.7 32 7 8 0 0 .25

该命令同时还会根据滤波后的干涉图生成相干系数。

为了得到满足需要的形变图，还需要对滤波后的干涉图进行解缠处理，UNWRAP_PAR 命令使用的是支切法解缠方法。

UNWRAP_PAR           970316_971116.off          970316_971116.tflt_sm          970316_971116.smcc 970316_971116.pwr1 970316_971116.unw 970316_971116.flag

8）地理编码

对得到的解缠相位进行地理编码就可以得到最终产品，地理编码后的地形相位。这一步可以使用 geocode_back 命令来完成。

| geocode_back | 970316_971116.unw | 2456 | 970316_971116.utm_to_rdc_fine |

970316_971116.unw_geo 3660

至此，就完成了一个典型的 SAR 二通差分干涉处理。

## §7.3 DORIS 软件及数据处理流程

1999 年荷兰 Delft 科技大学(Delft University of Technology)推出了一套开放源代码的跨平台 InSAR 处理软件 Doris(Delft Object-oriented Radar Interferometric Software Package)，以若干公共开源软件(如 FFTW，GETORB，SNAPHU，GMT 等)为辅助，能够完整地实现 In-SAR 的整个处理流程并在许多环节提供了多种算法。目前，Doris 可以处理的星载雷达的数据包括欧空局 ERS-1/2、ENVISAT 数据、日本 JERS 数据及加拿大的 RADARSAT-1 数据等。由于 Doris 中不包含雷达成像处理软件，不能处理雷达原始数据(0 级数据)，输入数据必须是单视复(SLC)格式。

Doris 将差分干涉测量数据处理流程分为 Doris 软件进行 SAR 数据处理，大致可以分为 4 个模块：原始数据读取模块、配准和参考椭球相位计算模块、复相位图像和相干图计算模块、DEM 和形变干涉图生成模块。具体运行时分为 7 步：input.m_initial、input.s_initial、input.coregistration、input.resample、input.products、input.filter_unwrap 和 input.s2h_geocode。它以 SLC 影像为初始输入数据，通过粗匹配、像素级匹配和亚像素级匹配，重采样，干涉图生成和去平地效应，干涉图滤波和解缠，高程转换和地理编码最终可生成 DEM 或形变图。处理过程中，必须按照模块的顺序来处理，但几个滤波的处理，可以选择是否进行，这些处理可以针对不同的噪音来去除，以提升处理的结果。一般每一步都以上一步的处理结果作为输入参数，每一模块处理完后都会输出相应的结果。其包含的具体内容见表 7-1，完整的干涉处理流程如图 7-5。

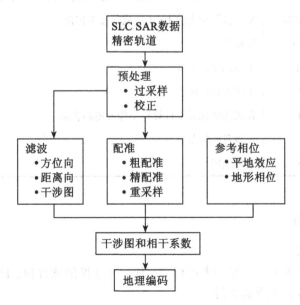

图 7-5　Doris 进行 SAR 数据处理流程图

125

表 7-1                      **Doris 软件包含的主要内容**

| # | 步骤 | 具体内容 |
|---|---|---|
| 1 | M_READFILES | 从单视复数文件 SLC 中读取主影像的主要数据处理参数 |
| 2 | M_PORBITS | 通过 getorb 软件模块获得 Delft 大学提供的卫星精密轨道数据 |
| 3 | M_CROP | 将单视复数数据从 paf 格式写成 raw 格式 |
| 4 | S_READFILES | 参考 M_READFILES |
| 5 | S_PORBITS | 参考 M_PORBITS |
| 6 | S_CROP | 参考 M_CROP |
| 7 | M_FILTAZI | 主影像方位向频域滤波 |
| 8 | S_FILTAZI | 辅影像方位向频域滤波 |
| 9 | COARSEORB | 利用主辅影像的轨道信息计算轨道的粗略配准参数 |
| 10 | COARSECORR | 利用相关系数进行主辅影像的配准参数计算 |
| 11 | FINE | 利用相关系数进行主辅影像的配准参数计算 |
| 12 | COREGPM | 利用配准参数计算重采样所需的二次多项式参数 |
| 13 | RESAMPLE | 根据配准的参数模型对辅影像进行重采样 |
| 14 | FILTRANGE | 主影像和辅影像频谱滤波按值域(像元)方向 |
| 15 | INTERFERO | 生成干涉图 |
| 16 | COMPREFPHA | 计算椭球的参考相位,用于将它从干涉图中去除 |
| 17 | SUBTRREFPHA | 从干涉图中去除椭球的参考相位 |
| 18 | COMPREFDEM | 计算 DEM 造成的参考相位,用于将它从干涉图中去除 |
| 19 | SUBTRREFDEM | 从干涉图中去除 DEM 造成的参考相位 |
| 20 | COHERENCE | 计算相干图 |
| 21 | FILTPHASE | 干涉图相位滤波 |
| 22 | UNWRAP | 干涉图相位解缠 |
| 23 | SLANT2H | 在雷达坐标系下计算每个像元的高程值 |
| 24 | DINSAR | 三轨及四轨差分 |
| 25 | GEOCODE | 地理编码 |

### 7.3.1 软件准备

1. FFTW 的安装

FFTW 是由 MIT 开发的一组用来进行快速傅立叶变换的软件包,该软件可以免费从网站 http://www.fftw.org/ 上下载获得。

将下载的 FFTW 压缩包解压到指定路径(一般为 usr/local/fftw),打开终端,依次执行:

./configure -prefix = `pwd` --enable-float

make

make install

即可完成 FFTW 的安装。

2. Doris 的安装

Doris 的最新版本可以从荷兰 Delft 科技大学的网站 http://enterprise.lr.tudelft.nl/doris/software/download.html 上免费下载得到。将下载的安装包在安装目录内解压，然后进入其中的 src 路径(cd /.../doris/src)，依次执行：

./configure

make

make install

在安装过程中，需要回答几个问题，包括：编译器的选择、FFTW 软件的安装位置(即 include 和 lib 文件夹所在的位置)以及 Doris 的安装路径等。稍后即可完成安装。

3. SARtools 和 ENVISAT_TOOLS 的安装

分别进入到 Doris 安装目录下的 SARtools 和 ENVISAT_TOOLS 路径，分别执行：

make

make install

即可完成这两个工具包的安装

4. getorb 的安装

getorb 包是一个用来提取 Delft 提供的 ERS/ENVISAT 精确轨道信息的软件包。在 Doris 中的 M_PORBITS 和 S_PORBITS 两步调用 getorb 来提取 SAR 数据处理中所需的轨道信息。该软件的最新版本可以从网站 http://www.deos.tudelft.nl/ers/precorbs/tools/getorb_pack.shtml 上下载得到。将下载的压缩包在指定路径内进行解压，进入 getorb 路径，依次执行：

make

make install

即可完成安装。

5. snaphu 的安装

snaphu 是 Stanford 开发的一个解缠程序，该程序被 Doris 中的 UNWRAP 调用用来进行干涉图的相位解缠。最新版本可以从网站 http://www-star.stanford.edu/sar_group/snaphu/下载得到。将下载的压缩包在指定路径内进行解压，进入 snaphu 的 src 路径，依次执行：

make

make install

安装过程中会报错，提示在某个路径下没有 man/man1 文件夹。这时只要在这个指定的路径下(一般为 usr/local/)新建一个 man 文件夹，再在新建的 man 文件夹下创建一个 man1 文件夹。再 make install 一次即可完成安装。

6. GMT 的安装

GMT 是一个功能非常强大的地学通用作图工具软件包，Doris 使用该软件来显示 SAR 干涉数据处理中的产品。GMT 的最新版本可以从网站 http://gmt.soest.hawaii.edu/上下载得到。进入 GMT 的待安装目录，运行

./install_gmt

安装提示回答相应的问题后即可完成安装。

在完成了以上软件的安装后还不能立即使用 Doris，还必须要多系统的环境变量进行一定的设置。例如在 bash 中，在用户的根目录下找到文件~/.bashrc，在文件中增加如下的设置（注意大小写）：

export PAGER＝less

export EDITOR＝vi

export NETCDFHOME ＝ netcdf 的安装路径

export GMTHOME＝GMT 的安装路径

export PATH＝GMT 的 bin 文件夹所在的路径；Doris 的 bin 文件夹所在的路径：$PATH

进行以上设置以后，就可以开始使用 Doris 来进行 SAR 干涉处理了。

### 7.3.2 软件处理流程

1. 了解 Doris 常用命令

在用户终端运行：

doris --help

在终端会显示 Doris 的基本常用命令的基本用法和参数。

2. 软件运行

1）生成初始参数文件

Doris 为方便用户进行 SAR 干涉处理，采用 run 命令来生成初始化文件。在终端运行：

run -g

命令执行完成后会在当前路径下生成 Inputfiles，Outinfo 和 Outdata 三个文件夹。其中的 Inputfiles 文件夹内，包含以下几个文件 input.m_inital，input.s_intial，input.resample，input.coregistration，input.products，input.filter_unwrap 和 input.quicklook，这些文件的具体内容和作用将在后续处理过程中进行详细的讲述。

在运行 run 命令时还可以带上相应的参数，如下：

run -g -M 9902 -S 9908

该命令将在生成的初始化参数文件中将主影像名称定义为 9902，而辅影像名称则定义为 9908。

2）主影像初始化

在终端中运行：

run -e1

该命令就启动系统设置的编辑器（vi）来编辑 Input.m_inital 文件（主影像初始化文件），在 Input.m_inital 主要包括四个部分的内容：

m_readfiles：读取主影像

m_crop：数据剪裁及格式转化

m_ovs：过采样（可选）

m_porbits：用 getorb 提取所需的精确轨道信息

在 Input.m_inital 中要给出 SLC 影像的 volume、leader 和 data 文件所在路径、SAR 数据的来源卫星以及 Delft 精密轨道数据文件所在路径（如果处理的是 ENVISAT 卫星的 SAR 影像，则 SLC 影像为一个文件）。

在 Input.m_inital 文件中还需要注意若干参数的设定。如在图像剪裁选项卡中：

M_DBOW 1 5000 1 1000 // database output window

若要处理整幅影像时则需要将上面的选项注释掉。

此外，由于 getorb 提供了两种提取精密轨道的方法：三次自然样条插值和三次多项式插值。采用三次自然样条插值时在第一行记录前最后一行记录后至少有 3 个数据点；采用三次多项式插值时，时间间隔可取 20~30 秒，额外时间可取 200 秒。在 Doris 的 m_porbits 卡中默认的是样条插值。

M_ORB_EXTRATIME 6 // Time before first line

M_ORB_INTERVAL 1 // 时间间隔。

在完成对 Input.m_inital 文件编辑和修改后，在用户终端中输入

run -s1

该命令将执行 Input.m_inital 中设定的所有步骤。

3）辅影像初始化

在用户终端运行：

run -e2

该命令将调用文本编辑器(vi)打开 input.s_initial 参数文件，该文件的具体与 Input.m_inital 文件类似，具体设置请参考主影像初始化中的设置。完成参数文件的配置后，在终端运行：

run -s2

命令就执行 input.s_initial 文件中设定的所有步骤。

4）影像配准

在终端中运行：

run -e3

命令将调用文本编辑器来编辑影像配准中的参数文件 Input.coregistration。影像粗配准卡主要包括有：

coarseorb：基于轨道的粗匹配

coarsecorr：像素级粗匹配

m_filtazi：主影像方位向滤波

s_filtazi：辅影像方位向滤波

filtrange：距离向滤波(可选)

在影响粗配准过程中，首先根据获取主副影像的轨道进行匹配，配准精度在 30 个像素左右。然后进行像素级粗匹配，在这一步有两种方法，一种是在空间域进行匹配，要求窗口尺寸为奇数，设为偶数时会自动转化为奇数。另一种是在频率域进行的匹配。由于空间域的卷积运算与频率域的乘法运算是等价的，通过 FFT 转化到频率域进行相关性计算，可以提高计算效率。Doris 的缺省设置是在频率域下的匹配。

此外，Input.coregistration 中粗配准的其他参数有：

CC_NWIN 21 // 窗口数量(至少为 5)

CC_WINSIZE 256 256 // 窗口尺寸

CC_INITOFF orbit // 利用基于轨道匹配的结果。

对主影像进行方位向滤波，通过主副影像不重叠的部分将被滤掉。在 SAR 处理过程中如果主副影像采用的多普勒质心频率不相同则会产生不重叠的部分。这一步最好在粗匹配

和精匹配之间进行。这样粗匹配得到的方位向的偏移量可用来确定多普勒质心频率的多项式，并有助于提高精匹配的精度。

在完成方位向滤波以后就可以进行影像的精匹配，这一步主要是在亚像素级水平上计算主副影像对应点位的偏移矢量。首先在分布于整幅影像中的大窗口中，对于给定窗口，在整幅影像范围内通过计算影像幅度的相干系数来估计偏移量，其次，对于上一步所计算的最大相关系数的窗口，进行过采样，以亚像素级精度来确定相干系数最大值。

当窗口数和窗口尺寸采用默认值而效果不理想时，应根据数据的具体情况来进行调整，可以将窗口数增大一倍，建议使用 64×64。FC_ACC 为最大相干系数的搜索精度，建议为 8, 8, 这样搜索区域就为-8 到 8, 采用 FFT 方法时必须为 2 的幂。

FC_OSFACTOR 为采样因子(采样率)，要想达到 1/10 之一的匹配精度，建议取为 32 当设置完成后，在终端输入：

run -s3

命令将执行 Input.coregistration 中设定的步骤。

5）重采样

在终端输入：

run -e4

命令调用文本编辑器来编辑重采样的参数文件 input.resample。重采样卡包括以下内容：

coregpm：计算匹配参数

resample：辅影像重采样

filtrange：主辅影像距离向滤波

计算主辅步影像匹配参数主要根据精配准中估计的偏移量，利用最小二乘法来计算影像之间的匹配参数(该配准参数应当具有亚像素级的精度)。在计算过程中，可以事先对相干系数设一个阈值来剔除一些数据。由于干涉图质量对主副影像之间的匹配误差十分敏感，使得这一步是关键性的步骤，通常需要通过不断地迭代来获得到最佳的配准参数。在 Doris 中，采用 CPM_MAXITER 选项来设定自动迭代的次数。该步的主要参数有：

CPM_THRESHOLD 0.4 // higher threshold->less windows

CPM_DEGREE 2 // 2d-polynomial

CPM_WEIGHT bamler // paper R.Bamler, IGARSS 2000/2004

CPM_MAXITER 20 // automated removal, max 20 iterations

CPM_PLOT NOBG // plot w/o magnitude background

其中，CPM_THRESHOLD 为相干系数的阈值，这一选项决定了有多少数据可以用于估计多项式的系数，该参数的设定取决于精匹配中所采用窗口的大小。若采用的是 64×64 的窗口，设为 0.2 即可。

CPM_DEGREE 多项式阶数，建议采用 2 以上。CPM_WEIGHT 最小二乘的定权方法，建议选 bamler 方法。CPM_MAXITER 为迭代次数选项，如果在精配准中定义了 600 个窗口，则设定为 20 次即可。其他参数可以采用默认值。

根据主影像的几何结构和 COREGPM 步骤中得到的匹配参数可以对辅影像进行重采样，该过程即利用插值核在空间域重建副影像原始信号的过程。为了评价重采样的质量，可以将采样后的副影像与主影像再匹配。这时偏移矢量应基本为零。Doris 提供了大量的插值核供选择，按缺省设置即可。插值在距离向和方位向上是独立的，对于主副影像重叠区重采样是逐点进行的，并且分别对 SLC 影像的强度和相位信息进行插值。

当完成辅影像的重采样过程后，需要对主辅影像进行距离向的滤波操作，通过对主副影像距离向滤波可以减小主辅影像中的不重叠区域，从而减少干涉图中的噪声。不重叠区域产生的原因是卫星视角差异，因此垂直基线越长，重叠区域越小。

在距离向滤波卡的参数中，RF_METHOD 为距离向滤波方法，有 adaptive 和 porbits 方法，推荐使用 adaptive 滤波方法。

完成重采样卡内的参数设置后，在终端运行：

run -s4

命令将执行 input.resample 中设定的步骤。

6）生成干涉产品

在终端输入：

run -e5

命令调用文本编辑器来编辑干涉产品的参数文件 input.products。干涉产品生成卡主要包括有以下内容：

interfero：干涉图生成

comprefpha：计算因地球形状引起的参考相位

subtrrefpha：去除因地球形状引起的参考相位（去地平）

comprefdem：计算因地形引起的参考相位

subtrrefdem：去除因地形引起的参考相位

coherence：生成相干系数图

其中的 interfero 步骤可以生成干涉图，为了减少干涉图的噪声，一般要进行多视处理，将 INT_MULTILOOK 取为 5 1，即在方位向上 5 行并一行，而距离向不变，这样得到的干涉图的分辨率将降低，约为 20m×20m。

接下来的计算因地球形状引起的参考相位需要精确的轨道数据，如果在后续的去平中将方法选为"exact"，则不需要执行这一步。当计算完参考相位后就可执行去平操作，去平卡中的缺省方法为 polynomial。

为了获取地表形变的相位，在完成去平操作后，还需要计算地形引起的相位变化，由于输入的 DEM 空间分辨率较低（如 SRTM DEM 在美国境外为 90m），可采用双线性函数内插使之与干涉图的分辨率相当，例如若干涉图精度为 20m×20m，则需在 DEM 两点间内插 5 个点，但内插这么多点可能会出现问题。另一种方法是通过多视处理将干涉图分辨率降低，以减少内插点数。计算地形相位计算卡中的 CRD_METHOD 缺省为利用三个相邻点的线性插值，而其他的参数，如 CRD_IN_UL，CRD_IN_SIZE，CRD_IN_DELTA，CRD_IN_NODATA 均可从 DEM 头文件中获得。完成了地形相位的计算后，就可以使用 subtrrefdem 减去地形相位的影响。

干涉产品中的另一个重要部分是相干系数，而相干系数的计算和窗口大小的选择有关系，在 Doris 中，缺省的大小为 10×10。

完成干涉产品生成卡内的参数设置后，在终端运行：

run -s5

命令将执行 input.products 中设定的步骤。

7）滤波和解缠

在终端输入：

run -e6

命令调用文本编辑器来编辑滤波和解缠参数文件 input.filter_unwrap。滤波和解缠卡主要包括以下内容：

filtphase：干涉图滤波

unwrap：相位解缠

dinsar：差分干涉

对干涉图滤波，可以减少噪声而获得更清晰的干涉图并有助于后续的解缠。若影像数据含有很多 0，则可能出现警告提示。一般地，经过滤波后，干涉条纹将更加清晰（因为将干涉条纹引起的频谱峰值增加了更大的权重）。在 Doris 中有三种滤波方法可供选择，分别是：goldstein，spectral 和 spatialconv 方法，其中的 goldstein 方法能保留更多的细节。滤波卡中的 PF_IN_KERNEL2D 选项只适用于 spatialconv 和 spectral 方法。PF_BLOCKSIZE 此选项卡只适用于 goldstein 和 spectral 方法，而且其值必须为 2 的幂，建议使用 32。PF_OVERLAP 选项卡只适用于 goldstein 和 spectral 方法，其最大尺寸为 BLOCKSIZE/2-1，选用此尺寸时，所有输出像素都将被滤波，结果最好但十分耗时。PF_KERNEL 选项卡只适用于 goldstein 和 spatialconv 方法，要先给出 kernel 的元素数。对于 goldstein 方法可设定为：5 1 2 3 2 1，对于 spectral 方法可设为：3 1 1 1。

在完成干涉图的滤波后即可进行 SAR 干涉测量中主要步骤：解缠操作。在 Doris 中采用了外部解缠程序 SNAPHU 来进行相位解缠。

差分干涉（3 通或 4 通），去除干涉图中的地形影响。在生成干涉图中主要包含形变和大气信息，当形变精确已知或没有形变时，该方法也可用来进行大气研究。

地形干涉图和形变干涉图必须已进行了"去平"处理，并重采样至相同的几何结构下。同时采用的采样因子也要相同。用于生成地形干涉图的像对的垂直基线最好能大于形变像对的垂直基线，以防止大量噪声的产生。

完成滤波和解缠卡内的参数设置后，在终端运行：

run -s6

命令将执行 input.filter_unwrap 中设定的步骤。

8）地理编码

在终端输入：

run -e7

命令调用文本编辑器来编辑地理编码文件 input.s2h_geocode。地理编码卡主要包括以下内容：

slant2h：斜距至高程的转换

geocode：地理编码（将雷达坐标系下的高程转换至地理坐标系下）

斜距至高程的转换是在雷达坐标系下完成的，Doris 中有三种方法可供选择，分别为 ambiguity 方法、rodriguez 方法和 Schwabisch 方法，缺省设置为 Schwabisch 方法。

完成斜距至高程的转换就可以进行地理编码，即将将雷达坐标系下的高程转换至地理坐标系下。在 Geocode 卡中输入的是 slant2h 的处理结果，输出的是以经纬度表示的各像素的高程或形变。

完成地理编码卡内的参数设置后，在终端运行：

run -s7

命令将执行 input.s2h_geocode 中设定的步骤。

# 思 考 题

1. 相比其他观测手段，InSAR 在地形变监测中有什么优势？
2. 为什么要进行相位解缠？
3. 为什么在地形变观测中需要去除差分相位中的平地分量？

# 第8章 定点形变测量数据处理及其软件

随着数字化技术、信息网络技术的发展，我国地震形变台站许多观测手段已经实现连续自动观测，本章在叙述连续观测序列预处理及常用的形变观测数据处理方法的基础上，简要介绍了各地震台站广泛使用的数字化形变前兆台网及台站数据处理软件系统。

## §8.1 连续观测序列的数据缺失补值预处理

### 8.1.1 序列值缺失补值预处理法

地震形变台站连续观测包括倾斜固体潮、重力固体潮、应变固体潮、跨断层观测等观测手段。除了完成日常的观测、计算外，对于资料中遇到的各种问题，应及时处理解决，连续观测序列的数据缺失就是需要解决的问题之一。模拟或数字记录的连续观测资料，由于仪器工作性能或供电等偶然因素的影响，致使资料出现几小时或短期断缺，给资料保存、分析及研究工作带来影响。为了解决由于资料缺记带来的影响与不便，特介绍数据插值的方法(国家地震局科技监测司，1995)，该方法具有两个特点：①尽量利用头、尾相邻数据序列已有信息；②符合序列本身的特性和变化规律。下面针对不同的情况，分别介绍计算公式。

1. 连续观测整时值的补缺

1) ±48h 补值法

在整时值连续缺失不超过24h情况下，可利用前后两天的完整观测记录，计算补值，其公式为(国家地震局科技监测司，1995)：

$$y_i = \frac{4(y_{i+24} + y_{i-24}) - (y_{i+48} + y_{i-48})}{6} \tag{8.1.1}$$

其中，$\{y_i\}$ 为观测序列，$i = 1, 2, \cdots\cdots, N$

2) 采用平行观测仪器进行补值

如果观测值缺失较多，累计连续缺值时间大于24h，则不能采用+48h补值法。对于具备平行设置同类仪器记录的台站，则可根据平行记录量值大小，在考虑两台仪器间的差异特性(例如不同的零点漂移)的情况下，利用形态的一致相似性进行补值。

2. 日均值、五日均值的补缺

日均值、五日均值缺失时，如有平行设置的另一套同类仪器，仍可继续沿用上述介绍的方法，即根据已有仪器的记录进行插补，或是采用在观测序列中与缺值相邻的前后值进行补插。但不论何种补插方法，补值精度将随连续缺失个数的增多而降低。下面列出利用观测序列本身插补计算时缺值4个值以内的补值公式。

(1)缺一个数值时，采用与插补整点值类似的公式，使用前后各两天的数值进行补值。

$$y_i = \frac{4(y_{i+1}+y_{i-1}) - (y_{i+2}+y_{i-2})}{6} \tag{8.1.2}$$

（2）连续两个缺值

$$\left.\begin{aligned} y_{i+1} &= \frac{10y_{i+2}+5y_{i-1}-3y_{i+3}-2y_{i-2}}{10} \\ y_i &= \frac{10y_{i-1}+5y_{i+2}-3y_{i-2}-2y_{i+3}}{10} \end{aligned}\right\} \tag{8.1.3}$$

（3）连续三个缺值

$$\left.\begin{aligned} y_{i+1} &= \frac{12y_{i+2}+4y_{i-2}-4y_{i+3}-2y_{i-3}}{10} \\ y_i &= \frac{9y_{i-2}+9y_{i+2}-4y_{i+3}-4y_{i-3}}{10} \\ y_{i-1} &= \frac{12y_{i-2}+4y_{i+2}-4y_{i-3}-2y_{i+3}}{10} \end{aligned}\right\} \tag{8.1.4}$$

（4）连续四个缺值

$$\left.\begin{aligned} y_{i-2} &= \frac{28y_{i-3}+7y_{i+2}-10y_{i-4}-4y_{i+3}}{21} \\ y_{i+2} &= \frac{28y_{i+2}+7y_{i-3}-10y_{y+3}-4y_{i-4}}{21} \\ y_{i-1} &= \frac{42y_{i-3}+28y_{i+2}-20y_{i-4}-15y_{i+3}}{35} \\ y_i &= \frac{42y_{i+2}+28y_{i-3}-20y_{i+3}-15y_{i-4}}{35} \end{aligned}\right\} \tag{8.1.5}$$

### 8.1.2 外推补值法

上述介绍的补值方法适合于缺值部分位于序列中间的情况,当缺值位于资料的首尾时,可按泰勒级数展开的线性组合式推求补值,有两种可能出现的情况:

（1）顺推。当缺值 $f(0)$ 位于序列之尾部时,由已知 $f(-h)$,$f(-h/2)$,$f(-h/4)$ 值的大小计算 $f(0)$ 值,其中 $h$ 为步长。

（2）逆推。当缺值 $f(0)$ 位于序列之首时,由 $f(h)$,$f(h/2)$,$f(h/4)$ 已知值,计算缺值 $f(0)$。顺推,逆推补值方法如图 8-1 所示。

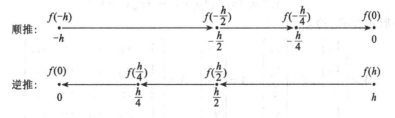

图 8-1　顺推补值与逆推补值

相应的递推公式为(国家地震局科技监测司,1995):

$$\left.\begin{array}{l}\text{顺推：} \quad f(0)=\dfrac{8f\left(-\dfrac{h}{4}\right)-6f\left(-\dfrac{h}{2}\right)+f(-h)}{3} \\[4mm] \text{逆推：} \quad f(0)=\dfrac{8f\left(\dfrac{h}{4}\right)-6f\left(\dfrac{h}{2}\right)+f(h)}{3}\end{array}\right\} \qquad (8.1.6)$$

以上介绍的数据资料的补插方法，仅是对观测资料出现断缺时的一种弥补。以削弱数据使用中的种种不方便。必须注意，通过插补计算所获得的值与实际的观测值间存在一定的误差，尤其对于缺失较多成外推补值的情况更是如此，在使用中要结合具体情况予以选择。

台站日常监测资料是动态随机观测序列，序列中既有多种信息成分，也有噪声影响，为了更好地使用资料和维护观测系统的正常运行，建立客观、准确评定计算资料序列的精度标准是必要的。另一方面，同一序列，从不同的物理、数学模型出发，使用的计算方法和精度结果亦不一样。地倾斜观测资料多年使用契比雪夫多项式逼近精度，作为中、长期稳定性指标，均方连差法由于计算模型更符合序列特点，人为干扰少，逐渐成为一种较前指标更合适的指标；而对潮汐观测资料评定，计算模型更为复杂，日常用中井（Nakai）法来作数据的检验处理。

## §8.2　连续形变观测数据处理方法

连续观测数据缺值的插补和资料长期稳定性的评定指标，可用于各类定点形变连续监测台站资料的日常补值和精度衡量，在资料的综合分析和前兆信息的提取方面，本节主要介绍具有一定典型性的多元线性回归模型、带控制项的自回归模型和卡尔曼滤波模型（张国民等，2001）。

### 8.2.1　多元线性回归法

连续形变观测给出的观测值 $y_i$ 中包含多种已知干扰因素观测值 $x_1,x_2,x_3,\cdots,x_m$。则时间序列为下列线性关系。

$$\left.\begin{array}{l}y_1=a_0+a_1x_{11}+a_2x_{12}+\cdots+a_mx_{1m}+V_1 \\ y_2=a_0+a_1x_{21}+a_2x_{22}+\cdots+a_mx_{2m}+V_2 \\ \vdots \quad \vdots \quad \vdots \qquad \vdots \qquad \vdots \quad \vdots \\ y_n=a_0+a_1x_{n1}+a_2x_{n2}+\cdots+a_mx_{nm}+V_n\end{array}\right\} \qquad (8.2.1)$$

以矩阵形式表示，令：

$$\boldsymbol{V}=\begin{bmatrix}V_1\\V_2\\\vdots\\V_n\end{bmatrix}, \ \boldsymbol{Y}=\begin{bmatrix}y_1\\y_2\\\vdots\\y_n\end{bmatrix}, \ \boldsymbol{A}=\begin{bmatrix}a_1\\a_2\\\vdots\\a_m\end{bmatrix}, \ \boldsymbol{X}=\begin{bmatrix}1&x_{11}&x_{12}&\cdots&x_{1m}\\1&x_{21}&x_{22}&\cdots&x_{2m}\\\vdots&\vdots&\vdots&\cdots&\vdots\\1&x_{n1}&x_{n2}&\cdots&x_{nm}\end{bmatrix} \qquad (8.2.2)$$

则有：

$$\boldsymbol{Y}=\boldsymbol{X}\boldsymbol{A}+\boldsymbol{V} \qquad (8.2.3)$$

利用最小二阵法，可以求得线性方程（8.2.3）中未知系数阵 $A$ 的估值 $\hat{A}$：

$$\hat{A} = (X^{\mathrm{T}}PX)^{-1}X^{\mathrm{T}}PY \tag{8.2.4}$$

将 $\hat{A}$ 代入式(8.2.3),便可求得余差系列 $V$:

$$V = Y - XA \tag{8.2.5}$$

外推时,如有地震前兆信息,必将含在 $V$ 中。

### 8.2.2 带控制项的自回归模型(CAR)方法

在随机观测序列中,部分干扰因素为已知观测值,此时用 $CAR$ 模型。从 $l(t)$ 中滤去 $\hat{M}(t)$ 和 $\hat{S}(t)$ 成分后得到新序列

$$D(t) = l(t) - M(t) - S(t) \tag{8.2.6}$$

$CAR$ 模型表达式为:

$$\begin{aligned} D(t) = a_1 D(t-1) + \cdots a_n D(t-n) + b_0 U(t) + \\ b_1 U(t-1) + \cdots + b_n U(t-n) + e(t) \end{aligned} \tag{8.2.7}$$

式中,$U(t)$ 是用(8.2.6)形式滤去 $M(U(t))$ 和 $S(U(t))$ 成分后的某种干扰因素观测序列,$e(t)$ 是一模型残差,$a_0, a_1, a_2, \cdots, a_n$ 是自回归系数,$b_0, b_1, b_2, \cdots, b_n$ 是控制项系数,$n$ 是模型阶。若令:

$$\phi(t) = \begin{bmatrix} D(t-1) \\ \vdots \\ D(t-n) \\ U(t) \\ U(t-1) \\ \vdots \\ U(t-n) \end{bmatrix}, \quad Q = \begin{bmatrix} a_1 \\ \vdots \\ a_n \\ b_0 \\ b_1 \\ \vdots \\ b_n \end{bmatrix} \tag{8.2.8}$$

则(8.2.7)可表示为:

$$D(t) = \phi^{\mathrm{T}}(t) \cdot Q + e(t) \tag{8.2.9}$$

由此可求在时刻 $t$ 的递推最小二阵估计值 $Q$。如式(8.2.7)中无已知干扰因素观测序列,则变为回归模型($AR$ 模型)。

### 8.2.3 卡尔曼滤波(Kalman)方法

卡尔曼滤波是用前一个估计值和最后一个观测值来估计信号的当前值,它是用状态方程和递推方法进行这种估计的。此方法不限于平稳随机过程,它的信号与噪声是用状态方程和量测方程表示的。

离散型状态方程为:

$$x(k) = Ax(k-1) - Be(k-1) \tag{8.2.10}$$

其中,$x(k)$ 是一组多维状态矢量,$A$、$B$ 是矩阵,$e(k)$ 是触发信号。若触发信号源是白噪声,则

$$Be(k-1) = W(k-1) \tag{8.2.11}$$

此时动态系统的状态方程改写为:

$$x_k = A_k x_{k-1} + W_{k-1} \tag{8.2.12}$$

量测方程为：

$$y_k = C_k x_k + V_k \qquad (8.2.13)$$

其中 $A_k$ 与 $C_k$ 为已知矩阵，$y_k$ 为测得数据，要从 $y_k$ 估值 $\hat{x}_{k-1}$ 中求出 $x_k$。卡尔曼一步递推公式为：

$$\hat{x}_k = A_k x_{k-1} + H_k (y_k - C_k A_k \hat{x}_{k-1}) \qquad (8.2.14)$$

式中：

$$H_k = P'_k C_k^T (C_k P'_k C_k^T + R_k)^{-1} \qquad (8.2.15)$$

$$P'_k = A_k P_{k-1} A_k^T + Q_{k-1} \qquad (8.2.16)$$

$$P_k = (I - H_k C_k) P'_k \qquad (8.2.17)$$

由式(8.2.14)可知，当已知 $H_k$ 用前一个 $x_k$ 的估值 $\hat{x}_{k-1}$ 与当前观测值 $y_k$ 就可求得 $\hat{x}_k$。若按式(8.2.15)求得满足最小均方差矩阵的 $H_k$，则根据式(8.2.14)就可得出最小均方误差条件下的 $\hat{x}_k$。求 $\hat{x}_k$ 的递推过程是：最先，由初始状态 $x_0$ 的统计特性求出 $x_0$ 的均值 $\mu_0$ 和 $P_0$

$$\left.\begin{array}{l} \hat{x}_0 = \mu_0 \\ E[x_0 - \hat{x}_0)(x_0 - \hat{x}_0)^T] = P_0 \end{array}\right\} \qquad (8.2.18)$$

将 $P_0$ 代入式(8.2.16)求出 $P'_1$，将 $P'_1$ 代入式(8.2.15)求得 $H_1$，将 $H_1$ 代入式(8.2.14)求得 $\hat{x}_1$；同时将 $P'_1$ 代入式(8.2.17)求得 $P_1$，由 $P_1$ 又可求出 $P'_2$，由 $P'_2$ 可求出 $H_2$，由 $H_2$ 可求出 $\hat{x}_2$；而且又可由 $H_2$ 与 $P'_2$ 还可求出 $P_2$…。如此，一步一步递推求解 $\hat{x}_k$ 值。

# §8.3 形变前兆台网及台站数据处理软件

随着数字化技术、信息网络技术的发展，我国在"九五"期间开始建设数字化的地震前兆台站及相应的信息网络。针对全国地震形变台站数字化改造后，台站各类形变仪器监测产出的大量数字化观测资料的情况，必须在台站及时完成对资料的预处理与初步分析，以获取规范化的入库资料和及时提取孕震信息，中国地震局地震研究所定点形变台网管理组与山东省地震局合作，研制了数字化形变前兆台网及台站数据处理软件系统。实现了软件系统与标准前兆数据库的链接，使数字化形变台站观测技术规范及其管理目标在台站计算机处理中得以实现，为完善我国数字化前兆观测台网的建设，在台站开展地震预报研究，提供了科学的数字化资料处理方法。

下面对系统的主要功能作一简要介绍(中国地震局监测预报司，2003)。

### 8.3.1 系统的运行参数设置

在 Windows 桌面上，启动"前兆数字化形变处理系统"后主界面见图 8-2。点击主菜单名将出现各自的下拉菜单项。其"文件"、"编辑"、"帮助"等菜单及其子菜单的操作方法与其他文本编辑软件类似，这里不作介绍。

为保证系统正常运行时，首次启动后必须对各项相关参数进行设置，主要包括：

1. 路径设置

在主界面下，点击"设置"–"数据路径"，启动路径设置对话框(图 8-3)。

转换参数路径：《地震前兆通信控制软件》中数据转换参数的存放路径，即格值、改正值的配置参数文件在磁盘上的存放位置。

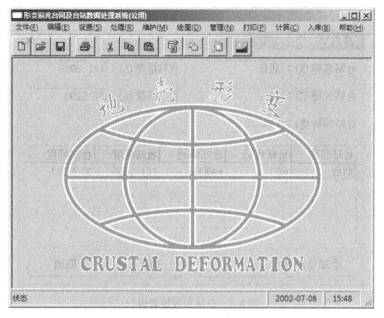

图 8-2 系统主画面

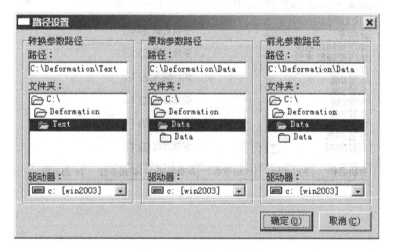

图 8-3 路径设置对话框

原始数据路径：原始数据采集后数据文件所存放的路径。如，C：\ORG00。

前兆数据路径：原始数据经过格值转换生成前兆数据文件所存放的路径，如，C：\PD。

所有路径参数的设置存放在一个文件中，存盘文件名为：Path.txt。

2. 台站参数设置

根据对话框(图8-4)的提示填写本台站的基本参数：台站名称、台站代码、台站编码、台站经纬度；也可以删除表中其他的台站，只保留本台站的参数，可以减少读盘时间。

台站参数存盘文件名：Station.txt。

3. 手段参数设置

图 8-5 为手段参数设置对话框。在手段列表框中选择本台站的数字化仪器的观测手段

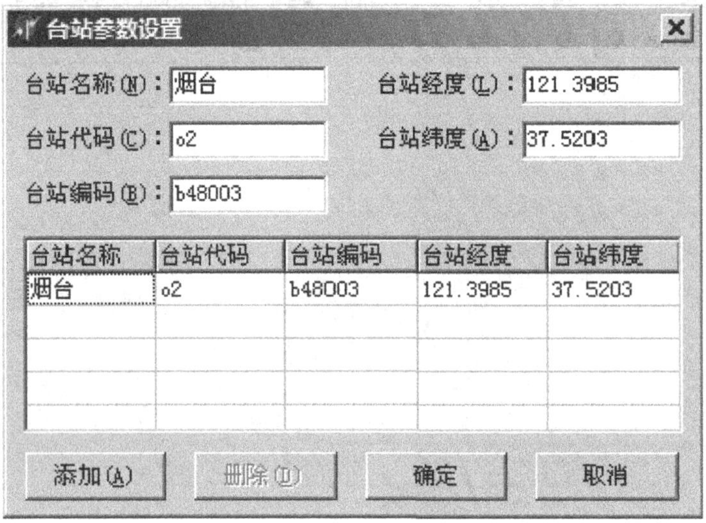

图 8-4　台站参数设置窗口

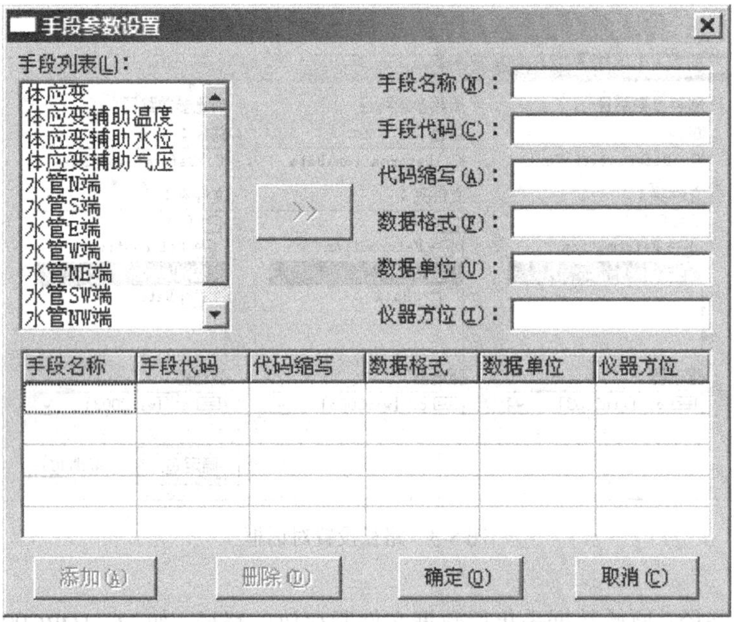

图 8-5　手段参数设置窗口

名称，双击或点击"＞＞"添加到右表中，添完全部测项参数后，添加到下面的列表框中。如果某一手段为盲向观测，则仪器方位一栏用"0"表示。手段参数存盘文件名：Instrument.txt。

4. 采集参数设置

在"采集参数设置"(图 8-6)中填写各观测仪器所对应的公共数仪器号及页号。实际观测中如果仪器号或页号改变，要及时对该项参数进行更改。手段参数存盘文件名：Sample.txt。

图 8-6 采样参数设置窗口

上述各项参数设置所生成的配置文件均自动存放在\Deformation\Text 目录下。

### 8.3.2 观测资料的日常处理

形变观测资料数字计算指标明确，对观测资料连续性的要求很高。系统主界面"检查"菜单下的各项功能涉及台站日常观测中对观测资料的各种处理方法，其中包括对"年初归零"、"缺数"、"突跳"、"台阶"的处理。

1. 往日数据

这项功能用于处理已采集到的整日观测数据，缺省日期为"昨日"日期，缺省路径为"设置"中配置的前兆数据路径。点击"确定"，即可查看和处理"昨日"本台站所有的观测项目的观测数据。如需查看其他时间数据，可更改相应的日期。

在打开的"数据检查"窗体中(图 8-7)，可从显示曲线上查看仪器观测状态，对不正常的数据进行相应的处理。点击此项功能中的"上一条"、"下一条"可顺序显示该日各个测项的数据及其曲线。日常所用的处理方法有以下几种：

1) 缺数

由于仪器断电恢复正常后对正常观测有很大的影响，往往持续 3~4 小时才能恢复正常，这时采用插值公式：$Y_t = Y_{t-24} + Y_{t-25} - Y_{t-49}$，进行处理，输入台阶的起始时间及恢复正常后的一个时间，系统将根据前两天的数据自动进行插值处理。

遇有停电、仪器故障等各种原因造成的不正常数据，可进行缺数处理，处理方式有"自动"和"手动"两种，"自动"方式即对于偏离较大的不正常数据，采用画框自动处理的方

141

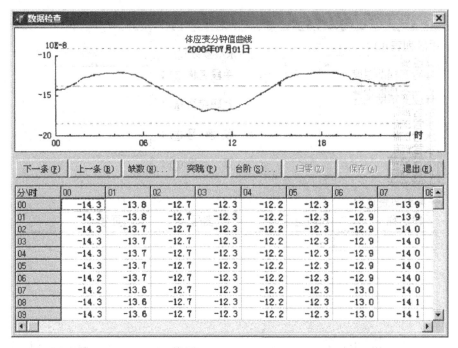

图 8-7　数据检查窗口

法，按住鼠标左键在曲线上拉出一方框区域，程序自动将框内大于框外 3 倍方差的数据去掉。对于偏离较小的，采用"手工"方式处理，人工输入相应的起止时间，在此时间范围内的数据作为"缺数"。

2）突跳

如有单点突跳，在数据曲线的突跳处画一矩形框，划定改正区间范围，然后点击"突跳"，程序自动计算其内的均方差，将大于 3 倍均方差的突跳点按线性连接进行改正。

3）台阶

系统设计了三种台阶处理方式。

对于调仪器等原因引起的台阶，可采用"自动"处理的方法。其中偏离值为台阶的大小，不同的手段默认值不同，也可以根据实际情况重新输入。系统将大于偏离值的台阶自动去掉。

对于部分台阶经自动处理后，可能还存在偏差。这时可采用"手工"处理的方法，输入相应的时间及调整大小进行处理。

由于仪器断电恢复正常后，对正常观测有很大的影响，往往持续 3~4 小时才能恢复正常。这时采用"按补差公式"方式处理：用补差公式 $Y_t = Y_{t-24} + Y_{t-25} - Y_{t-49}$ 进行处理，输入台阶的起始时刻及恢复正常后的某一个时刻，系统将根据前两天的数据自动进行补插处理。台阶处理过程中，还要根据实际情况以及观测规范的要求，结合上述方法灵活掌握。

4）归零

该项功能只在每年的 1 月 1 日有效，自动将 1 月 1 日 00 时 00 分的值置为 0。如遇这天有需要处理的情况，可先归零再进行处理，避免在改正记录中保留的改正值顺序不同。

对于整点值曲线只能查看，不能处理。

142

**2. 当天数据**

此项功能用于检查观测仪器当天的工作情况。检查前必须将当天的数据采集到计算机内才能正常显示。查看方法与"1.往日数据"类似，但每次只能选择一种观测手段来显示（图8-8）。

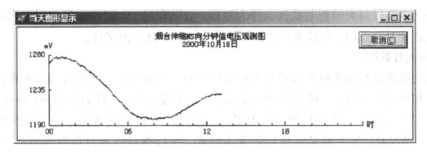

图8-8 当天数据图形显示

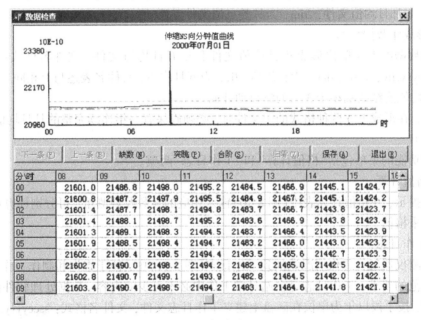

图8-9 标定处理

**3. 格值标定处理**

格值标定时，观测数据往往存在一个台阶，而且前后格值不一致。格值标定处理功能主要是为解决这种情况而设计的，数据源文件为原始数据文件（即数采数据文件）。处理时，输入标定时间及新格值，其他操作方法与"1.往日数据"类似（图8-9）。

**4. 查看记录**

日志是记录日常工作中对数据的处理情况及处理结果的文件。为便于连续查询，每种手段每年建立一个文件。文件名格式为ssccyyyy.rcd，其中，ss为台站代码，cc为手段代码缩写，yyyy为年份，rcd为日志文件扩展名。如，02712000.rcd表示烟台台伸缩NS向的记录文件。上述文件均存放在\Deformation\Record目录下。

点击"查看记录"并在对话框的右列表框中选择相应的文件名，即可打开日志文件查看。日志文件只能查看不能修改。

### 8.3.3 维护与管理

1. 维护

该功能主要以每天的观测数据文件为基础，根据省局、台网技术管理组及台站保存的需要生成各种月整点值、月日平均值、年日平均值和五日均值文件。

1）形成月数据

将观测数据以月为单位形成月整点值文件和月日均值文件。其中可形成两种格式的日均值文件和整点值文件，一种是普通的文本格式，不带序号，文件名约定为：ssccyymm，其中 ss 为台站代码，cc 为测项代码，yy 为年，mm 为月，文件扩展名为：.txt，为整点值文件，.tx，为日均值文件；另一种是带序号的文本格式，每行整点值或日均值前面有一个序号。两种格式可同时选择，也可单独进行。普通文本格式与《地震前兆通信控制软件》的约定相同；带序号月数据文件的文件名与不带序号文件的文件名是相同的，文件扩展名有所不同，.avg，为月日均值文件，.tim，为月整点值文件。

2）形成年数据

观测数据以年为单位形成年日均值文件和年五日均值文件。文件名格式：ssccyyyy.day，ssccyyyy.fiv，其中，day，为日均值，fiv，为五日均值，文件名表述与上相同。在形成过程中，日均值连续缺数小于 3 天的将自动补插。

注意，在形成上述两种格式的年文件时，必须确保有一年连续完整的月日均值文件。

2. 管理

管理功能的菜单包括"格值计算"和"工作日志"两项。

1）格值计算

根据提示，在格值计算表中（图 8-10）输入相应的参数及观测量，可分别计算出各观测手段的数采格值。

2）工作日志

将观测仪器每日工作情况添加到工作日志（图 8-11）中，便于查询和制作工作报表。根据观测规范的要求，工作日志是台站日常工作中必不可少的内容。数据处理软件系统在该项操作中，按手段以年为单位在磁盘上建立工作日志文件，文件名格式：ssccyyyy.log。

### 8.3.4 资料分析与图表输出

数据处理软件系统具有不同类型图形显示与打印功能，可随时调用计算机中往日数据显示并打印相应图件，制作和打印各项报表；也可以调用当日观测数据生成图形显示，以便了解当前观测仪器的运行状态和动态数据变化情况。

1. 绘图

绘图功能菜单包括"日曲线"、"月曲线"、"均值曲线"、"矢量图"等项。

1）绘制日曲线

该功能可以绘出本台站所有观测手段的图形，用于查看已采集数据形成的观测曲线。如有需要处理的曲线，可用"检查"功能。在缺省状态下，绘制本台站昨日所有手段的观测曲线。

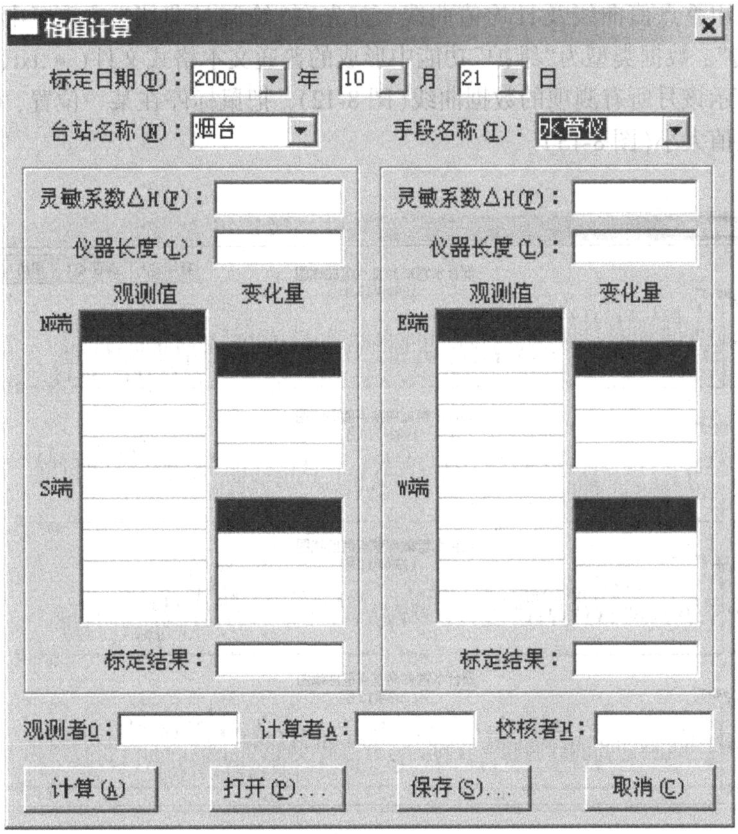

图 8-10　格值计算框

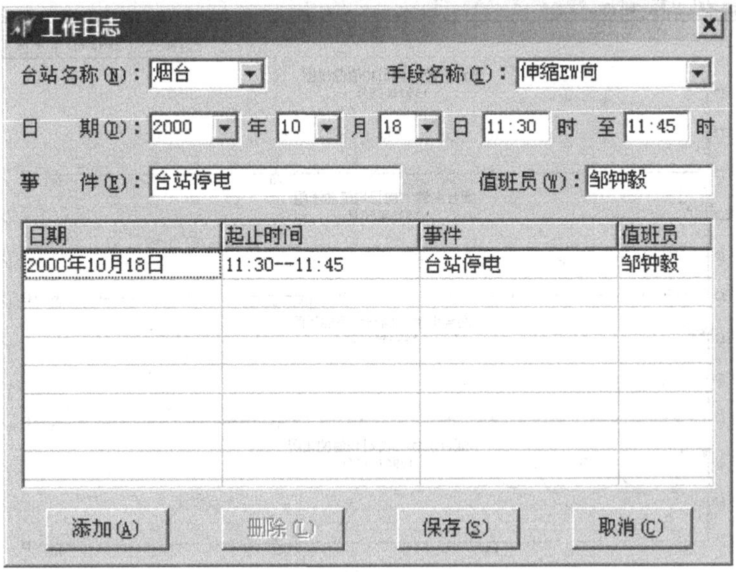

图 8-11　工作日志

2) 绘制月曲线

按月绘制出整点值曲线及日均值曲线。首先在"绘制月曲线"对话框中选择"数据类型"和"文件名"，数据类型为"维护"功能中形成的普通文本格式文件(∗.txt、∗.tx)，点击"确定"后，显示该月所有测项的数据曲线(图8-12)。把鼠标停在某一位置，可以查看该点的时间以及数值大小(图8-13)。

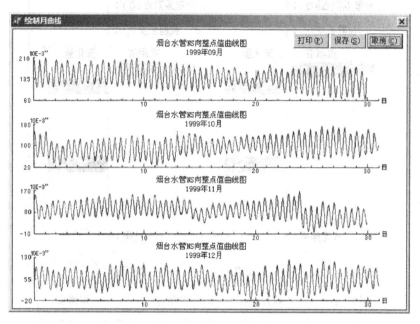

图8-12　整点值曲线

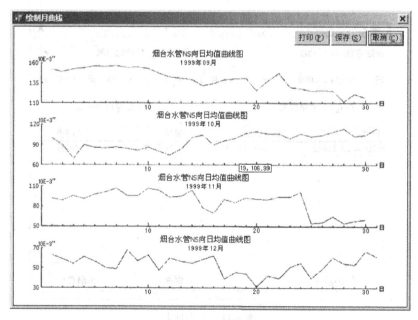

图8-13　月日均值曲线

3）绘制年曲线

可以选择"按日期"以普通格式文件（＊.tx）为基础绘制，或者选择"按文件"以带序号的文本文件（＊.day）为基础来绘制。

4）矢量图

对于按方向观测的手段，可选择绘制出月日均值或句均值矢量图（图8-14）。在绘图时，必须保证两个方向的日均值文件和五日均值文件在同一个目录下。

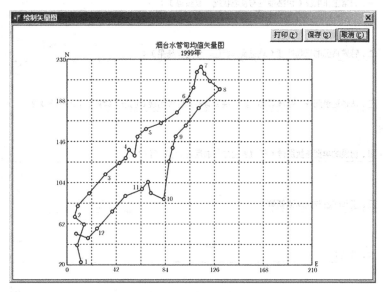

图8-14　句均值矢量图

2. 打印

软件系统打印功能可以选择打印"月报表"、"均值数据表"和"工作报表"打印。

1）月报表

在"打印月报表对话框"中选择相应的月份及观测手段，系统可按月打印出各手段的观测月报表。在打印时，若为窄行的激光或喷墨打印机，必须对打印机的打印方式进行设置，将打印方向改为"横向"，本系统专门设置了一个"打印设置"按钮。

2）均值数据

根据"打印均值数据对话框"的设置，可以打印日均值及五日均值报表。

如果选择"日均值"，每页可打印一年12个月的日均值数据，没有选择的月份打印为空白。打印报表所使用的数据文件为普通日均值文本格式文件，即：ssccyyyy.tx。

选择"五日均值"，可打印一年73个五日均值数据。所使用的数据文件为：ssccyyyy.fiv。

观测数据月报表和均值报表的打印样式详见《形变前兆台网及台站数据处理软件用户手册》。

3）工作报表

按照观测规范要求，台站每月须填报工作报表。处理软件设计了此项功能，可每月按手段填写一份工作报表，保存于磁盘上，备以后查阅，同时可打印上报。工作报表存盘文件名为：＊.rpt。

工作报表的格式见图8-15。

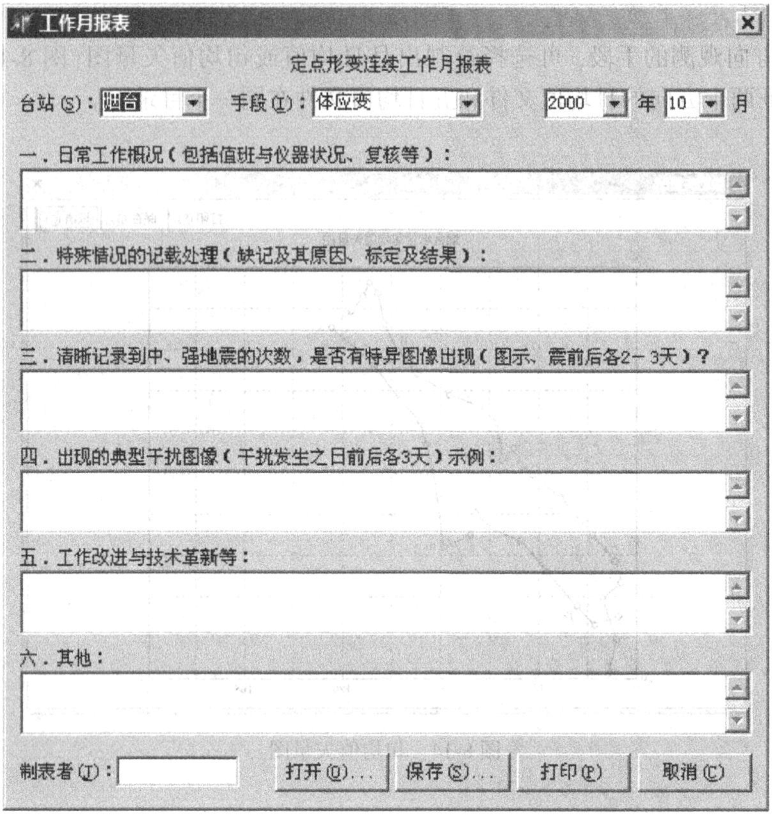

图8-15　工作月报表

### 8.3.5　台站数据库管理

菜单"入库"，即在台站将观测采集并经预处理后形成的数据文件以数据库的形式进行统一管理。每个台站建立一个数据库，每个库含有不同的表。库名默认为台站代码，默认表名为cctaa，其中cc为台站代码，t为数据类型（1为分钟值，6为整点值），aa为手段代码缩写。如，o2669为烟台水管NS向整点值。

台站数据库管理功能有以下内容：

1）创建

在创建数据库对话框（图8-16）中选择文件夹和观测手段，然后将各手段的数据类型添加到列表框中，系统自动建立数据库及库表，默认库名为台站代码，列表框中的代码即为库中的表名。

2）打开

要对数据库进行操作，首先必须打开数据库。在"打开数据库"对话框中确定数据库所在的驱动器、文件夹，并选择相应的数据库表名，点击"确定"即可对数据库进行下述操作。

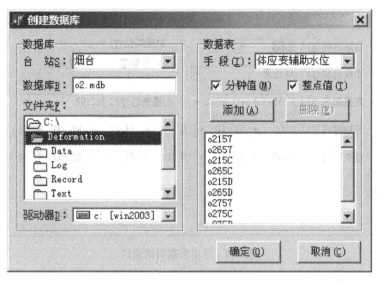

图 8-16　创建数据库对话框

3）导入

打开数据库后，在"数据入库对话框"（图 8-17）中选择观测手段及数据类型，系统会自动将相应的数据导入数据库对应的表中，完成数据入库工作。

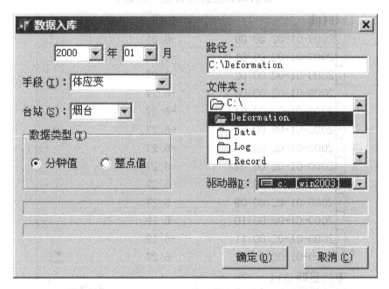

图 8-17　数据入库对话框

4）导出

在"数据导出"窗口（图 8-18）中选定观测手段名、数据类型以及起止时间段，系统自动从数据库中导出这一时间段的数据，并按用户输入的文件名以文本文件格式存于磁盘上。

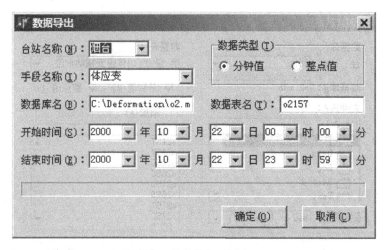

图 8-18　导出数据对话窗口

5）查看/修改

可以选择不同的数据类型及方式，查看及修改数据库中不同类型的数据（图 8-19）。

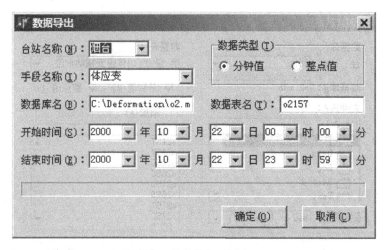

图 8-19　查看/修改数据库

6）关闭

数据库不使用时，应及时将其关闭，否则将占用计算机系统资源。

### 8.3.6 内精度评定指标计算

观测资料精度分析计算共有四项内容：倾斜观测资料调和分析；倾斜观测相对噪声水平计算；应变观测调和分析；应变资料 Nakai 检验。采用目前全国台网观测资料质量评比工作推荐精度计算的相关程序进行设计，计算结果供台站对日常观测数据进行初步分析、检查。

1. 计算程序使用的数据源

1）倾斜调和分析使用的数据源

数据源为观测数据整时值月文件，文件格式为每日一行，行首为日期，后面是 24 个整时值，数据之间逗号分隔，数据单位为 $1×10^{-3}(")$。月文件在本系统第 5 项功能"维护"中，使用"形成月数据"并选择"带序号文件"即可获得。

文件名约定为：ssccyymm.tim，其中 ss 为台站代号，cc 为测项代码，yy 为年，mm 为月，tim 为文件扩展名。

数据文件中缺值处理：当每日连续缺失整时值≤3 个时，由人工补插后进行计算；连续缺值>3 个时，全天改为缺数，除日期外，24 个整时值均用"999999"表示。

2）倾斜相对噪声水平计算使用的数据源

计算模型一：日均值序列计算使用日均值月文件，文件格式为每日一行，每行一个日均值，数据单位为 $1×10^{-3}(")$，缺数用"999999"表示。日均值月文件在本系统第 5 项功能"维护"之"形成月数据"中可以获得。

文件名约定：ssccyymm.tx，其中 ss 为台站代号，cc 为测项代码，yy 为年，mm 为月，tx 为文件扩展名。

计算模型二：五日均值序列计算用文件为每测项的年五日均值文件，文件中数据格式为每行一个序号，一个数据，中间用逗号分隔，最大序号即数据个数，数据单位为 $1×10^{-3}(")$。五日均值文件在本系统第 5 项功能"维护"之"形成年数据"中可以获得。

五日均值文件名约定为：ssccyyyy.fiv，ss 为台站代号，cc 为测项代码，yyyy 为年，fiv 为文件扩展名。如有缺数，则需分段形成文件，分段计算。

3）洞体应变调和分析与 Nakai 检验使用的数据源

数据源为观测数据整时值月文件，文件格式为每日一行，行首为日期，后面是 24 个整时值，数据之间逗号分隔，数据单位 $1×10^{-10}$。月文件在本系统第 5 项功能"维护"中，使用"形成月数据"并选择"带序号文件"即可获得。

文件名约定：ssccyymm.tim，其中 ss 为台站代号，cc 为测项代码，yy 为年，mm 为月，tim 为文件扩展名。

数据文件中缺值处理：当每日连续缺失整时值≤3 个时，由人工补插后进行计算；连续缺值>3 个时，全天改为缺数，行首为日期，后面用一个"999999"表示当日缺数。

4）参数文件

计算程序中使用台站信息文件"Station.txt"和测项参数文件"Instrument.txt"，这两个文件由用户在本系统第 3 项功能"设置"中通过对"台站参数"、"手段参数"的设置而建立。

另外有两个数据文件"DAF1.TXT"和"YBTHDATA.TXT"是计算程序中使用的参数，不可更改。

2. 倾斜观测数据调和分析软件的使用

1）选择数据文件

调和分析第一个窗口为"打开数据文件"，如图 8-20 所示。

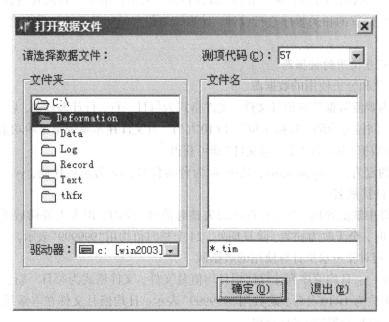

图 8-20　打开数据文件窗口

根据计算需要选择测项代码、数据文件存放的磁盘和路径名，文件名列表框中将出现所选目录下的所有相关测项的数据文件，用鼠标点击选中所用文件。如果未选中文件名，系统会出现提示。

2）计算参数

在"打开数据文件"中确定文件名后，出现"计算参数"窗口（图 8-21），其中"文件名"的内容为前一步骤所选定，经度、纬度、仪器方位角等项参数缺省显示为用户台站及当前测项的数据，这些数据由程序从"台站信息文件"和"测项参数文件"中自动读出；为方便，年、月缺省显示为当前时间的前一月。

"数据单位"中提示的是计算用比例系数，缺省显示为"1"，即观测数据单位为 $1 \times 10^{-3}$（″）；如果观测数据单位为 $0.1 \times 10^{-3}$（″），则修改此项参数为"0.1"。图 8-21 中各参数均可修改。参数确定后，单击"计算"即进行调和分析计算。

3）计算结果显示、保存与打印

计算结果显示如图 8-22 所示，内容为倾斜观测 γ 因子及 γ 因子均方差、相位及其误差，计算结果可以保存或直接打印。

需改变参数或另行计算可点击"重算"，回到"计算参数"窗口。

3. 相对噪声水平计算软件的使用

相对噪声水平可选择两种数据序列进行拟合计算：日均值序列和五日均值序列，日均值序列使用日均值月文件，可每月计算检查；五日均值序列为年文件，用作年度相对噪声水平拟合精度检查。

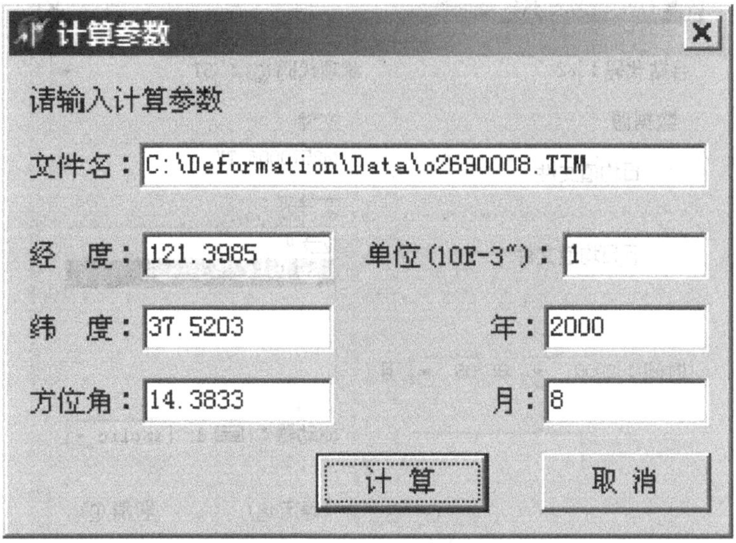

图 8-21　计算参数选择

图 8-22　计算结果显示

1）选择数据序列及文件路径

选择参数窗口如图 8-23"相对噪声水平计算"窗口所示。

台站代号和测项代码等均可选择修改。数据源的缺省为"日均值文件"，时间中的"年"、"月"均为有效参数，文件名根据用户对上述各项参数的选择及路径选择自动确定。缺省状态下，"均值个数"为无效(灰色显示)。

图 8-24 为日均值序列相对噪声水平计算结果显示窗口，计算用文件名和计算结果可打印和保存。

2)五日均值序列计算

如果数据源选择"五日均值文件"，则必须填入"均值个数"；时间中的月可忽略，计算

153

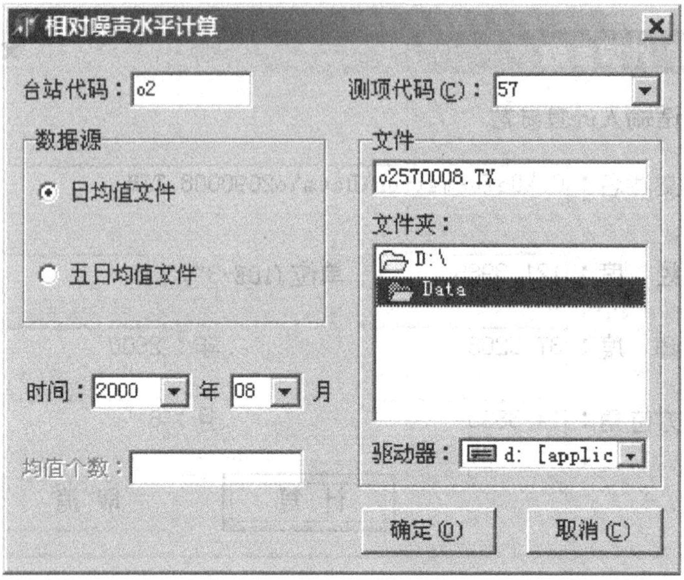

图 8-23 相对噪声水平计算参数选择

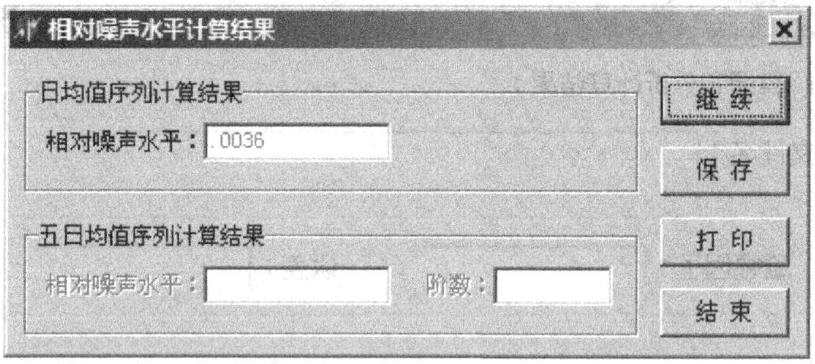

图 8-24 相对噪声水平计算结果

结果显示如图 8-25 所示。全年五日均值序列中如果有缺数，需要将数据文件分段计算，这时的"均值个数"不是全年的 73 个，而是实际数据文件中的数据个数，计算结果中的阶数也不会是"30"。

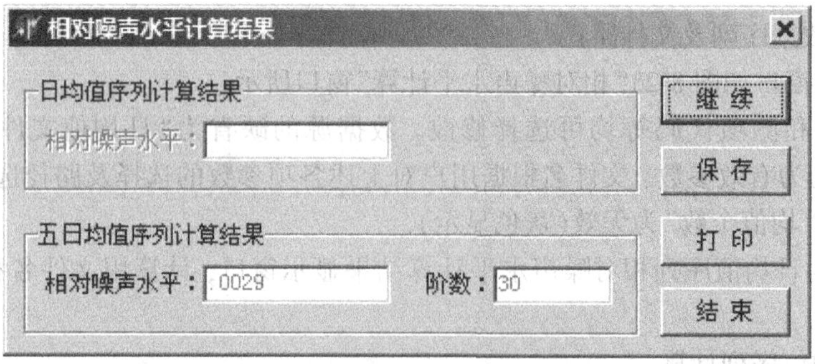

图 8-25 五日均值序列计算结果

4. 洞体应变调和分析软件的使用

1) 选择数据文件

选择数据文件过程与倾斜调和分析相同，根据计算需要选择测项代码和文件存放路径，选中要计算的数据文件名。

2) 计算用参数确定

"应变调和分析参数"的内容与倾斜调和分析类似，各项参数均可修改。不同之处是用于确定计算用比例系数的"数据单位"，当观测数据单位为 $1 \times 10^{-10}$ 时，此参数为"0.1"，如果数据单位为 $1 \times 10^{-9}$，此参数选用"1"。

3) 计算结果显示与打印

应变调和分析计算结果显示窗口如图 8-26 所示，内容分别为 M2 波潮幅因子及其相对中误差等，计算结果可以保存或直接打印。

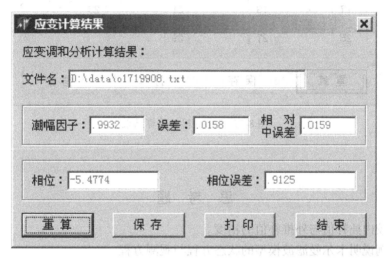

图 8-26　应变调和分析计算结果

5. 洞体应变观测数据 Nakai 检验软件的使用

1) 确定数据文件和计算参数

Nakai 检验首先需要选择数据文件的路径、测项代码及文件名等，然后检查所显示的缺省参数值是否符合计算要求。"数据单位"为 $1 \times 10^{-10}$ 时，比例系数为"1"。各项参数内容均可修改。

2) 计算结果显示与打印

Nakai 检验计算结果显示如图 8-27 所示。"总组数"为检验计算实际数，每两天数据为一组，缺数不计算在内；"通过组数"指 Nakai 检验结果在 $2.0 \times 10^{-10}$ 以下的组数；"百分比"是"通过组数"与"总组数"之比。"计算结果"窗口中还列出了各组数据 Nakai 检验结果。计算结果可以保存或直接打印。

内精度评定指标各项计算结果的"保存"是在磁盘"\deformation\data\"目录下建立文件"Printfile.prn"，向该文件写入数据是以"添加"为记录的方式。当天全部计算结束后，用"计算"菜单下的"打印计算结果"功能可将文件内容全部打印出来。打印结束后，应及时删除该文件或者换名称保留。

图 8-27 Nakai 检验计算结果

## 思 考 题

1. 试比较内插补值与外推补值的精度。
2. 试举例说明卡尔曼滤波模型的状态方程与观测方程。

# 第9章　地壳应变与应变分析

在小变形情况下，可以认为地球尤其是地壳是一个弹性体，其介质均匀、连续，亦即变形后原来一点不会被撕裂成两点，原来两点也不会重叠成一点。基于上述假设，就可以根据弹性力学理论，利用大地形变测量方法来分析一个测区的位移与应变。

## §9.1　地壳应变的概念

地壳在不超过岩石弹性强度的地应力作用下，发生的弹性形变就是地应变。

设弹性体上一点 $M(x, y, z)$，形变后移至 $M'(x', y', z')$，则 $M$ 点的三个位移分量为
$$u = x' - x, \quad v = y' - y, \quad w = z' - z$$
上述位移量是 $M$ 点坐标的函数，即 $u(x, y, z)$，$v(x, y, z)$，$w(x, y, z)$。

### 9.1.1　应变的概念

描述弹性体内 $M$ 点的应变，可用该点沿坐标轴正向三个微分线段构成的正六面体的线段单位长度变化和三个投影面上直角的变化来度量(图9-1)。

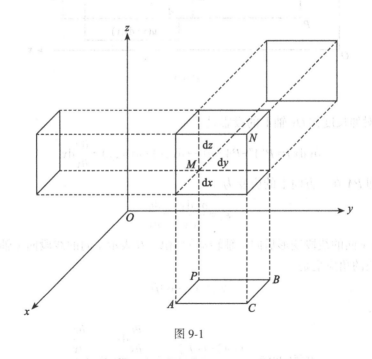

图 9-1

设 $M$ 点的正六面体在 $Oxy$ 平面上的投影为矩形 $PACB$，其变形包含两个方面：①一边

157

的伸长缩短；②两边夹角角度的变化。在变形前，$PA$ 和 $PB$ 的长度分别为 $\mathrm{d}x$ 和 $\mathrm{d}y$，$P$，$A$，$B$ 三点坐标是：

$$P(x,y), \quad A(x+\mathrm{d}x,y), \quad B(x,y+\mathrm{d}y)$$

变形后 $P$，$A$，$B$ 分别变至 $P'$，$A'$，$B'$，其坐标是：

$$P'[x+u(x,y),y+v(x,y)]$$
$$A'[x+\mathrm{d}x+u(x+\mathrm{d}x,y),y+v(x+\mathrm{d}x,y)]$$
$$B'[x+u(x,y+\mathrm{d}y),y+\mathrm{d}y+v(x,y+\mathrm{d}y)]$$

分别将 $A$、$B$ 在 $x$ 轴方向位移用 Taylor 级数展至一次项，可得：

$$u(x+\mathrm{d}x,y)=u(x,y)+\frac{\partial u}{\partial x}\bigg|_P \mathrm{d}x$$

$$u(x,y+\mathrm{d}y)=u(x,y)+\frac{\partial u}{\partial y}\bigg|_P \mathrm{d}y$$

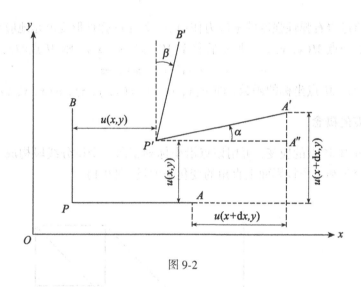

图 9-2

线段 $PA$ 的绝对伸长度在 $Ox$ 轴上的投影是

$$\delta(\mathrm{d}x)=P'A''-PA=u(x+\mathrm{d}x,y)-u(x,y)=\frac{\partial u}{\partial x}\mathrm{d}x.$$

$PA$ 的伸长度即 $PA$ 在 $x$ 方向上的应变为

$$\varepsilon_x=\frac{\delta(\mathrm{d}x)}{\mathrm{d}x}=\frac{\partial u}{\partial x} \tag{9.1.1}$$

令 $\alpha$ 为变形前 $x$ 向的线段变形后向 $y$ 轴转动的角度，$\beta$ 表示 $y$ 向的线段向 $x$ 轴转动的角度，$PA$、$PB$ 两线段的角应变是

$$\gamma_{yx}=\gamma_{xy}=\alpha+\beta \tag{9.1.2}$$

由图 9-2 可知，

$$\alpha\cong\tan\alpha=\frac{v(A)-v(P)}{\mathrm{d}x+u(A)-u(P)}=\frac{\dfrac{\partial v}{\partial x}\mathrm{d}x}{\mathrm{d}x+\dfrac{\partial u}{\partial x}\mathrm{d}x}=\frac{\dfrac{\partial v}{\partial x}}{1+\dfrac{\partial u}{\partial x}}$$

158

当伸长度很小时，$\dfrac{\partial u}{\partial x}$ 与 1 相比是一个很小的量，可以忽略不计，于是

$$\alpha \approx \frac{\partial v}{\partial x} \tag{9.1.3}$$

同理，

$$\beta \approx \frac{\partial u}{\partial y} \tag{9.1.4}$$

将式(9.1.3)和(9.1.4)代入式(9.1.2)可得

$$\gamma_{yx} = \gamma_{xy} \frac{\partial v}{\partial x} + \frac{\partial u}{\partial y} \tag{9.1.5}$$

推广上述结论，可以得到弹性体内一点的六个应变分量：

$$\left.\begin{array}{ll} \varepsilon_x = \dfrac{\partial u}{\partial x}, & \gamma_{xy} = \dfrac{\partial v}{\partial x} + \dfrac{\partial u}{\partial y} \\[2mm] \varepsilon_y = \dfrac{\partial v}{\partial y}, & \gamma_{yz} = \dfrac{\partial w}{\partial y} + \dfrac{\partial v}{\partial z} \\[2mm] \varepsilon_z = \dfrac{\partial w}{\partial z}, & \gamma_{zx} = \dfrac{\partial u}{\partial z} + \dfrac{\partial w}{\partial x} \end{array}\right\} \tag{9.1.6}$$

其中，三个坐标轴上单位长度的变化 $\varepsilon_x, \varepsilon_y, \varepsilon_z$ 分别称为 $x, y, z$ 轴向的线应变，伸长为正，缩短为负；三个投影平面上坐标轴线段间直角的变化 $\gamma_{xy}, \gamma_{yz}, \gamma_{zx}$ 分别称为 $x$、$y$ 方向，$y$、$z$ 方向和 $z$、$x$ 方向间的剪应变，直角变小为正，变大为负。

可以证明，$M$ 点的形变可以完全由 $\varepsilon_x, \varepsilon_y, \varepsilon_z$ 和 $\gamma_{xy}, \gamma_{yz}, \gamma_{zx}$ 六个应变分量确定，称为 $M$ 点的应变状态。在弹性力学上，把描述应变与位移间的几何关系式(9.1.6)称为几何方程（钱伟长等，1956）。

### 9.1.2 位移的分解

设弹性体上点 $M$ 附近的点 $N$ $(x+\mathrm{d}x, y+\mathrm{d}y, z+\mathrm{d}z)$（图 9-3），变形后的位移分量为：

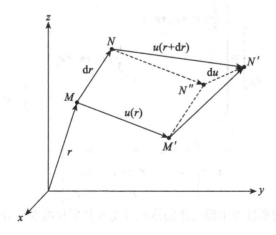

图 9-3

$$u' = u + \frac{\partial u}{\partial x}\mathrm{d}x + \frac{\partial u}{\partial y}\mathrm{d}y + \frac{\partial u}{\partial z}\mathrm{d}z$$

$$v' = v + \frac{\partial v}{\partial x}\mathrm{d}x + \frac{\partial v}{\partial y}\mathrm{d}y + \frac{\partial v}{\partial z}\mathrm{d}z \qquad (9.1.7)$$

$$w' = w + \frac{\partial w}{\partial x}\mathrm{d}x + \frac{\partial w}{\partial y}\mathrm{d}y + \frac{\partial w}{\partial z}\mathrm{d}z$$

引入转动矢量

$$\boldsymbol{\omega} = \begin{bmatrix} \omega_x \\ \omega_y \\ \omega_z \end{bmatrix} = \begin{bmatrix} \dfrac{1}{2}\left(\dfrac{\partial w}{\partial y} - \dfrac{\partial v}{\partial z}\right) \\ \dfrac{1}{2}\left(\dfrac{\partial u}{\partial z} - \dfrac{\partial w}{\partial x}\right) \\ \dfrac{1}{2}\left(\dfrac{\partial v}{\partial x} - \dfrac{\partial u}{\partial y}\right) \end{bmatrix} \qquad (9.1.8)$$

及二阶应变张量①:

$$\boldsymbol{\varepsilon} = (\varepsilon_{ij}) = \begin{bmatrix} \varepsilon_x & \varepsilon_{xy} & \varepsilon_{xz} \\ \varepsilon_{yx} & \varepsilon_y & \varepsilon_{yz} \\ \varepsilon_{zx} & \varepsilon_{zy} & \varepsilon_z \end{bmatrix} = \begin{bmatrix} \varepsilon_x & \dfrac{1}{2}\gamma_{xy} & \dfrac{1}{2}\gamma_{xz} \\ \dfrac{1}{2}\gamma_{yx} & \varepsilon_y & \dfrac{1}{2}\gamma_{yz} \\ \dfrac{1}{2}\gamma_{zx} & \dfrac{1}{2}\gamma_{zy} & \varepsilon_z \end{bmatrix} \qquad (9.1.9)$$

顾及式(9.1.6),则式(9.1.7)可改写为:

$$\boldsymbol{u}' = \boldsymbol{u}(\boldsymbol{r} + \mathrm{d}\boldsymbol{r}) = \boldsymbol{u}(\boldsymbol{r}) + \boldsymbol{\varepsilon} \cdot \mathrm{d}\boldsymbol{r} + \boldsymbol{\omega} \times \mathrm{d}\boldsymbol{r} \qquad (9.1.10)$$

其中

$$\boldsymbol{u} = \begin{bmatrix} u & v & w \end{bmatrix}^{\mathrm{T}}, \quad \boldsymbol{u}' = \begin{bmatrix} u' & v' & w' \end{bmatrix}^{\mathrm{T}}$$

$$\boldsymbol{r} = \begin{bmatrix} x & y & z \end{bmatrix}^{\mathrm{T}}, \quad \mathrm{d}\boldsymbol{r} = \begin{bmatrix} \mathrm{d}x & \mathrm{d}y & \mathrm{d}z \end{bmatrix}^{\mathrm{T}}$$

式(9.1.10)中第一项表示刚体位移,第二项是纯应变部分,最后一项是刚体转动部分。因此,式(9.1.10)表明任一点 $N$ 对于参考点 $M$ 的位移由三部分组成,它们是刚体平移、转动以及变形。进一步,应变张量 $\varepsilon$ 还可以分解为应变球张量(陆明万等,1990)

$$\overline{\boldsymbol{\varepsilon}} = \begin{bmatrix} \varepsilon_0 & & \\ & \varepsilon_0 & \\ & & \varepsilon_0 \end{bmatrix} = \begin{bmatrix} \dfrac{1}{3}(\varepsilon_x + \varepsilon_y + \varepsilon_z) & & \\ & \dfrac{1}{3}(\varepsilon_x + \varepsilon_y + \varepsilon_z) & \\ & & \dfrac{1}{3}(\varepsilon_x + \varepsilon_y + \varepsilon_z) \end{bmatrix} \qquad (9.1.11)$$

和应变偏张量

$$\boldsymbol{\varepsilon}' = \begin{bmatrix} \varepsilon_x - \varepsilon_0 & \varepsilon_{xy} & \varepsilon_{xz} \\ \varepsilon_{yx} & \varepsilon_y - \varepsilon_0 & \varepsilon_{yz} \\ \varepsilon_{zx} & \varepsilon_{zy} & \varepsilon_z - \varepsilon_0 \end{bmatrix} \qquad (9.1.12)$$

之和,它们分别表示变形过程中弹性体的体积改变及其形状畸变部分。

---

① 数学上,在坐标变换时,服从一定坐标变换式的9个数所定义的量称为二阶张量。

### 9.1.3 均匀应变张量的计算

位移与应变的基本关系式(9.1.6)是根据位移计算应变的力学根据。在实际应用时，如果认为某测区具有均匀的应变场，亦即测区内任一点的应变状态都相同，则式(9.1.10)就可扩充至该测区内任意两点。若设参考点 $M$ 的坐标为 $(0, 0, 0)$，$N$ 点坐标为 $(x, y, z)$，顾及式(9.1.8)和(9.1.9)，则式(9.1.10)可改写为(陈健等，1987；陶本藻，2001)

$$\left.\begin{aligned}u' &= u+x\varepsilon_x+y\varepsilon_{xy}+z\varepsilon_{zx}-y\omega_z+z\omega_y\\v' &= v+x\varepsilon_{xy}+y\varepsilon_y+z\varepsilon_{yz}-z\omega_x+x\omega_z\\w' &= w+x\varepsilon_{zx}+y\varepsilon_{yz}+z\varepsilon_z-x\omega_y+y\omega_x\end{aligned}\right\} \tag{9.1.13}$$

当参考点 $M$ 固定时，则平移量 $u=0$，$v=0$，$w=0$。

在二维情况下，一点的应变分量 $\varepsilon_x$，$\varepsilon_y$ 和 $\gamma_{xy}$，此时刚体转动量为 $\omega=\omega_z$，则基本关系式(9.1.10)简化为

$$\left.\begin{aligned}u' &= u+\varepsilon_x\mathrm{d}x+\varepsilon_{xy}\mathrm{d}y-\omega\mathrm{d}y\\v' &= v+\varepsilon_{xy}\mathrm{d}x+\varepsilon_y\mathrm{d}y+\omega\mathrm{d}x\end{aligned}\right\} \tag{9.1.14}$$

实用计算式为

$$\left.\begin{aligned}u' &= u+x\varepsilon_x+y\varepsilon_{xy}-y\omega\\v' &= v+x\varepsilon_{xy}+y\varepsilon_y+x\omega\end{aligned}\right\} \tag{9.1.15}$$

# §9.2 地壳应变的计算

### 9.2.1 由平差后坐标变化量求地应变

根据监测网平差后获得的各点坐标变化量计算该均匀应变区的应变参数是应变分析常用的方法。

设监测网第一期平差求得的各点坐标为 $X_{\mathrm{I}}$，第二期为 $X_{\mathrm{II}}$，坐标差 $\Delta X = X_{\mathrm{II}} - X_{\mathrm{I}}$。每个坐标差与应变参数间的关系如式 (9.1.14) 所示。

设第 $j$ 点的两期纵坐标差为 $u_j$，横坐标差为 $v_j$，按式(9.1.15) 得

$$\left.\begin{aligned}u_j &= u+x_j\varepsilon_x+y_j\varepsilon_{xy}-y_j\omega\\v_j &= v+x_j\varepsilon_{xy}+y_j\varepsilon_y+x_j\omega\end{aligned}\right\} \tag{9.2.1}$$
$$(j=1,2,\cdots,m)$$

式中 $x_j, y_j$ 为第 $j$ 点近似坐标，$u$，$v$ 为网的平移量，$\omega$ 为其转动量。令

$$U = (u_1\ u_2\cdots\ u_m)^{\mathrm{T}}$$
$$V = (v_1\ v_2\cdots\ v_m)^{\mathrm{T}}$$
$$T = (u\ v\ \varepsilon_x\ \varepsilon_y\ \varepsilon_{xy}\ \omega)^{\mathrm{T}}$$

则对全部 $m$ 点的观测方程为

$$d = \begin{pmatrix}U\\V\end{pmatrix} = \begin{pmatrix}I_1 & . & X & . & Y & -Y\\. & I_1 & . & Y & X & X\end{pmatrix}T = A_d T \tag{9.2.2}$$

式中 $I_1 = (1\ 1\ \cdots\ 1)^{\mathrm{T}}$，即元素全为 1 的列向量。为求 $T$，建立误差方程为

$$V_d = A_d T - d \tag{9.2.3}$$

$d$ 中位移个数必大于 $T$ 的参数个数，通常采用最小二乘法估计参数。

在监测网中，$d$ 的协因数阵 $Q_{dd}$ 通常是奇异阵，其凯利逆不存在，这是一种特殊的具有奇异权阵的平差问题。其平差原则是(陈健等，1987；陶本藻，2001)

$$V_d^T P_d V_d = V_d^T Q_{dd}^+ V_d = \min \tag{9.2.4a}$$

或

$$V_d^T Q_{dd}^- V_d = \min \tag{9.2.4b}$$

当两期网形相同时，有

$$Q_{dd} = Q_{X_{\mathrm{II}} X_{\mathrm{II}}} + Q_{X_1 X_1} = 2Q_{XX}$$

因为 $Q_{XX} = N^+$，$N$ 为法方程系数阵，故有

$$Q_{dd}^+ = \frac{1}{2}Q_{XX}^+ = \frac{1}{2}(N^+)^+ = \frac{1}{2}N \tag{9.2.5}$$

亦即 $Q_{dd}$ 的伪逆等于系数阵 $N$ 的一半。

在式 (9.2.4a) 下，由式 (9.2.3) 组成法方程为

$$(A_d^T Q_{dd}^+ A_d) T = A_d^T Q_{dd}^+ d$$

解法方程得

$$T = (A_d^T Q_{dd}^+ A_d)^{-1} A_d^T Q_{dd}^+ d \tag{9.2.6}$$

式中 $A_d^T Q_{dd}^+ A_d$ 非奇异，$T$ 的协因数阵为

$$Q_{TT} = (A_d^T Q_{dd}^+ A_d)^{-1} \tag{9.2.7}$$

单位权方差的估计量为($f_d$ 为自由度)

$$\hat{\sigma}_0^2 = \frac{V_d^T Q_{dd}^+ V_d}{f_d} \tag{9.2.8}$$

上述由监测点的坐标位移估计应变参数平差原理，很容易推广至三维监测网的情况。

若不考虑平移量，三维监测网的观测方程为

$$\left. \begin{array}{l} u_j = x_j \varepsilon_x + y_j \varepsilon_{xy} + z_j \varepsilon_{zx} - y_j \omega_z + z_j \omega_y \\ v_j = x_j \varepsilon_{xy} + y_j \varepsilon_y + z_j \varepsilon_{yz} - z_j \omega_x + x_j \omega_z \\ w_j = x_j \varepsilon_{zx} + y_j \varepsilon_{yz} + z_j \varepsilon_z - x_j \omega_y + y_j \omega_x \end{array} \right\} \tag{9.2.9}$$

表示成矩阵形式为

$$d = \begin{pmatrix} U \\ V \\ W \end{pmatrix} = \begin{pmatrix} X & . & . & Y & . & Z & . & Z & -Y \\ . & Y & . & X & Z & . & -Z & . & X \\ . & . & Z & . & Y & X & Y & -X & . \end{pmatrix} T \tag{9.2.10}$$

式中

$$T = (\varepsilon_x \quad \varepsilon_y \quad \varepsilon_z \quad \varepsilon_{xy} \quad \varepsilon_{yz} \quad \varepsilon_{zx} \quad \omega_x \quad \omega_y \quad \omega_z)^T \tag{9.2.11}$$

进一步得到误差方程

$$V_d = A_d T - d \tag{9.2.12}$$

平差公式同前。

### 9.2.2 利用 GPS 坐标观测值确定三维应变

GPS 精密定位得到的是一组地面点的空间直角坐标，利用测得的空间直角坐标的变化，求出空间直角坐标系下的三维应变，进而可以转化为球坐标系下的三维应变。

欲求 $A$ 点处的应变，根据某一参考时刻 $t_0$ 测得 $A$ 点及其邻近点 $B$ 的坐标为 $(x_A^0, y_A^0, z_A^0)$ 和 $(x_B^0, y_B^0, z_B^0)$，则根据式 (9.1.10) 可以列出

$$\left.\begin{aligned}
(\dot{u}_B - \dot{u}_A) + V_{B-A}^u &= \Delta x\, \dot{\varepsilon}_x + \Delta y\, \dot{\varepsilon}_{xy} + \Delta z\, \dot{\varepsilon}_{zx} - \Delta y\, \dot{\omega}_z + \Delta z\, \dot{\omega}_y \\
(\dot{v}_B - \dot{v}_A) + V_{B-A}^v &= \Delta x\, \dot{\varepsilon}_{xy} + \Delta y\, \dot{\varepsilon}_y + \Delta z\, \dot{\varepsilon}_{yz} - \Delta z\, \dot{\omega}_x + \Delta x\, \dot{\omega}_z \\
(\dot{w}_B - \dot{w}_A) + V_{B-A}^w &= \Delta x\, \dot{\varepsilon}_{zx} + \Delta y\, \dot{\varepsilon}_{yz} + \Delta z\, \dot{\varepsilon}_z - \Delta x\, \dot{\omega}_y + \Delta y\, \dot{\omega}_x
\end{aligned}\right\} \tag{9.2.13}$$

式中

$$\dot{u}_B - \dot{u}_A = \frac{u_B - u_A}{t - t_0}$$

$$\dot{v}_B - \dot{v}_A = \frac{v_B - v_A}{t - t_0} \tag{9.2.14}$$

$$\dot{w}_B - \dot{w}_A = \frac{w_B - w_A}{t - t_0}$$

为空间直角坐标系下 $B$、$A$ 两点位移差分量的速率观测值，$V_{B-A}^u$、$V_{B-A}^v$、$V_{B-A}^w$ 为速率观测值的改正数，$B$、$A$ 两点在空间直角坐标系下的坐标差为

$$\Delta x = x_B - x_A, \quad \Delta y = y_B - y_A, \quad \Delta z = z_B - z_A \tag{9.2.15}$$

绕三个坐标轴的转动分量的速率为

$$\dot{\omega}_x = \frac{\omega_x}{t - t_0}, \quad \dot{\omega}_y = \frac{\omega_y}{t - t_0}, \quad \dot{\omega}_z = \frac{\omega_z}{t - t_0} \tag{9.2.16}$$

求出这些参数之后，可以通过坐标变换得到球面上所求点的三维应变。

另外，根据地面点的空间直角坐标也可以直接在站坐标下求球面上的三维应变（黄立人等，2001），此处不再赘述。

## §9.3　主应变及其图解求法

### 9.3.1　主应变与主方向

根据弹性力学理论，已知一点的应变张量 $\boldsymbol{\varepsilon}$，则在该点沿 $\boldsymbol{\xi} = (\xi_x, \xi_y, \xi_z)$ 方向的线应变为（王敏中等，2002）：

$$\varepsilon_\xi = \boldsymbol{\xi} \cdot \boldsymbol{\varepsilon} \cdot \boldsymbol{\xi}^T = \varepsilon_{xx}\xi_x^2 + \varepsilon_{yy}\xi_y^2 + \varepsilon_{zz}\xi_z^2 + 2\varepsilon_{xy}\xi_x\xi_y + 2\varepsilon_{yz}\xi_y\xi_z + 2\varepsilon_{zx}\xi_z\xi_x \tag{9.3.1}$$

另有方向 $\boldsymbol{\eta} = (\eta_x, \eta_y, \eta_z)$ 与 $\boldsymbol{\xi}$ 垂直，则 $\boldsymbol{\xi}$、$\boldsymbol{\eta}$ 间的剪应变为：

$$\begin{aligned}
\gamma_{\xi\eta} &\equiv 2\varepsilon_{\xi\eta} = 2\boldsymbol{\xi} \cdot \boldsymbol{\varepsilon} \cdot \boldsymbol{\eta}^T \\
&= 2(\varepsilon_{xx}\xi_x\eta_x + \varepsilon_{yy}\xi_y\eta_y + \varepsilon_{zz}\xi_z\eta_z + 2\varepsilon_{xy}\xi_x\eta_y + 2\varepsilon_{yz}\xi_y\eta_z + 2\varepsilon_{zx}\xi_z\eta_x)
\end{aligned} \tag{9.3.2}$$

在二维情况下，如果 $\boldsymbol{\xi}$ 与 $x$ 轴正向、$y$ 轴正向的夹角分别为 $\theta$ 和 $90° - \theta$，即 $\boldsymbol{\xi} = (\cos\theta, \sin\theta)$；不妨设 $\boldsymbol{\eta} = (\sin\theta, -\cos\theta)$，则式 (9.3.1)、(9.3.2) 分别简化为

$$\varepsilon_\theta = \varepsilon_x \cos^2\theta + \varepsilon_y \sin^2\theta + \varepsilon_{xy}\sin 2\theta \tag{9.3.3}$$

和

$$\varepsilon_\theta = (\varepsilon_x - \varepsilon_y)\sin 2\theta + \gamma_{xy}\cos 2\theta \tag{9.3.4}$$

进一步问，是否存在某个方向使得线应变取得极值？根据线性代数理论知道，这实际上可以转化为求实对称矩阵 $\boldsymbol{\varepsilon}$ 的特征值问题，即线应变的极值 $\varepsilon$ 与极值方向 $\boldsymbol{\xi}$ 满足下列方程：

$$(\boldsymbol{\varepsilon} - \varepsilon I)\boldsymbol{\xi} = 0 \tag{9.3.5}$$

据此可得到 $\varepsilon$ 的特征多项式

$$\begin{vmatrix} \varepsilon_x - \varepsilon & \varepsilon_{xy} & \varepsilon_{xz} \\ \varepsilon_{yx} & \varepsilon_y - \varepsilon & \varepsilon_{yz} \\ \varepsilon_{zx} & \varepsilon_{zy} & \varepsilon_z - \varepsilon \end{vmatrix} = \varepsilon^3 - I_1 \varepsilon^2 + I_2 \varepsilon - I_3 = 0 \qquad (9.3.6)$$

式中：

$$\begin{aligned} I_1 &= \varepsilon_x + \varepsilon_y + \varepsilon_z = \varepsilon_1 + \varepsilon_2 + \varepsilon_3 \\ I_2 &= \varepsilon_x \varepsilon_y + \varepsilon_y \varepsilon_z + \varepsilon_z \varepsilon_x - (\varepsilon_{xy}^2 + \varepsilon_{yz}^2 + \varepsilon_{zx}^2) = \varepsilon_1 \varepsilon_2 + \varepsilon_2 \varepsilon_3 + \varepsilon_3 \varepsilon_1 \\ I_3 &= \varepsilon_x \varepsilon_y \varepsilon_z + 2\varepsilon_{xy} \varepsilon_{yz} \varepsilon_{zx} - (\varepsilon_x \varepsilon_{yz}^2 + \varepsilon_y \varepsilon_{zx}^2 + \varepsilon_z \varepsilon_{xy}^2) = \varepsilon_1 \varepsilon_2 \varepsilon_3 \end{aligned} \qquad (9.3.7)$$

分别为第一、第二、第三应变不变量，其中 $I_1$ 表示变形后体积膨胀部分。由于 $\varepsilon$ 是实对称矩阵，方程(9.3.6)总存在三个实根 $\varepsilon_1, \varepsilon_2, \varepsilon_3$，将它们分别代入式(9.3.5)可以求得三个相互垂直的主方向，称为主应变轴。显然，主方向间的剪应变为零。

在二维情况下，$I_1 = \varepsilon_x + \varepsilon_y = \varepsilon_1 + \varepsilon_2$ 表示面膨胀系数，主应变的计算公式为：

$$\varepsilon_1 = \frac{\varepsilon_x + \varepsilon_y}{2} + \frac{1}{2}\sqrt{\gamma_{xy}^2 + (\varepsilon_x - \varepsilon_y)^2}$$

$$\varepsilon_2 = \frac{\varepsilon_x + \varepsilon_y}{2} - \frac{1}{2}\sqrt{\gamma_{xy}^2 + (\varepsilon_x - \varepsilon_y)^2} \qquad (9.3.8)$$

主应变 $\varepsilon$ 所在方向(与 $x$ 轴夹角 $\varphi$)为：

$$\tan\varphi = \frac{2(\varepsilon_1 - \varepsilon_x)}{\gamma_{xy}} = \frac{2(\varepsilon_y - \varepsilon_2)}{\gamma_{xy}} \qquad (9.3.9)$$

### 9.3.2　求地壳主应变的图解法

现取主应变轴为坐标轴(如图 9-4)，与主应变轴 $O\varepsilon_1$ 的夹角为 $\tau$(或与 $x$ 轴的夹角为 $\theta$)的任意方向上的线应变 $\varepsilon_\tau$ 同主应变 $\varepsilon_1$、$\varepsilon_2$ 间的关系

$$\varepsilon_\tau = \frac{\varepsilon_1 + \varepsilon_2}{2} - \frac{\varepsilon_1 - \varepsilon_2}{2}\cos 2\tau \qquad (9.3.10)$$

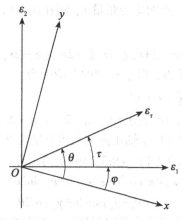

图 9-4

上式已顾及了主应变轴方向的剪应变 $\gamma_{\alpha_1\alpha_2}=0$。角度 $\theta$ 与 $\tau$ 之差就是主应变轴 $O\varepsilon_1$ 与 $x$ 轴间的夹角 $\varphi$，即

$$\theta-\tau=\varphi \tag{9.3.11}$$

另由 (9.35) 式知 $\tau$ 方向上的剪应变算式为

$$\gamma_\tau=(\varepsilon_2-\varepsilon_1)\sin2\tau \tag{9.3.12}$$

若将式 (9.3.10) 和 (9.3.12) 改写成

$$\left.\begin{array}{c} \varepsilon_\tau-\dfrac{\varepsilon_1+\varepsilon_2}{2}=\dfrac{\varepsilon_1-\varepsilon_2}{2}\cos2\tau \\[3mm] -\dfrac{\gamma_\tau}{2}=\dfrac{\varepsilon_1-\varepsilon_2}{2}\sin2\tau \end{array}\right\} \tag{9.3.13}$$

并取上两式的平方和

$$\left(\varepsilon_\tau-\frac{\varepsilon_1+\varepsilon_2}{2}\right)^2+\left(\frac{\gamma_\tau}{2}\right)^2=\left(\frac{\varepsilon_1-\varepsilon_2}{2}\right)^2 \tag{9.3.14}$$

则上式表示一个圆的方程，其坐标轴是以 $\varepsilon_\tau$ 为横轴，以 $\dfrac{\gamma_\tau}{2}$ 为纵轴，圆心的坐标为 $\left(\dfrac{\varepsilon_1+\varepsilon_2}{2},0\right)$，圆的半径为 $\dfrac{\varepsilon_1-\varepsilon_2}{2}$。因此，根据式 (9.3.13) 可作成图 9-5。

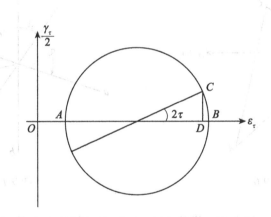

图 9-5

在图 9-5 中，$\overline{OO'}=\dfrac{\varepsilon_1+\varepsilon_2}{2}$，半径 $\overline{AO'}=\overline{O'C}=\overline{O'B}=\dfrac{\varepsilon_1-\varepsilon_2}{2}$。由图可以看出，该图有如下一些性质：

① 因 $\overline{OA}=\overline{OO'}-\overline{AO'}=\dfrac{\varepsilon_1+\varepsilon_2}{2}-\dfrac{\varepsilon_1-\varepsilon_2}{2}=\varepsilon_2$，故 $A$ 点坐标为 $(\varepsilon_2,0)$，即 $A$ 点和 $B$ 点分别表示主应变 $\varepsilon_2$ 和 $\varepsilon_1$ 以及剪应变 $\gamma_{\varepsilon_1\varepsilon_2}=0$。

②由圆心 $O'$ 作 $O'C$ 线，使 $O'C$ 与 $OB$ 间的夹角设为 $2\tau$，则 $C$ 点坐标的计算式就是式 (9.3.13)，说明 $C$ 点坐标表示与主应变 $\varepsilon_1$ 轴成 $\tau$ 角方向上的线应变 $\varepsilon_\tau$ 和剪应变 $\gamma_\tau$。

③两主应变轴之间的夹角的两倍 $\angle BO'A=\pi$，说明它们互相垂直。

④剪应变有一个最大值，位于 $2\tau=\pm90°$ 处，说明最大剪应变方向在主应变 $\varepsilon_1$ 轴 $\pm45°$ 的方向上。

⑤圆心 $O'$ 的横坐标为 $\dfrac{\varepsilon_1+\varepsilon_2}{2}$，它表示面膨胀的一半。

由此可知，在这个圆周上的每一点坐标均对应着地表每一方向上的应变值，清楚地反映了测区的应变状态。这种圆称为应变摩尔圆。

下面举例说明作应变摩尔圆的方法。

例，在图 9-6 所示三角形中，已知三个内角为

$$A=35°54' \qquad B=72°16'$$
$$C=71°50' \qquad \theta_a=31°00'$$

如果三边的线应变分别为

$$\varepsilon_a=-2.15\times10^{-5}, \qquad \varepsilon_b=-4.29\times10^{-5}, \qquad \varepsilon_c=-3.84\times10^{-5}$$

现用图解法求主应变。作图的步骤为（武汉大学测绘学院大地测量系地震测量教研组，1980）：

①作各边方位图（图 9-7），图中 $Ox$ 为坐标横轴。根据 $\theta_a$ 和各边方向间的夹角在 $O$ 点上画出各边的方向线，它表示了各边方位之间相对位置。

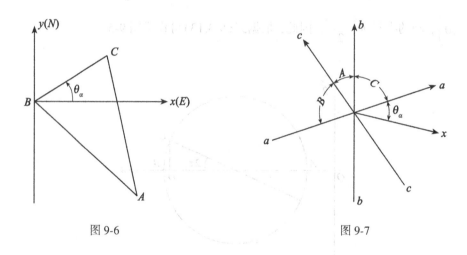

图 9-6                  图 9-7

②在坐标方格纸上，任意作一横线 LL′，选好表示线应变数值的比例尺，按比例尺在直线上定出 $\varepsilon_a,\varepsilon_b,\varepsilon_c$ 三点，过这三点作直线 LL′ 的垂线 Ⅰ、Ⅱ、Ⅲ，如图 9-8 所示。

③在 Ⅰ、Ⅱ、Ⅲ 三条线的中间那条线（这里为 $\varepsilon_c$ 的线Ⅲ）上任取一点 $P$ 按图 9-7 各边方位间的关系，过 $P$ 点和线Ⅲ作 $A=35°54'$，与线Ⅱ（$\varepsilon_b$）的交点为 $Q$，过 $P$ 点和线Ⅲ作 $B=72°16'$，与线 Ⅰ（$\varepsilon_a$）相交于 $R$ 点。

④过 $P$、$Q$、$R$ 三点作一个圆。其方法是：作 $PR$ 和 $PQ$ 两直线的垂直平分线，相交于 $M$ 点，以 $M$ 点为圆心，以 $MP=MR=MQ$ 为半径作圆。

⑤过圆心 $M$ 点作平行于直线 LL′ 的水平线，就是 $\varepsilon_r$ 轴线。它和圆的两个交点的横坐标就是 $\varepsilon_1$ 和 $\varepsilon_2$。

⑥圆和线 Ⅰ 的交点 $R$，代表边 $a$ 方向的线应变 $\varepsilon_a$ 和剪应变 $\dfrac{1}{2}\gamma_{\theta_a}$；圆和线 Ⅱ 的交点 $Q$ 表示边 $b$ 方向的线应变 $\varepsilon_b$ 和剪应变 $\dfrac{1}{2}\gamma_{\theta_b}$；将圆和线Ⅲ的交点 $P$（中间线与圆的交点）绕圆

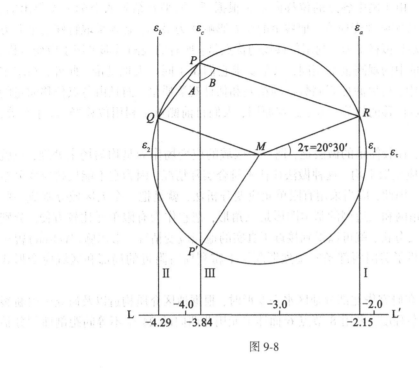

图 9-8

心 $M$ 翻到下面 $P'$ 点，$P'$ 点表示边 $c$ 方向的线应变 $\varepsilon_c$ 和剪应变 $\frac{1}{2}\gamma_{\theta_c}$，作圆心 $M$ 到这些点的连线 $MR$、$MQ$、$MP'$。

⑦检查所作图中边 $a$、边 $b$、边 $c$ 的方位是否与图 9-7 所示方位一致，而且各边之间的夹角正好等于原来角度的两倍。现从图 9-8 中看出，因为同弧所对的圆心角是圆周角的两倍，所以有：$\angle P'MQ = 2A$，$\angle RMP' = 2B$，$\angle QMR = 2C$，说明此图无误。

⑧从图上量 $\varepsilon_1$ 点与 $R$ 点的圆心角 $2\tau$，得 $2\tau = 20°30'$，则 $\tau = 10°15'$，故 $\phi = \theta_a - \tau = 20°45'$。

⑨由图上量得主应变为

$$\varepsilon_1 = -2.08 \times 10^{-5}, \quad \varepsilon_2 = -4.32 \times 10^{-5}$$

上述步骤⑦是很重要的。在实际作应变摩尔圆时，常常会遇到如果将中间线与圆的交点 $P$ 绕 $M$ 翻到下面 $P'$ 点，边 $a$、边 $b$、边 $c$ 三方向的方位关系恰好与原各边方位图的方向相反，此时就不应去翻 $P$ 点，而是将两侧线与圆的交点 $R$、$Q$ 同时绕 $M$ 翻转，使所作的图形应满足⑦中的要求。

## §9.4 区域地壳应变分析

应变分析中所用的基本数据有两种：一是新、旧测量的原始观测资料，二是根据新、旧测量结果的比较得出的位移场。

利用原始观测资料时，要求新、旧测量的网形和观测量都相同，因而其适用性受到一些限制。但它的优点是，不依赖其他的观测量，避免了监测网平差中因基准点设定不当等原因带来的影响。

167

利用位移场时,由于网中各点的位移向量是根据新、旧平差结果的坐标之差得出的,为了使位移场能反映实际地壳应变,把残余的误差影响化为最小,必须采取特殊的平差方法,例如自由网平差和拟稳平差。利用位移场的优点是:所有的观测量都可用于应变分析,并不要求新、旧测量中的观测量都相同,只是要求它们属于同一大地基准。此外,在求定位移场的平差过程中,可以滤掉观测数据的粗差和估计观测质量,而且由各点位移向量的图解,可以看出各点位移的趋势。由于这些原因,人们目前侧重于利用位移场(许才军等,2006)。

在应变分析中,比较简单的做法是,把一个区域的应变场作为是均匀场来处理,也就是说把一个区域的应变取平均。这种做法往往不符合实际情况,因为它不能反映应变分布情况的局部多样性。因此,应当采用有限单元应变分析法,就是把一个大区域分割成一些有限的小区域。三角网和三边网的基本图形是三角形,把它作为有限单元比较方便。分别对各三角形进行应变分析,就可以得到接近于真实的地壳应变情况。韦尔施(Welsch)曾用这种单元划分法分析了美国西部圣安德烈斯断层上霍利斯特附近的局部和区域应变形式(Welsch,1982)。

黄立人(1999)在研究华北部分地区水平变形时,根据地区介质构造以及研究区内断裂优势走向分布和复杂程度,采用 8 节点 6 面体单元用北西向的 24 个不等间距剖面剖分整个区域(图9-9)。

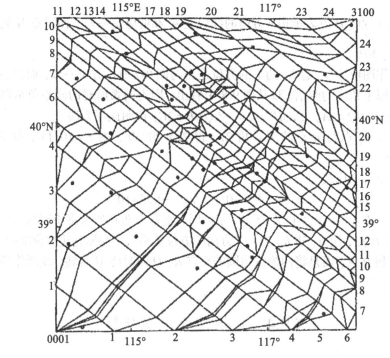

图9-9　华北某地区有限元网络剖分和 GPS 观测点分布

在应用三角形直接在椭球面上计算应变时,根据公式我们可以直接看到计算的结果与三角形的大小有明显关系。另外,统计结果也明显反映了这样的趋势:一是高值点基本分

168

布于图形尺度较小(定义图形尺度为 $\sqrt{S}$，单位为 km，S 为所计算三角形的面积)的区间；二是图形尺度较小的区间应变值分布更离散，量值变化幅度更大(江在森等，2000)。

根据弹性力学理论，用大地形变测量资料计算应变时，实际上是假定观测点构成的最小图形内的平均应变值。因此，大地形变测量资料计算的应变，只能是相对测点分布密度的近似平均值。由于地壳应变的空间分布不均匀，在测点密集跨度小的情况下，对实际应变场才具有较高的分辨率，而跨度较大的图形就反映不出细部的剧烈变化。另外，从地壳运动特征来看，也会使小尺度应变值具有分布更离散的特点。因此，有必要分析尺度的相对性并且进行归化。

把不同尺度的应变看成具有不同数学期望和不同方差母体的随机变量，就可以采用将一般正态分布化为标准正态分布的方法对不同尺度应变值的分布，我们分别表示为：

$$T_1 = N(u_1, \sigma_1) \qquad T_2 = N(u_2, \sigma_2) \tag{9.4.1}$$

令：

$$T_1' = \frac{T_1 - u_1}{\sigma_1} \qquad T_2' = \frac{T_2 - u_2}{\sigma_2}$$

对上式扩充一个加常数和一个乘常数则得到：

$$T'' = u_0 + (T - u)\frac{\sigma_0}{\sigma} \tag{9.4.2}$$

其中加常数 $u_0$ 表示归化某一标准尺度的应变值的数学期望，$\sigma_0$ 表示某一标准尺度的均方差，这样就把不同尺度的应变值从统计分布特征量上联系起来了。从而归化处理的计算公式可写为：

$$\varepsilon_i' = \bar{\varepsilon}_0 + (\varepsilon_i - \bar{\varepsilon}_i)\frac{m_0}{m_i} \tag{9.4.3}$$

其中：$\varepsilon_i'$ 为归化后的应变值；$\varepsilon_i$ 为原应变值；$\bar{\varepsilon}_0$ 为某一标准尺度应变值的统计平均值；$\bar{\varepsilon}_i$ 为计算尺度(与 $\varepsilon_i$ 相对应的尺度)应变值的统计平均值；$m_0$ 为标准尺度应变值的统计均方差；$m_i$ 为计算尺度应变值的统计均方差(许才军等，2006)。

# 思 考 题

1. 正应变、剪应变的含义是什么？
2. 如何理解监测网平差的准则？
3. 有限元方法在区域地壳应变是如何实施的？

# 第10章　地壳形变课程设计与实习

## §10.1　课程设计与实习纲要

### 10.1.1　目的及任务

通过课程设计及实习,掌握地壳形变测量的基本原理与方法;不仅能得以验证、加深理解和巩固所学的理论知识,而且学会使用一些常用的教学、研究软件,能够熟练使用计算机,学会自己采集地壳形变数据,自己编制一些程序,并利用模拟和实测数据进行科学试验;培养学生独立从事具体创新工作的初步能力。

### 10.1.2　课程设计与实习内容

(1) 全球板块构造运动模型的建立
(2) 地壳应变的计算与图解
(3) 区域地壳形变及应变分析
(4) 定点形变测量实习
(5) 精密水准测量实习

### 10.1.3　要求

认真完成各个设计和实习项目,设计项目包括给出模型、编程、计算及对计算结果进行分析;实习项目包括数据采集、整理及计算分析。

### 10.1.4　安排

设计与实习时间2周(折合80学时),共1.0学分,第1周为课程设计,完成设计项目3项,其中完成各个项目的用时各为2天,共计6天,第2周为实习,完成实习项目1项,在项目4、5中任选1项用时6天。

### 10.1.5　成果报告

成果报告包括设计的模型与原理及计算结果;实习的步骤、采集的数据及计算结果。

## §10.2　课程设计与实习指南

### 10.2.1　课程设计指南

1. 全球板块构造运动模型的建立
全球板块运动模型有绝对运动模型与相对运动模型之分,而建立板块运动模型主要有两种方法：地球物理方法和空间大地测量方法。本设计在掌握板块构造理论的基础上，利用空间大地测量方法或地球物理方法来确定板块运动模型，自己编程并通过模拟或实际观测数据计算确定板块运动模型的具体参数。

全球板块运动的地学研究都是基于两个基本假设：①岩石圈板块是刚性的，可作为刚体处理；②板块的扩张增生与压缩消亡是平衡的，地球表面积维持不变（即地球半径不变）。因此，板块的运动可看成是球面上刚体的旋转运动。其运动可用一欧拉矢量 $\vec{\omega}$ 的球坐标分量 $\lambda$、$\varphi$、$\omega$ 或直角坐标分量 $\omega_x$，$\omega_y$，$\omega_z$ 来表示。

在讨论板块的运动时，通常指的是一个板块相对于另一个板块的相对旋转运动。确定一对板块的相对运动，就归结为查明其旋转极的地理坐标 $(\lambda, \varphi)$ 和旋转角速度 $(\omega)$。已知两板块的相对运动欧拉矢量 $\vec{\omega}$，则其边界上地心位置矢量为 $\vec{r}$ 的某点的相对速度为 $\vec{v} = \vec{\omega} \times \vec{r}$；反之，已知边界上各点的相对速度和方向，也可反演两板块相对运动欧拉矢量。

探讨板块的绝对运动，必须先定义一个绝对运动参考架，在板块动力学讨论中，一个具有特殊意义的框架是相对于下层地幔（mesosphere，称为中圈）平均位置固定的框架，即假设下层地幔是固定的，或至少其内部运动相对于板块运动小得多。显然这就是人们要选择的绝对参考架，称为平中圈框架。这种参考架可通过以下两种途径实现：①Wilson-Morgan 的热点假设：在地幔中存在一系列热点，其位置相对于下层地幔固定。板块相对热点的运动即为板块的绝对运动，这可通过测量跨越热点的火山链的年龄和长度得到。②岩石圈无整体旋转（No-Net-Rotation）假设：如果岩石圈与软流圈的耦合是侧向均匀的；并且板块边界的力矩对称作用于两个相邻板块。则岩石圈无整体旋转（或叫平均岩石圈）参考架就是相对于下层地幔不动的绝对参考架，相对于该框架的运动即为板块的绝对运动。已知全球各主要板块的相对速度和板块边界，即可求出相对于该框架的绝对板块运动。

1) 板块运动模型确定的地球物理测量方法

相对运动速度的测量方法主要有以下几种（孙付平等，1995）

（1）瓦因-马修斯法：地球物理研究表明，大洋底的磁异常剖面实际上是洋底的等时线。将磁异常等时线至大洋中脊轴的距离除以该磁异常的年龄即可求得板块的扩张速率。显然这是几百万年时间尺度上的平均速度。此法精度比较高，可达 $3 \sim 5\text{mm/yr}$，定量研究板块运动时主要采用这种数据。

（2）地形法：研究指出，洋底水深是洋底年龄的函数，洋底水深的变化亦与板块扩张速度有关，扩张速度越快，大洋中脊两侧的坡度越平缓，反之，两侧的坡度越陡峭。据此可以从洋底水深的变化或洋中脊两侧的坡度来推求板块扩张速度。此法精度较差，但在缺失磁异常的地区可作为一种替代方法。

（3）布龙法：此法假定沿断层的所有运动表现为相继发生的断错，而不是蠕动。每次断错引起地震时会出现滑动。将板块边界一段时间内所有地震引起的滑动累加起来，便可计算板块的相对速度。此法精度不高，但可计算错动边界的板块相对运动速度。

板块相对运动方向观测量有两种：

（1）地震滑动矢量，可通过对板块边界地震的震源机制研究得到。以前主要仅依赖体波初动的震源机制解，现在已有许多新的包括体波和面波初动的震源机制解，因而可以给出更精确的滑动矢量。这种数据仅是最近几十至几百年时间段内板块运动方向的平均反映，精度在 $10°$ 左右。

（2）转换断层方位角，通过海洋测深可绘出大洋中脊的剖面图，从而测定转换断层的走向。最近几年侧向扫描和高分辨率声呐系统的使用，使转换层方位角的测量精度有较大提高，可达3°以内，因转换断层的时间跨度很大，这种数据可能是最近几千万年内板块运动方向的平均指示。

现代全球板块运动参数的地学估计主要受到三种地球物理观测量的约束：

（1）由磁异常给出的大洋中脊的代表海底扩张速率、汇聚速率和错动速率；

（2）转换断层方位角；

（3）地震滑动矢量。

这些都是来自板块边界的数据，代表了相邻两板块间的相对运动速度和方向。

全球板块运动模型可采用迭代的最小二乘方法导出，如以热点假说建立板块运动模型，则有：

$$\min = \chi^2 = \sum \left( \frac{d_i^{obs} - d_i^{pred}(_{plate}\vec{\omega}_{hs})}{\sigma_i} \right)^2 \tag{10.2.1}$$

其中，$d_i^{obs}$ 为第 $i$ 个火山传播速率或方位角，$d_i^{pred}$ 是第 $i$ 个数据的模型估计值，它是该板块相对于热点旋转的欧拉矢量（$_{plate}\vec{\omega}_{hs}$）的函数，$\sigma_i$ 是第 $i$ 个数据的标准差。

采用热点假说建立的板块运动模型为板块绝对运动模型。

如果采用的是相邻两板块间的相对运动速度和方向，则采用下列模型仍然可以求出板块绝对运动模型（Minster 和 Jordon，1978；许才军等，2006）：

两个刚性板块 $p$ 和 $q$ 在球面的相对运动可以用一个角速度矢量 $\vec{\omega}_{pq}$ 来表示。则在半径为 $\vec{r}$ 的一点两板块的当地分离速度为：

$$\vec{V}_{pq} = \vec{\omega}_{pq} \times \vec{r} \tag{10.2.2}$$

由于板块是刚性的，板块间的相对欧拉矢量可以叠加，即：

$$\vec{\omega}_{pq} + \vec{\omega}_{qr} = \vec{\omega}_{pr} \tag{10.2.3}$$

设"板块"$m$ 代表下地幔，相对它的速度为板块的绝对速度。如果假设板块受到的是线性拖曳力，则作用在岩石圈底部任意部分每单位面积上的拖曳力 $\vec{F}$ 为：

$$\vec{F} = -D\,\vec{\omega}_{pm} \times \vec{r} \tag{10.2.4}$$

其中 $D$ 是拖曳系数，可能随位置变化。在某点由 $\vec{r}$ 拖曳力引起的力矩为：

$$\vec{T} = \vec{r} \times \vec{F} = -D\vec{r} \times (\vec{\omega} \times \vec{r}) \tag{10.2.5}$$

在整个板块 $P$ 之下的拖曳力矩为：

$$\vec{T} = \int_p \mathrm{d}A(D\vec{r} \times (\vec{\omega}_{pm} \times \vec{r})) \tag{10.2.6}$$

如果 $D$ 在单个板块上是常数，则在全球岩石圈上的平衡条件是：

$$\sum_p D_p \int_p \mathrm{d}A\vec{r} \times (\vec{\omega}_{pm} \times \vec{r}) = 0 \tag{10.2.7}$$

由矢量变换公式，可以设：

$$\vec{L} \equiv \int \mathrm{d}A(\vec{r} \times (\vec{\omega}_{pm} \times \vec{r})) = \int \mathrm{d}A(\vec{r} \cdot \vec{r})\vec{\omega} - \int \mathrm{d}A(\vec{r} \cdot \vec{\omega})\vec{r} \tag{10.2.8}$$

设 $\vec{r} \cdot \vec{r} = 1$，可以得到：

$$\vec{L}_p = A_p\vec{\omega}_{pm} - \int \mathrm{d}A(\vec{r} \cdot \vec{\omega}_{pm})\vec{r} \tag{10.2.9}$$

设：

$$S_{ij} = \int_p \mathrm{d}\varphi \int \mathrm{d}\theta X_i X_j \sin\theta \tag{10.2.10}$$

（10.2.9）式可以简写成：

$$\vec{L}_p = A_p \vec{\omega}_{pm} - S_p \vec{\omega}_{pm} \tag{10.2.11}$$

定义：

$$Q_p = (A_p I - S_p) \tag{10.2.12}$$

$I$ 为单位矩阵，（10.2.7）式可以改写成：

$$\sum_p D_p Q_p \vec{\omega}_{pm} = 0 \tag{10.2.13}$$

（10.2.13）式中：$Q_p$ 称第 $P$ 个板块的转动惯量张量，它完全取决于板块 $Q$ 的几何分布，$\vec{\omega}_{pm}$ 取决于两板块的相对旋转矢量。

对任一板块 $O$，由（10.2.3）式可知：

$$\vec{\omega}_{pm} = \vec{\omega}_{po} + \vec{\omega}_{om} \tag{10.2.14}$$

于是得到式（10.2.14）代入式（10.2.13）：

$$\vec{\omega}_{om} \sum_p D_p Q_p = - \sum_p D_p Q_p \vec{\omega}_{po} \tag{10.2.15}$$

如果所有板块对应的 $D$ 是相同的，则上式可进一步简化为：

$$\vec{\omega}_{om} \sum_p Q_p = - \sum_p Q_p \vec{\omega}_{po} \tag{10.2.16}$$

又因为：

$$\sum_p Q_p = \frac{8\pi}{3} I \tag{10.2.17}$$

（10.2.16）式可以简化为：

$$\vec{\omega}_{om} = -\left(\frac{3}{8\pi}\right) \sum_p Q_p \vec{\omega}_{po} \tag{10.2.18}$$

2）板块运动模型确定的空间大地测量方法

空间大地测量方法确定板块运动模型的具体方法见本书第二章。

2. 地壳应变的计算与图解

根据监测网平差后获得的各点坐标变化量或者边长变化计算该应变参数，并利用图解法进行表示。要求通过自己编程并通过模拟或实际观测数据计算确定地壳应变参数，地壳应变的计算与图解原理与方法参考本书第九章。

3. 区域地壳形变及应变分析

通过区域地壳形变测量数据的处理进行区域地壳形变及应变分析，重点是确定区域地壳形变及应变模型。学生可以选做以下任何一个设计题目：

（1）活动断层区域地壳垂直运动监测数据分析之速度面多项式模型建立；

（2）活动断层区域地壳垂直运动监测数据分析之速度面多面函数法模型建立；

（3）活动地块地壳运动和应变模型确定；

（4）不同尺度的应变归算及区域地壳应变场的确定。

1）多项式模型

利用重复水准测量来监测活动断层区域地壳垂直运动是一种常用的方法，为了由水准数据求地壳垂直运动，必须根据不同的情况采用不同的平差方法和模型。常用的模型是利用多项式或多面函数模型进行分析，以速度面来描述高程变化。

设在区域中有 $n$ 个数据点 $(x_k, y_k, \Delta h_k)$，$k = 1, 2, \cdots, n$，自变量为点的平面坐标 $(x_k, y_k)$，视为非随机变量，因变量为在该点上的观测量即两期水准测量高程 $h_2$ 与 $h_1$ 之差 $\Delta h$，视为随机变量。自变量 $(x_k, y_k)$ 和因变量 $\Delta h_k$ 之间本来没有确定的函数关系，但对于实测数据可以用其趋势性变化 $f(x, y)$ 和随机误差 $\varepsilon$ 来表示，即

$$\Delta h = f(x, y) + \varepsilon \tag{10.2.19}$$

当趋势性变化 $f(x, y)$ 取为自变量 $x$，$y$ 的多项式时，式 (10.2.19) 称为多项式拟合模型，简称为多项式模型。

多项式拟合模型的一般形式为：

$$\Delta h = f(x, y) = c_0 + c_1 x + c_2 y + c_3 x^2 + c_4 xy + c_5 y^2 + c_6 x^3 + c_7 x^2 y + c_8 xy^2 + c_9 y^3 + \cdots \tag{10.2.20}$$

有上式可以列出误差方程，用最小二乘法原理求出系数 $c_i$。

2）多面函数拟合法

由于地壳运动的空间变化通常很复杂，采用一般的函数模型达不到比较好的拟合效果，20 世纪 70 年代初美国 Hardy 教授提出了多面函数拟合法，并用于地壳运动曲面的拟合。

多面函数拟合曲面的理论基础是，任何一个圆滑的数学表面总可以用一系列有规则的数学表面的总和以任意精度逼近。假设地面的垂直运动在空间上是连续的，地面点垂直运动速率的连续分布构成了垂直运动速率曲面。地面任一点的垂直运动速率（高程变化速度）可表示为：

$$v(x_a, y_a) = \sum_{j=1}^{m} c_j Q_j(x_a, y_a) = \sum_{j=1}^{m} c_j \left[ (x_a - x_j)^2 + (y_a - y_j)^2 + \delta \right]^k \tag{10.2.21}$$

式中 $c_j$ 是待定系数，$Q_j(x_a, y_a)$ 为核函数，$(x_j, y_j)$ 是核函数中心点的坐标，$\varepsilon$ 是平滑因子，一般应大于零，其作用是改变核函数的性状，$\varepsilon$ 值越大，核函数越平缓，反之则越陡峭，$m$ 是核函数个数，$k$ 是一个可供选择的非零实数，$k$ 一般取 1/2 或 -1/2。

核函数中心点的不同分布对拟合和插值精度都有很大的影响，研究表明核函数中心点应尽可能相对均匀地覆盖整个研究区域，尤其是水准点密集之处应更大比例地减少核函数中心点，这样一般能够达到比较满意的拟合效果。由于多面函数拟合可以根据实际观测点分布和速率值的空间变化特征来合理地进行核函数数目、中心点的位置配置，因而多面函数拟合可以达到一般曲面拟合难以达到的拟合效果。

垂直运动速率曲面拟合可以推广到水平运动中去，通常把地面上任一点的水平运动用位移或位移速率矢量在地平面两坐标轴的投影 $(u, v)$ 或称坐标分量来表示，在假定地面点的运动在空间上是连续的条件下，由 $u(x, y)$、$v(x, y)$ 分别构成两个运动分量的运动曲面，可以分别对两个运动分量进行曲面函数拟合以确定曲面函数的参数，这样地表任一点的运动都有一对函数与之对应，因此可以得到空间连续分布的水平运动矢量场。

3）活动地块地壳运动和应变模型

利用板块构造运动理论研究块体运动时一般都把块体作为刚性块体对待，其实在板块内部，每个块体在周围板块或块体的作用下，不仅会产生平移和旋转，同时块体内部将会发生变形。由于变形，块体上各部分的相对位置将会改变，这实质上也是块体内部质点的运动。为此活动地块运动模型需要同时考虑活动地块的刚性运动和块体内部的应变。其具体模型可参考有关文献。

### 10.2.2　实习指南

**1. 定点形变测量实习**

定点形变测量实习可以分为 GPS 台站连续观测、重力台站观测、地倾斜台站观测、洞体应变台站观测和钻孔应变台站观测五大项，任选两项进行实习。采用分组实习方法，每组由 4~5 人组成，设组长 1 人，副组长 1 人，在 6 天时间内需要完成两项工作的数据采集和数据处理工作，提交一份成果报告。具体工作安排见表 10-1 所示。

表 10-1　　　　　　　　　　　　　　　**工作安排表**

| 天数 | 实习内容 | 具体工作安排 |
|---|---|---|
| 第 1~3 天 | 准备工作，进行 2 项实习的台站观测数据采集 | 熟悉台站观测仪，学会操作并进行数据采集。 |
| 第 4~6 天 | 完成 2 项实习的数据处理工作 | 对台站观测数据处理，内业计算，整理成果等。 |

**2. 精密水准测量实习**

采用分组实习方法，每组由 5 人组成，设组长 1 人，副组长 1 人，精密水准测量外业观测在指定地点进行，主要进行一、二等水准测量，各组独自构成闭合环线。为仪器安全计，熟悉仪器、仪器检验、试测练习等环节一般都应在指定区域的地方进行。在 6 天时间内需要完成野外数据采集和数据处理工作，提交一份成果报告。具体工作安排见表 10-2 所示。

表 10-2　　　　　　　　　　　　　　　**工作安排表**

| 天数 | 实习内容 | 具体工作安排 |
|---|---|---|
| 第 1~1.5 天 | 准备工作、水准测量的选点踏勘，水准仪、标尺检验 | 实习动员，领用物品，借用并熟悉水准仪，学习本教程有关水准测量部分内容，沿实习的水准路线选点踏勘；水准仪、水准标尺的检验，试测练习。 |
| 第 1.5~4 天 | 精密水准测量外业 | 每个学生轮流进行观测、记录、扶尺、量距、打伞等工作。 |
| 第 5-6 天 | 精密水准测量内业 | 做水准点之记，外业观测数据检查，内业计算，整理成果等。 |

# 附录　GMT 的使用

通用制图工具(Generic Mapping Tools, 简称 GMT)是一个被地理学界广泛使用的绘图工具, 可以完成海岸线、国界、河流等的绘制。GMT 系统最早出现于 1988 年, 由美国哥伦比亚大学的两位毕业生 Wessel 和 Smith 共同研制完成。发展至今, 目前最新的版本是 4.4.0 版本。该软件遵照 GPL 发布, 并得到美国国家科学基金会的资助。

GMT 常被用于 Unix 类的系统, 在 Windows 下也可以安装, 但需要预先安装 Cygwin 等模拟软件。GMT 是个命令行工具, 用户需要输入各种参数, 比如经度、纬度、颜色配置等, 然后根据资料库中的地理信息, 生成 ps 格式的地图文件。现在也有 GMT 的图形界面, 如 iGMT(以 Tcl/Tk 语言写成)、Win4GMT(用于 Windows 系统)。由于 GMT 软件为免费软件, 且软件输出图件的主要格式为 ps 文档(postscript file), 因此几乎可以使用在各种平台上, 深受各界好评。

## §1　GMT 的准备工作

### 1.1　软件安装与运行环境

1. 硬件配置

目前主流计算机均可运行 GMT 软件, 至少需要 100MB 以上的空闲硬盘。

2. 软件配置

Linux 系统/Windows 系统/Windows 系统+Cygwin, 推荐使用 Linux 系统, 本章以 Linux 系统为例介绍 GMT 软件的使用。在安装 GMT 之前, 需要先安装如下软件:

- netCDF 库, 版本 3.4 及更高(可以从 www.unidata.edu 网站下载)
- C 编译器(一般 Linux 系统都已安装, 如果没有可以从 www.gnu.org 网站下载)
- 此外, 还需要安装 ps 文档阅读器, 如 ghostview 等。

### 1.2　GMT 的安装

首先从 GMT 的官方网站(http://gmt.soest.hawaii.edu/)下载所需的源文件, 将下载的文件拷贝到 Linux 下的安装文件夹内。Linux 下 GMT 的安装包括以下两种方式:

1. 傻瓜式安装

通过 GMT 在线网页(http://gmt.soest.hawaii.edu/gmt/gmt_install_form.html)来进行安装。按照网页提示信息填入所需内容, 包括安装路径、netCDF, C, Fortran 编译器等参数。网页将根据所填内容生成一个安装基本信息, 将该信息保存为一文本文件, 并将其设成可执行文件运行, 这样就完成了 GMT 的安装过程。

### 2. 定制安装

由于 GMT 默认安装参数中将 netCDF 的安装路径设置在/usr/local/下，可以将下载下来的 netcdf 解压拷贝到/usr/local/netcdf/下，然后先编译安装 netcdf，如果系统 Fortran，C 编译器都有，直接执行：

**./configure**

生成配置文件后，执行：

**make install**

完成 netCDF 的安装后，就可以安装 GMT，用户可以在用户目录下安装，也可以在/usr/local下执行安装(需要管理员权限)，进入 GMT 的安装路径，执行：

**./configure**

待配置文件生成后，执行：

**make install**

如果没有提示出错，就完成了 GMT 的安装。

最后需要将 GMT 执行文件所在路径(即 GMT 的 bin 文件夹所在的路径)，GMTHOME 以及 NETCDFHOME 添加到系统配置文件中(bash 用户为~/..bashrc 或者~/.bash_profile，csh 用户为~/.cshrc 文件)。

## 1.3　GMT 的主要数据格式

GMT 的处理和显示程序是完全自由化的，可以输入任意格式的$(x,y)$或者$(x,y,z)$数据。对于大部分的$(x,y)$数据的应用而言通常采用地理坐标(经度、维度)，也同样可以采用其他的变量(如波长、能量谱密度)。GMT 可以采用多种不同的坐标变换(线性、对数-对数以及其他地图投影)将$(x,y)$坐标绘制到地图中。为了简化输入和输出过程，GMT 程序中仅使用了两种文件格式。一种为从多栏 ASCII 表(例如，每个文件由多条记录组成，每一列对应某个坐标系下的观测值)中读取任意$(x,y)$或$(x,y,z)$序列，该序列可以通过 Linux 下的 cut，paste，grep，sed 和 awk 命令的单独和组合使用而得到。而二维数据主要通过 netCDF 库提供的函数将 ASCII 表采样到等距的格网下并将其输出为二进制格网文件。

GMT 软件的大部分程序都会生成一定格式的文件，这些文件主要可以分为四类，并且其中的一些程序还可能输出多种格式的文件。

- 1-D ASCII 表

例如，一个滤波前和滤波后的$(x,y)$序列数据的输出结果。

- 2-D 二进制格网数据(netCDF 格式或自定义格式)

ASCII$(x,y,z)$数据的格网格式及对格网类型数据的操作结果。

- Postscript 文件

所有的画图程序的输出都使用 Postscript 页描述语言来作图。这些命令按 ASCII 文本格式进行存储，在成图之前还可以按照自身的需求进行编辑。

- 报表

一些 GMT 程序对读取的输入文件进行统计分析并输出统计结果。而其几乎所有的程序都有"verbose"选项，通过该选项可以报告处理过程中的信息。此外，所有的程序对不正确的命令参数都将提示报错。

### 1.4　Linux 相关知识

**1. 重定向**

使用 Bash 可以方便地用<和>实现输出输入的重定向，重定向的命令语法如下：

- cmd > file

把 cmd 命令的输出重定向到文件 file 中。如果 file 已经存在，则清空原有文件，使用 bash 的 noclobber 选项可以防止覆盖原有文件。

- cmd > file

把 cmd 命令的输出重定向到文件 file 中，如果 file 已经存在，则把信息加在原有文件后面。

- cmd < file

使 cmd 命令从 file 读入。

- cmd < text

从命令行读取输入，直到一个与 text 相同的行结束。除非使用引号把输入括起来，此模式将对输入内容进行 shell 变量替换。如果使用 <-，则会忽略接下来输入行首的 tab，结束行也可以是一堆 tab 再加上一个与 text 相同的内容，可以参考后面的例子。

- cmd < word

把 word（而不是文件 word）和后面的换行作为输入提供给 cmd。

- cmd <> file

以读写模式把文件 file 重定向到输入，文件 file 不会被破坏。仅当应用程序利用了这一特性时，它才是有意义的。

- cmd >| file

功能同>，但即使在设置了 noclobber 时也会覆盖 file 文件，注意用的是|而非一些书中说的!，目前仅在 csh 中仍沿用>! 实现这一功能。

**2. 管道符(|)**

利用 Linux 所提供的管道符"|"将两个命令隔开，管道符左边命令的输出就会作为管道符右边命令的输入。连续使用管道意味着第一个命令的输出会作为第二个命令的输入，第二个命令的输出又会作为第三个命令的输入，依此类推。

- 利用一个管道

# rpm -qa|grep licq

这条命令使用一个管道符"|"建立了一个管道。管道将 rpm -qa 命令的输出（包括系统中所有安装的 RPM 包）作为 grep 命令的输入，从而列出带有 licq 字符的 RPM 包来。

- 利用多个管道

# cat /etc/passwd | grep /bin/bash | wc-1

这条命令使用了两个管道，利用第一个管道将 cat 命令（显示 passwd 文件的内容）的输出送给 grep 命令，grep 命令找出含有"/bin/bash"的所有行；第二个管道将 grep 的输入送给 wc 命令，wc 命令统计出输入中的行数。这个命令的功能在于找出系统中有多少个用户使用 bash。

# §2 GMT 常用参数

大部分的 GMT 程序都拥有一些共同的参数,如与数据区域相关的参数、地图投影类型等。下表为在所有程序中都通用的参数,可能在某些程序中并不会使用到它们。

| 参数 | 含 义 |
| :---: | :---: |
| -B | 定义底图和坐标轴的刻度、注记和标签 |
| -H | 输入/输出表的头记录行数 |
| -J | 选择所用的地图投影或坐标转换 |
| -K | 允许在当前图件中追加图画 |
| -O | 允许将当前图件追加到已存在的图件中 |
| -P | 将图件页面设置成纵向模式(默认是横向) |
| -R | 定义地图/图件的区域 |
| -U | 添加时间戳,默认位于页面的左下角 |
| -V | 备注默认,报告运行的进度 |
| -X | 设置图件在页面中的起始 $x$ 坐标 |
| -Y | 设置图件在页面中的起始 $y$ 坐标 |
| -b | 设定输入/输出文件采用二进制格式 |
| -c | 设定图件的备份数 |
| -f | 设定每列数据的具体格式 |
| -: | 假定地理数据的格式为(纬度、经度),而不是(经度、纬度) |

## 2.1 数据域或者地图区域: -R 选项

-R 参数用来定义作图的地图或者是感兴趣数据所在区域,通常采用以下三种方式进行定义。

(1)-Rxmin/xmax/ymin/ymax,这是笛卡尔数据或者地理区域中的标准适用格式,在这种方式下地图投影的子午线和纬线是直线。

(2)-Rxlleft/ylleft/xuright/yurightr,如果这种格式的地图投影是斜轴投影,则地图边界的子午线和纬线是一个艰难的选择。参数分别为左下角和右上角的地理坐标。

(3)-Rgridfile,在这个选项中,选择区域为 grid 文件的区域设定。根据调用程序的自身特性,可能需要设定格网间距以及格网配准格式。

对于直线投影而言,前两种格式的效果是一致的。根据所选地图投影方式的不同,坐标边界有如下三种不同的方式：

- 地理坐标：经度和纬度可以采用以度（如：-123.45417）为单位或者度、分、秒的格式（[±]ddd[:mm[:ss[.xxx]]][W|E|S|N]，如 123:27:15W）给出。并且可以使用 **-R**g 和 **-R**d 表示全球范围，分别是 **-R**0/360/-90/90 和 **-R**-180/180/-90/90。

- 时间历元坐标：该坐标是相对于格里高利或者 ISO 历元的绝对时间坐标，一般格式为 [date]**T**[clock]，其中 data 必须按照如下格式 yyyy[-mm[-dd]]（年，月，月积日）或者 yyyy[-jjj]（年积日，对于格里高利历元）以及 yyyy[-Www[-d]]（年，星期以及周积日，对于 ISO 历元）。其中的 clock 选项是按 24 小时制给出的时间，具体格式为 hh[:mm[:ss[.xxx]]]。

- 相对时间坐标：该坐标是相对每一给定时刻的累积秒、小时、天或者年。该选项的其他参数包括 TIME_EPOCH 和 TIME_UNIT，用来定义所给定的参考时刻和时间单位。

- 其他坐标：是与地理、时间历元和参考时间无关的其他坐标，而是一些简单的浮点值，如 [±]xxx.xxx[E|e|D|d[±]xx]，即常规或者指数注记，并采用 FORTRAN 双精度格式式。

### 2.2 坐标变换和地图投影：-J 选项

该选项用来选择坐标变化和地图投影，一般格式为：

- **-J**δ[parameters/]scale，其中 δ 为一小写字母，用来选择具体的地图投影方式，parameters 为 0 或者是一组以斜画线分割的其他投影参数，scale 为地图比例尺，按距离/度或者 1:xxxxx 的格式给出。

- **-J**Δ[parameters/]width，这里，Δ 是一个大写字母，用来选择具体的投影方式，parameters 为 0 或者是一组以斜画线分割的其他投影参数，width 为地图的宽度。

GMT 中支持的地图投影见图 1。

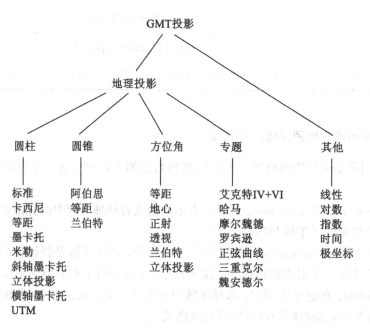

图 1　GMT 中支持的地图投影和坐标变换

180

### 2.3 地图框架和坐标轴注记：-B 选项

尽管该参数可能是 GMT 中最复杂的参数，但是该参数的使用可以非常简单。使用格式为 **-B**[p|s]xinfo[/yinfo[/zinfo]][:."标题":][W|w][E|e][S|s][N|n][Z|z[+]]，可以通过大小写开关来选择需要作图的边界(或轴)。其中的 p 为主坐标轴(默认)，而 s 为第二坐标轴的信息(通常用于时间轴的注记中)。而 xinfo，yinfo 和 zinfo 的格式如下：

[a]tick[m|c][ftick[m|c]][gtick[m|c]][l|p][:"axis label":][:,"unit label":]

其中，a、f、g 分别为坐标轴标尺的大、中和小的间隔，"axis label" 为坐标轴的标签以及 "unit label" 为坐标轴的单位。

- 地理地图

地理地图使用的坐标轴可能和常规图件不同，可以通过 BASEMAP_TYPE 参数来设置，分别为 fancy 和 plain(默认)两种。而坐标轴刻度标注可以通过 PLOT_DEGREE_FORMAT 和 DEGREE_SYMBOL 来设定。

- 笛卡尔线性坐标

对于非地理坐标系，BASEMAP_TYPE 为默认值 plain，通过 D_FORAMT 参数来控制坐标轴注记的格式，默认为 "%g"，该格式的设置参照 C 语言中数据格式的设置。

# §3　GMT 常用命令

### 3.1 创建图件底图命令：psbasemap

**psbasemap** 可以生成底图的 postscript 代码，该命令可以使用多种地图投影，用户可以设定具体的标注、注记和格网线。使用以上的基本参数就可以生成一个使用的地图，如

**psbasemap** −R95/5/108/20r −Ju46/1 :10000000 −B3g3:.UTM：> utm.ps

该命令将生成一个印度-中国区域的 UTM 地图，地图的左下角坐标为(95, 5)，右上角坐标为(108, 20)。

### 3.2 绘制陆地、水体、海岸线、边界和河流命令：pscoast

**pscoast** 在图件上绘制灰度、彩色或纹理的陆地(或水体)以及海岸线、河流和政治疆域等。此外，它还可以仅描绘出所有的大陆或者海洋区域以及根据 ASCII 文件所指定的区域。这个数据集包含五种不同的分辨率，分别为全分辨率(f)，高分辨率(h)，中等分辨率(i)，低分辨率(l)以及粗糙分辨率(c)。命令中的主要参数为：

**-A**：设定绘制特征的最小面积尺寸(km²)，小于该尺寸的特征被忽略。

**-D**：选择数据的分辨率尺度，默认为低分辨率(l)。

**-G**：干区域的填色，采用 RGB 格式(R/G/B)或者灰度值(0-255)。

**-I**：选择河流类型，其中 1 为永久主河流，2 为其他主河流，3 为其他河流，4 为小河，5 为主要季节性河流，6 为其他季节性河流，7 为小的季节性河流，8 为大运河，9 为其他大运河，10 为灌溉运河，a 为所有河流和运河(1-10)，r 为所有永久性河流(1-4)，i 为所有季节性河流(5-7)以及 c 为所有运河(8-10)。

**-N**：绘制政治边界，其中 1 为国界，2 为美国的州界，3 为海岸线以及 a 为所有边

界(1-3)。

在墨卡托地图上以模式 28 按 100dpi 分辨率绘制冰岛地区边界的命令如下：

**pscoast** -**R**-30/-10/60/65 -**J**m1c -**B**5 -**G**p100/28 > iceland.ps

### 3.3 绘制线、多边形和标志的命令：psxy

**psxy** 通过从文件(或者是标准输入，即键盘)中读取(x，y)格式的数据用来生成 post-scipt 格式的线、多边形和标志。如果在画图过程中选定了标志，但是没有给定标志的大小，则文件的第三列为所画标志的大小。通过**-L** 参数可以将多边形进行闭合，并且可以通过**-G** 参数来进行填色。如果选择了**-G** 参数，则**-W** 参数将控制多边形边界的绘制。如果绘制的是标志，**-G** 和**-W** 将确定标志内和外的填色。该命令的主要参数是：

**file**：待绘制的数据文件，如果不指定则从键盘输入。

**-A**：默认在地理坐标系中直线为大圆弧，如果需要画成直线，激活该开关。

**-C**：颜色查找表，如果使用-S 参数，则文件的第三列为颜色对应值。

**-D**：标志所画位置与实际位置之间的偏移量，$dx/dy$。

**-M**：文件中包括多个线段，以">"号进行分割。

**-S**：标志类型，a 为五角星，b 为竖条，B 为水平条，c 为圆圈，d 为菱形，e 为椭圆，f 为前缘，g 为八边形，h 为十六边形，i 为倒三角，j 为旋转矩形，k 为自定义形状，l 为字符，n 为五边形，p 为点，q 为引线，r 为矩形，s 为正方形，t 为三角形，v 为矢量，w 为楔形，x 为十字以及 y 为竖线。

绘制包含标志类型和大小的文件 misc.d，文件第三列为颜色值，具体颜色来自颜色查找表文件 cpt，第四列为标志的大小以及最后一列为标志的类型，命令如下：

**psxy** misc.d -**R**0/100/-50/100 -**J**X6i -**S** -**C**cpt -**B**20 > t.ps

### 3.4 绘制字符串命令：pstext

**pstext** 命令将在地图上绘制不同大小、字体和方向的字符串。希腊字母、下标、上标通过如下方式来实现：@~开关在所选字体和希腊字母之间转换；@%no%设定字体的字号(no)；@%%重设字体；@-为下标开关；@+为上标开关；@#为大小写转换开关；@；colo 改变字体颜色；@:size 改变字体大小以及@_为下画线开关。

该命令输入数据的格式为(x，y，size，angle，fontno，justify，text)，其中，(x，y)为字符串所在位置，size 为字体大小，angle 为字符串旋转角度，fontno 为字体编号，justify 为字符串对齐位置以及 text 为字符串内容。

下面命令是为图件增加一个 3 英寸宽的图标题。

**pstext** -R0/3/0/5 -**J**X3i -O -H -M -N < EOF > figure.ps

This is an optional header record

> 0 -0.5 12 0 4 LT 13p 3i j

@%5%Figure 1.@%% This illustration shows nothing useful，but it still needs

a figure caption. Highlighted in @；255/0/0；red@；；you can see the locations

of cities where it is @_impossible@_ to get any good Thai food；these are to be avoided.

EOF

### 3.5 绘制速度矢量、十字和楔形标志命令：psvelo

**psvelo** 通过读取文件(或标准输入)的数据来生成地图中速度矢量的 postscript 代码，除参数-S 外，该命令的大部分参数与 psxy 类似。psvelo 中-S 的含义如下：

**-Se**velscale/confidence/fontsize：绘制(N，E)的速度椭圆，其中 velscale 为绘制速度场的比例尺，confidence 为误差的置信区间，该参数输入文件的格式为：经度、纬度、东方向速度、北方向速度、东方向精度、北方向精度、相关系数和点名(可选)。

**-Sn**barscale：绘制各向异性柱，输入文件格式为经度、纬度、东方向分量和北方向分量。

**-Sr**velscale/confidence/fontsize：绘制旋转定义下的速度椭圆，输入数据的格式为经度、纬度、东方向速度、北方向速度、半长轴、半短轴、逆时针旋转角(以度为单位)和站名(可选)。

**-Sw**wedge_scale/wedge_mag：绘制旋转扇形，输入数据格式经度、纬度、旋转速率和精度。

**-Sx**cross_scale：绘制应变十字，输入数据格式经度、纬度、第一主应变、第二主应变和第二主应变的方位角(北起逆时针，以度为单位)。

下面这条命令将生成具有大红箭头和绿色椭圆的速度矢量图，数据的置信期间为39%。

**psvelo** < END **−H**2 **−R**-10/10/-10/10 **−W**0.25p, red **−G**green **−L** −S**e**0.2/0.39/18 **−B**1g1 **−J**x0.4/0.4 **−A**0.1/0.3/0.3 **−P**−V > test.ps
Long. Lat. Evel Nvel Esig Nsig CorEN SITE
(deg) (deg) (mm/yr) (mm/yr)
0. -8. 0.0 0.0 4.0 6.0 0.500 4x6
-8. 5. 3.0 3.0 0.0 0.0 0.500 3x3
0. 0. 4.0 6.0 4.0 6.0 0.500
-5. -5. 6.0 4.0 6.0 4.0 0.500 6x4
5. 0. -6.0 4.0 6.0 4.0 -0.500 -6x4
0. -5. 6.0 -4.0 6.0 4.0 -0.500 6x-4
END

### 3.6 绘制震源机制解命令：psmeca

**psmeca** 通过读取文件(或标准输入)中的数据来生成地图中震源机制的 postscript 代码，该命令的大部分参数与 psxy 类似。其中的-S 参数的具体含义如下：

**-Sa**scale[/fontsize[/offset[**u**]]]：绘制 Aki and Richards 格式的震源机制，输入数据格式为经度、纬度、深度、走向角、倾向角、滑动角、震级、沙滩球的经度、纬度以及事件名称。

**-Sc**scale[/fontsize[/offset[**u**]]]：绘制 Harvard CMT 格式的震源机制，输入数据的格式为经度、纬度、深度、节面1的走向、倾向、滑动角、节面2的走向、倾向、滑动角、地震矩的尾数、指数、沙滩球的经度、纬度以及事件名称。

**-Sm|d|z**scale[/fontsize[/offset[**u**]]]：绘制地震矩张量，输入数据格式为经度、纬度、深度、矩张量中的 mrr、mtt、mff、mrt、mrf、mtf、指数、沙滩球的经度、纬度以及事件名称。

**-Sp**scale[/fontsize[/offset[**u**]]]：绘制分离格式的震源机制解，输入数据格式为经度、纬度、深度、节面 1 的走向、倾向、节面 2 的走向、正逆断层标志符(1：正断层，-1 为逆断层)、量级、沙滩球的经度、纬度以及事件名称。

**-Sx|y|t**scale[/fontsize[/offset[**u**]]]：绘制主轴，数据输入格式为经度、纬度、深度、T、N、P 轴的能量、方位角和伏角、指数、沙滩球的经度、纬度以及事件名称。

下面这条命令将绘制一个正断层的 CMT 震源机制图。

**psmeca** −R239/240/34/35.2 −**J**m4 −**S**c0.4 −**H**1 <END> test.ps

lon lat depth str dip slip st dip slip mant exp plon plat

239.384 34.556 12. 180 18 -88 0 72 -90 5.5 0 0 0

END

### 3.7　将 ASCII 表转换成二进制格网数据命令：xyz2grd

**xyz2grd** 通过读取 z 数据(二进制格式)或者 xyz 表(文本文件)来生成二进制的格网数据。该命令对原始数据中空缺区域可以设定为用户定义值(默认为 NaN)，并且对于多值数据将取其平均值。命令主要参数为：

**-G**：生成的二进制格网的名称。

**-I**：生成格网文件的间距，定义为 x_inc/y_inc。

**-N**：设定原始数据中空缺数据的默认值。

**-Z**：读取一维 z 数据，A/a 为 ASCII 文本数据，c 为有符号的 1 字节字符，u 为无符号 1 字节字符，h 为 2 字节短整型，i 为 4 字节整型，l 为 4 或 8 字节长整型，f 为 4 字节单精度浮点型以及 d 为 8 字节双精度浮点型数据，T/B/L/R 分别为数据的起始位置的顶端/底部/左侧/右侧。

**-bi**：输入数据的格式为二进制数据。

根据文本文件 hawaii_grv.xyz 创建二进制格网文件的命令如下：

**xyz2grd** hawaii_grv.xyz −**D**degree/degree/mGal/1/0/"Hawaiian Gravity"/"GRS-80 Ellipsoid used" −**G**hawaii_grv_new.grd −**R**198/208/18/25 −**I**5m −**V**

### 3.8　绘制二进制格网数据命令：grdimage

**grdimage** 通过读取 2D 格网数据来生成一个基于 z 值的灰度或者彩色的图件，此外该命令还可以直接读取 R/G/B 三个文件来绘制图件。该命令的主要参数为：

**-C**：数据对应的颜色查找表，可以采用系统预设的颜色查找表，或者通过 makecpt 或 grd2cpt 来定制所需查找表，还可以通过人工生成。

下面命令将 hawaii_grav.grd 格网数据以 shades.cpt 颜色对应表来绘制图件。

**grdimage** hawaii_grav.grd −**J**l18/24/1.5c −**C**shades.cpt −**B**1 > hawaii_grav_image.ps

### 3.9　GMT 的其他命令

1. 1-D 和 2-D 数据滤波

blockmean（x，y，z）数据的 L2 估计滤波器

blockmedian（x，y，z）数据的 L1 估计滤波器

blockmode（x，y，z）数据的模估计滤波器

filter1d 1-D 数据滤波（时间序列）

grdfilter 2-D 数据空间域滤波

2. 1-D 和 2-D 数据作图

grdcontour 2-D 格网数据的等高线图

grdimage 显示 2-D 格网数据

grdvector 基于 2-D 格网数据的矢量图

grdview 2-D 格网数据的 3-D 透视图

psbasemap 初建底图

psclip 基于多边形文件生成裁剪路径

pscoast 画海岸线、大陆填充、河流和政治边界

pscontour 将 xyz 数据按三角形格式进行直接等值化或显示

pshistogram 画直方图

psimage 画 Sun 格式的栅格图

pslegend 显示图例

psmask 创建图件的掩膜区域

psrose 作扇形图或玫瑰图

psscale 创建灰度或彩色的色度条

pstext 显示文本字符串

pswiggle 沿轨进行注释

psxy 在 2-D 图中画标志、多边形和线

psxyz 在 3-D 图中画标志、多边形和线

3.（x，y，z）表数据的格网化

greenspline 在 1-3 维内使用格林函数进行样条插值

nearneighbor 最邻近格网化策略

surface 连续曲率格网化算法

triangulate 在 xyz 数据上实行最优 Delauney 三角形算法

4. 1-D 和 2-D 数据的采样

grdsample 将 2-D 格网数据重采样成一个新的格网

grdtrack 将 2-D 格网沿 1-D 轨迹采样

sample1d 将 1-D 数据进行重采样

5. 投影和地图转换

grdproject 将格网数据转换到新坐标系下

mapproject 将表数据转换到新坐标系下

project 将数据投影到线或者大圆弧上

6. 信息管理

gmtdefaults 显示当前默认设置的参数

gmtset 采用命令行编辑的形式修改当前设置的参数

grdinfo 显示格网文件的基本信息

minmax 统计表数据的极值

## 7. 杂集

gmtmath 对表数据进行逆波兰序的计算

makecpt 创建 GMT 的颜色映射表

spectrum1d 对时间序列进行谱估计

triangulate 对 xyz 数据实行最优 Delauney 三角形计算

## 8. 数据转化或子集提取

gmt2rgb 将 Sun 栅格图或格网转换成红、绿、蓝分量的格网

gmtconvert 将表数据从一个格式转换到另一个格式

gmtselect 基于多重空间标准选取表数据的子集

grd2xyz 将 2-D 格网数据转换成表数据

grdcut 从格网数据中裁剪子集

grdblend 将几个部分重叠的格网数据混合成一个格网

grdpaste 沿公共边将格网进行拼接

grdreformat 将格网数据进行格式转换

splitxyz 将(x, y, z)表数据分割成几个部分

xyz2grd 将表数据转换成 2-D 格网数据

## 9. 确定 1-D 和 2-D 数据的趋势

fitcircle 确定数据的最佳拟合大或者小圆弧

grdtrend 对格网数据进行多项式拟合($z=f(x, y)$)

trend1d 对 $y=f(x)$ 序列数据进行多项式或者傅里叶趋势拟合

trend2d 对 $z=f(x, y)$ 进行多项式拟合

## 10. 其他 2-D 格网数据的操作算子

grd2cpt 从格网数据中生成颜色对应表

grdclip 限制格网数据的 z 范围

grdedit 修改格网数据的头信息

grdfft 在频率域对格网数据进行操作

grdgradient 基于格网数据计算方位导数

grdhisteq 对格网数据进行直方图均衡化

grdlandmask 根据海岸线数据库创建掩膜格网文件

grdmask 将位于裁剪路径内/外的格网节点数据设置成常数

grdmath 对格网数据进行逆波兰序运算

grdvolume 计算某一等值线表面下的体积

## 11. GMT PostScript 文件的操作函数

ps2raster 将 PostScript 文件转换成栅格影像、EPS 或者 PDF 文件

## §4 样 例

### 4.1 晕渲地貌图

建立文件 relief.csh，内容如下：

```
#! /bin/csh
#设定该脚本所调用的 shell，该程序调用的是 csh。
gmtset BASEMAP_TYPE PLAIN
#设定地图底图样式为 PLAIN，另一个选项是 FANCY。
set range = 102/107/30/33.5
#设定地图的坐标范围。
set projection = q106/1 :4000000
#设定地图的投影格式和比例尺大小。
set ticks = 1f0.5/1f0.5
#设定坐标注记的方式。
set psfile = relief.ps
#设定输出文件的名称。
psbasemap -J ${projection} -R ${range} -Bwsen -K -P -Y2.5 -X4.5 > ${psfile}
```

#绘制底图，采用前述的投影格式、范围，wsen 意味着先不标注坐标，-K 表示该 ps 文件还有后续操作，-P 表示选用竖向纸张，-X、-Y 表示地图的起始位置，>为创建一个新的 ps 文件。

```
xyz2grd srtm.dem -Gtopo.grd -Ddegree/degree/m/1/0/ = / = -R102/107/30/34 -I3c -ZTLh
-N-32768
```

#将一维的普通二进制 z 文件 **srtm.dem** 转换成二进制格网数据 **topo.grd**，该数据文件的范围为 102/107/30/34，不同于绘图区的大小，数据格式为 2 字节的短整型数据，空缺部分的默认值为-32768。

```
echo "-7000 200 7000 200" > gray.cpt
```

#人工生成需要的颜色查找表。

```
grdimage topo.grd -Cgray.cpt -J ${projection} -R ${range} -O -B ${ticks} WSen ➤
${psfile}
```

#将生成的二进制格网数据成图，-O 参数表示将该图追加到地图的 ps 文件中。

```
rm .gmt* .GMT*
```

#删除中间文件及其他。

对该文件添加执行属性，执行：

```
./relief.csh
```

用 **gsview** 打开 relief.ps，效果如图 2 所示。

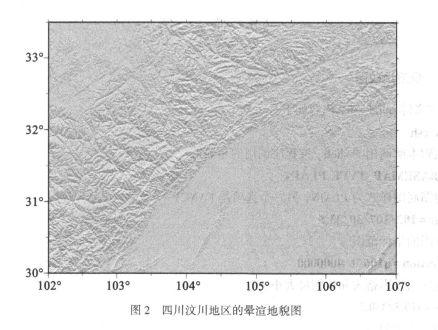

图2　四川汶川地区的晕渲地貌图

### 4.2　速度场

建立文件 vel.csh，内容如下：

**#!/bin/csh**
#设定该脚本所调用的 shell，该程序调用的是 csh。

**gmtset BASEMAP_TYPE PLAIN**
#设定地图底图样式为 PLAIN，另一个选项是 FANCY。

**set range = 75/110/25/41**
#设定地图的坐标范围。

**set projection = q96/1 30000000**
#设定地图的投影格式和比例尺大小。

**set ticks = 5f2.5/5f2.5**
#设定坐标注记的方式。

**set psfile = vel.ps**
#设定输出文件的名称。

**psbasemap -R ${range} -J ${projection} -K -B $ticks $WSen -X2 -Y2 > $psfile**
#绘制底图，采用前述的投影格式、范围。

**grdimage Asia_3m.grd -CGMT_topo.cpt -Jq -R -O -K > $psfile**
#绘制二进制格网数据 Asia_3m.grd，采用系统自带的颜色查找表 GMT_topo.cpt。

**pscoast -R -Jq -O -K -Di -I1 -N1 > $psfile**
#绘制基本的边界和海岸线。

**awk '{ print $1, $2, $3, $4, $5, $6, $7, "\\0"}' velo.txt | psvelo -R -W4/0/0/255 -G0/0/255 -Se0.03/0.68/12 -Jq -A0.02/0.24/0.06 -O -K > ${psfile}**

#绘制 GPS 速度场，使用 awk 命令将原始数据重排列为 psvelo 命令采用的格式，-W 为画笔属性，-G 为矢量填色，-A 为箭头属性。

**rm.gmt∗.GMT∗**

#删除中间文件及其他。

对该文件添加执行属性，执行：

**./vel.csh**

用 **gsview** 打开 vel.ps，效果如图 3 所示。

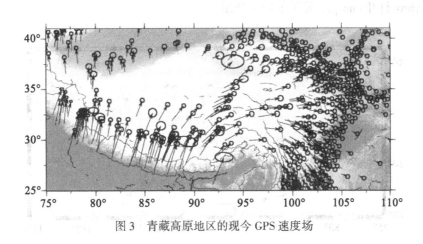

图 3　青藏高原地区的现今 GPS 速度场

### 4.3　震源机制图

建立文件 cmt.csh，内容如下：

**#! /bin/csh**

#设定该脚本所调用的 shell，该程序调用的是 csh。

**gmtset BASEMAP_TYPE FANCY**

#设定地图底图样式为 FANCY，另一个选项是 PLAIN。

**set range = 75/110/25/41**

#设定地图的坐标范围。

**set projection = q96/1 20000000**

#设定地图的投影格式和比例尺大小。

**set ticks = 5f2.5/5f2.5**

#设定坐标注记的方式。

**set psfile = cmt.ps**

#设定输出文件的名称。

**psbasemap -R ${range} -J ${projection} -K -B ${ticks} WSen -X2 -Y2 -P > $psfile**

#绘制底图，采用前述的投影格式、范围。

**pscoast -R -Jq -O -K -Di -I1 -N1 > $psfile**

#绘制基本的边界和海岸线。

**awk** '{print $1, $2, $3, $4, $5, $6, $7, $8, $9, $10, $11, $12, "\0"}' cmt.txt |
**psmeca -Jq -R -Sm0.2 -O -K > $psfile**

#绘制震源机制解，使用 awk 命令将原始数据重排列为 psmeca 命令采用的格式。

**rm.gmt** * **.GMT** *

#删除中间文件及其他。

对该文件添加执行属性，执行：

**./cmtcsh**

用 **gsview** 打开 cmt.ps，效果如图 4 所示。

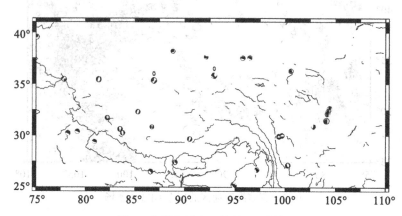

图 4　青藏高原地区的震源机制解

# 思　考　题

1. 绘制一个中国区域的地形图。
2. 绘制一个应变场图。
3. 绘制一个时间序列图。

# 参 考 文 献

［1］［澳］库尔特，拉姆贝克著，黄立人等译.地球物理大地测量学——地球的慢形变.北京：测绘出版社，1995

［2］Arnadottir T，Jiang W，Kurt L F，Geirsson H，and Sturkell E. Kinematic model of plate boundary deformation in southwest Iceland derived from GPS observations，J. Geophys. Res.，2006，111(B7)，B07402，10.1029/2005JB003907

［3］Bert Kampes. Delft Object-oriented Radar Interferometric Software (DORIS) User's Manual and Technical Documentation Version 3.16，2007

［4］Blewitt G.. An automatic editing algorithm ofr GPS data，Geophys. Res. Lett.，17，199-202，1990.

［5］陈德福，李正媛，陈鹏.定点潮汐形变观测与 GPS 大地测量［J］.大地测量与地球动力学，2003，2(23)：107-113.

［6］陈慧蓉 编著. UNIX 系统基础［M］.北京：清华大学出版社，1998

［7］陈健，陶本藻. 大地形变测量学［M］.北京：地震出版社，1987

［8］陈俊勇. 我国大地测量学的进展和展望［J］.测绘科学，2000，25(2)：1-4

［9］陈俊勇. 现代大地测量学的进展［J］.测绘科学，2003，28(2)：1-5

［10］陈俊勇，杨元喜，王敏等. 2000 年国家大地控制网的构建和它的技术进步［J］.测绘学报，2007，36(1)：1-8

［11］陈鑫连. 地壳变动连续观测技术［M］.北京：地震出版社.1989

［12］陈鑫连，黄立人，孙铁珊，薄志鹏.动态大地测量［M］.北京：中国铁道出版社，1994

［13］池顺良.深井宽频钻孔应变地震仪与高频地震学——地震预测观测技术的发展方向，实现地震预报的希望［J］.地球物理学进展，2007，8(22)：1 164-1 170.

［14］丁平.地壳形变监测系统发展的战略思考.见：中国地震年鉴(1999).北京：地震出版社，1999：329-332

［15］鄂栋臣，詹必伟，姜卫平等. 应用 GAMIT/GLOBK 软件进行高精度 GPS 数据处理［J］.极地研究 2005，17(3)：173-182

［16］Gamma Remote Sensing，Gamma Reference Manual，2008

［17］Gregorius T.. GIPSY-OASIS II：A User's Guide，(self-published)，University of Newcastle，Newcastle，1996.

［18］Hanssen，R.. Radar interferometric：data interpreatation and error analysis，Kluwer Academic Publishers，London，2002

［19］Heflin M.，Bertiger W.，et al.. Global Geodesy Using GPS without Fiducial Sites. Geophys. Res. Lett.，1992，19：131-134.

［20］黄立人，马青，郭良迁，宋惠珍，刘洁.华北部分地区水平变形的力学机制［J］.地震

学报. 1999, 21(1)：50-56

[21] 黄立人，王敏. 构造块体的相对运动和应变. "现代地壳运动与地球动力学研究"学术论文集(1991-2000)第二分册：中国内地主要活动带现今地壳运动及动力学研究[M]. 北京：地震出版社，2001：43-52

[22] 湖北省防震减灾信息网(湖北省地震局/中国地震局地震研究所门户网站)：http://www.eqhb.gov.cn/structure/index.html

[23] Hudnut K W. Earthquake Godesy and hazard monitoring. U.S.National Report to IUGG 1991-1994.Reviews for Geophysics, 1995, Sup, July：249-255

[24] 胡明城.现代大地测量学的理论及其应用. 北京：测绘出版社，2003

[25] 姜卫平，刘经南，叶世榕. GPS形变监测网基线处理中系统误差的分析. 武汉大学学报(信息科学版). 2001, 26(3)：196-199

[26] 江在森，张希，陈文胜等，地形变资料求解应变值的尺度相对性问题研究. 地震学报，2000，22(4)：352-359

[27] King R. W. and Bock Y.. Documentation for the GAMIT analysis software, Massachusette Institute of Technology, Massachusette, 1995.

[28] King R. W, and Bock Y. Documentation for the GLOBK Analysis Software release10.3, Mass. Inst. Technol., Cambridge, MA, USA. 2006

[29] Lambeck, K.. Geophysical Geodesy, Oxford Science Publications, Clarendon Press, Oxford, 1988.

[30] 梁振英，董鸿闻，姬恒炼.精密水准测量的理论和实践. 北京：测绘出版社，2004

[31] 刘鼎文. 地壳形变理论研究的内容、进展与任务. 地壳形变与地震，1990，10(1)：30-41

[32] 陆明万，罗学富. 弹性理论基础[M]. 北京：清华大学出版社，1990

[33] Massonnet, D., and K. L. Feigl. Radar interferometry and its application to changes in the earth's surface, Revies of Geophysics, 1998, 36(4)：441-500

[34] 宁津生. 现代大地测量的发展. 测绘软科学研究，1997，2，2-7

[35] 钱伟长，叶开源. 弹性力学[M]. 北京：科学出版社. 1956

[36] Rolf Dach, Pierre Fridez, Urs Hugentobler. Bernese GPS Software Version 5.0 Tutorial, Astronomical Institute/ University of Bern , Sep. 2004

[37] Rothacher M., and Mervart L.. Bernese GPS software version 4.0, Astronomical Institute, University of Berne, Berne, Switzerland, 1996.

[38] 邵占英，刘经南，姜卫平，李延兴. GPS精密相对定位中用分段线性法估算对流层折射偏差的影响. 地壳形变与地震，1998，18(3)：13-18

[39] 陶本藻 编著. 自由网平差与变形分析[M]. 武汉：武汉科技大学出版社. 2001

[40] Urs Hugentobler, Rolf Dach, Pierre Fridez, Michael Meindl. Bernese GPS Software Version 5.0 DRAFT, Astronomical Institute/ University of Bern , Sep. 2006

[41] 王敏中，王炜，武际可. 弹性力学教程[M]. 北京：北京大学出版社，2002

[42] 王琪.用GPS监测中国内地现今地壳运动变形速度场与构造解释[D]. 武汉：武汉大学，2004.

[43] Webb F. H., and Zumberg J. F.. An introduction to GIPSY/OASIS-II precision software for

192

analysis of data from Global Positioning System, Jet Propursion Laboratory, California Institute of Technology, 1993.

[44] 武汉测绘学院大地测量系地震测量教研组. 大地形变测量学（上、下册）[M]. 北京：地震出版社. 1980

[45] 吴培稚，徐平，邢成起等.GPS与形变仪器观测固体潮方法的初步比较[J].大地测量与地球动力学，2007，2(27)：123-127.

[46] 许才军，申文斌，晁定波.地球物理人地测量学原理与方法.武汉：武汉大学出版社，2006

[47] 许厚泽，王广运.动力大地测量学——研究地球动态变化的新学科.科学发展与研究，1989(4)：9-15

[48] 徐世芳，李博主编.地震学辞典.北京：地震出版社，2000

[49] 杨元喜.中国大地测量现状、问题与展望.大地测量发展战略研讨会，西安，2009年5月7-8日

[50] 张崇立.地壳形变测量学.见：中国地震年鉴(1992).北京：地震出版社，1992：158-162

[51] 张崇立，马宗晋.我国地震的现今地球动力学研究的进展与方向.中国地震，1995，11(1)：38-48

[52] 张崇立.地壳形变测量研究与应用的若干问题.地震地质译丛，2004，14(6)：1-8

[53] 张崇立.大地形变学理论体系框架的研究与进展.见：2005年度全国地壳形变学科观测资料质量评比暨新世纪发展战略学术研讨会文集.太原：2006年6月

[54] 张崇立. 大地形变学-理论体系框架的研究及其主要进展. 国际地震动态，2007，5：1-8

[55] 张国安，陈德福，陈耿琦 等.中国地壳形变连续观测的发展与展望，地震研究，2002，25(4)：383-390

[56] 张国民，傅征祥 等.地震预报引论.北京：科学出版社，2001

[57] 郑作亚，BerneseGPS42版本数据处理软件的介绍与探讨，中国科学院上海天文台年刊，2003，24：143-149

[58] 中国地震局地壳形变台网中心 http://www.dccdnc.ac.cn/

[59] 中国地震局地震研究所重力观测技术管理部.重力固体潮台站2006年度运行报告[R].2007年5月.

[60] 中国地震局地震研究所形变台站观测技术管理部.2006年度倾斜、应变观测台网运行报告[R].2007年5月.

[61] 中国地震局监测预报司编. 地震形变数字观测技术[M]. 北京：地震出版社. 2003

[62] 中国地震信息网： http://www.csi.ac.cn//manage/html/4028861611c5c2ba0111c5c558b00001/index.html

[63] 中国地震台网中心：http://www.cenc.ac.cn/manage/html/402881891275f6df 011275f971990001/index.html

[64] 中华人民共和国国家质量监督检验检疫总局 中国国家标准化管理委员会，GB/T 12897-2006，《国家一、二等水准测量规范》，北京：中国标准出版社，2006

[65] 中华人民共和国地震行业标准 DB/T 8.1-2003.地震台站建设规范-地形变台站[S]//中国地震局，2004-05-01 实施.

［66］中华人民共和国国家标准 GB/T 19531.3-2004.地震台站观测环境技术要求 第 3 部分：地壳形变观测［S］// 中华人民共和国国家质量监督检验检疫总局 中国国家标准化管理委员会.北京：中国标准出版社，2004-09-01 实施.

［67］周硕愚.走向 21 世纪的地壳形变学——对大陆动力学与地震预测的新推动.地壳形变与地震，1999，19（1）：1-13

［68］周硕愚，吴云，李正媛等.地壳形变测量学之进展与展望.大地测量与地球动力学，2002，2(3)：94-101

［69］周硕愚，吴云，李正媛等.形变大地测量学的进展、问题与地震预报.大地测量与地球动力学，2004，24（4）：95-101

［70］周硕愚，吴云，姚运生，杜瑞林，地震大地测量学研究.大地测量与地球动力学，2008，28(6)：77-82

［71］朱文耀，张华，冯初刚.利用 SLR 技术实测当今全球板块运动参数.中国科学 A 辑：数学 1990，33（6）632-642